宁夏

草地资源图集

谢高地　蒋齐　主编

中国林业出版社
·北京·

《宁夏草地资源图集》
编写委员会

主　　编：谢高地　蒋　齐

副 主 编：张昌顺　张　蓉　王占军　徐　洁

编　　委：（按姓氏拼音排序）
成夕芳　范　娜　黄文广　蒋　齐　冷允法
李　娜　任小玢　王洋洋　王占军　魏淑花
谢高地　徐　洁　俞鸿千　张昌顺　张　蓉

前　言

　　草地是宁夏回族自治区面积最大的生态系统类型，对宁夏发展畜牧业，保持水土、涵养水源、生物多样性维持、维护生态平衡和保障区域生态安全具有重要作用。在气候变化及人类活动双重驱动下，宁夏草地一直面临萎缩和退化的压力。在 20 世纪七八十年代宁夏回族自治区在全国草地资源清查时进行了大规模的草地资源调查，经过近半个世纪的发展，尤其是近二十年的快速发展，宁夏草地资源的规模、质量和功能都发生了重大变化。本研究基于遥感调查、野外样方调查、文献调研、模型拟合等方法，利用文献、样方调查、遥感影像、气象监测等多源数据，在人机交互遥感解译基础上，通过野外样点调研和遥感解译标定的方法，识别宁夏草地资源分布；利用风速、降雨、平均气温、气压等气象数据及统计数据、地形地貌、土壤性质及文献数据等，依据风蚀模型、改进土壤流失方程、水量平衡模型及价值转换模型等生态服务模型，确定了宁夏草地生态系统在内的水源涵养、土壤保持、防风固沙、固碳释氧等主要生态服务实物量与价值量，以期为宁夏草地资源保护、利用及草地生态系统综合管理提供科学数据支撑。本图集包括以下三部分内容。

　　（1）生态本底概况。从行政区划、人口密度、人均 GDP、地势、地貌、水系、年降水量、年平均气温、坡度、土壤类型、土壤质地、土壤可蚀性、风蚀因子、土壤结皮因子、地表粗糙度、植被覆盖度等方面，全面介绍影响宁夏草地资源分布格局及其生态系统服务功能的社会经济和自然环境因子空间分布。

　　（2）草地资源格局。在揭示宁夏草地资源二级类型分布、三级类型分布的基础上，分区县制图，阐明宁夏草地资源空间分布特征。利用生态模型，动态评估宁夏草地资源活力指数、组织力指数、恢复力指数、健康指数，揭示宁夏草地质量时空演变规律，并利用 ARCmap 空间分析软件，从空间视角揭示宁夏草地资源与其他生态系统类型之间的类型转换特征。

　　（3）生态服务演变。在定量评估宁夏各类生态系统防风固沙、水土保持、水源涵养、固碳释氧、生物质生产等生态服务的基础上，揭示宁夏草地生态系统防风固沙、水土保持、水源涵养等生态服务时空格局与演变态势，刻画宁夏草地防风固沙和水供给空间转移路径，阐明宁夏草地生态服务对保障宁夏、中国北方乃至东北亚生态安全的地位与作用。

　　此图集为宁夏农林科学研究院签署的一二三产业融合发展科技与示范项目"宁夏草地资源评价及管理技术升级与示范"的部分成果，项目于 2016 年 1 月启动，2020 年 12 月结题，项目研究人员主要来自宁夏农林科学院荒漠化治理研究所、宁夏农林科学院植物保护研究所、宁夏回族自治区草原工作站、中国科学院地理科学与资源研究所及宁夏各市县草原工作站，5 年来，项目组研究人员对宁夏草地资源进行了持续的样地调查。中国科学院地理科学与资源研究所专题也于 2017 年 10 月份和 2018 年 9 月份对宁夏草地进行为期半月的专题考察。项目组以此为基础，编制《宁夏草地资源图集》。借此图集出版之际，向所有为图集提供过数据资料和参加过宁夏草地资源样地调查、野外考察、遥感解译、图件制作、成果编辑与出版的相关科技人员，表示衷心感谢，也期望该图集能够为宁夏草地的合理利用与管理提供数据支撑。

目 录

生态本底概况

草地资源格局

生态服务演变

底 图 图 例（一）
（省级、县级范围专题图）

◉ 银川市　省级行政中心　　　　　河流

◎ 吴忠市　地级行政中心　　　　　湖泊

⊙ 盐池县　县级行政中心　　　　　水库

○ 河西镇　乡、镇　　　　　　　　渠道

省级界　　　　　　　　　　　　　泉

地区、自治州界　　　米缸山▲ 2930　山峰（米）

县级界　　　　　　　　　　　　　长城

底 图 图 例（二）
（世界范围专题图）

宁夏界　　　　　　　　　　其他国界

中国省、自治区、直辖市界　　地区界

中国国界（未定）　　　　　　军事分界线

中国海岸线

注：1. 行政区划资料截至2021年，行政界线仅供参考，不作划界依据。
　　2. 不同年份的专题图，未配置相同年份的行政界线，统一采用2021年的行政界线。

宁 夏 草 地 资 源 图 集

生态本底概况

行政区划

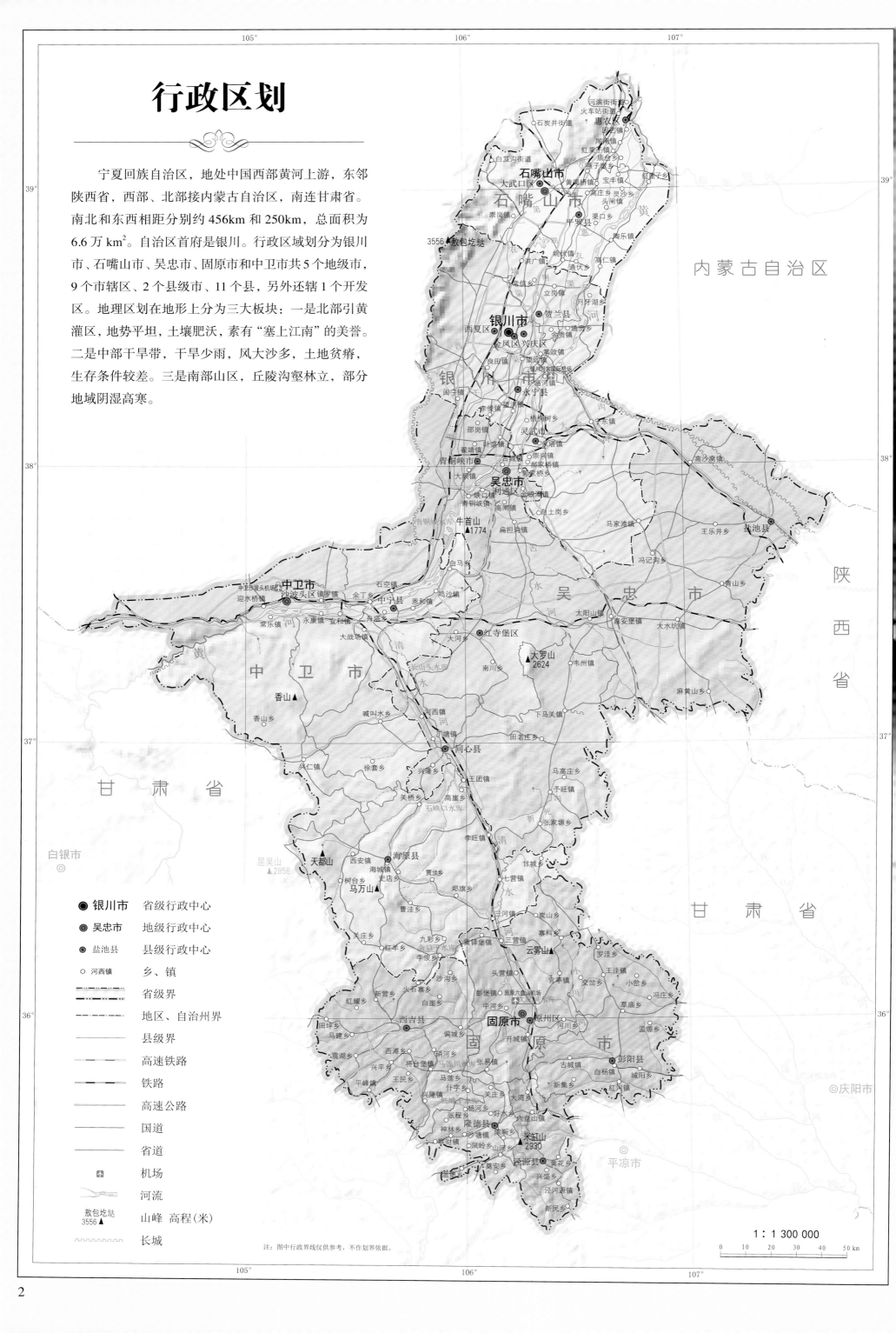

　　宁夏回族自治区，地处中国西部黄河上游，东邻陕西省，西部、北部接内蒙古自治区，南连甘肃省。南北和东西相距分别约456km和250km，总面积为6.6万km²。自治区首府是银川。行政区域划分为银川市、石嘴山市、吴忠市、固原市和中卫市共5个地级市，9个市辖区、2个县级市、11个县，另外还辖1个开发区。地理区划在地形上分为三大板块：一是北部引黄灌区，地势平坦，土壤肥沃，素有"塞上江南"的美誉。二是中部干旱带，干旱少雨，风大沙多，土地贫瘠，生存条件较差。三是南部山区，丘陵沟壑林立，部分地域阴湿高寒。

●银川市　省级行政中心
◉吴忠市　地级行政中心
◎盐池县　县级行政中心
○河西镇　乡、镇
　　　　　省级界
　　　　　地区、自治州界
　　　　　县级界
　　　　　高速铁路
　　　　　铁路
　　　　　高速公路
　　　　　国道
　　　　　省道
▲　　　机场
　　　　　河流
敖包圪垯
3556▲　　山峰　高程（米）
　　　　　长城

注：图中行政界线仅供参考，不作划界依据。

1:1 300 000

0　10　20　30　40　50 km

内蒙古自治区

陕西省

甘肃省

甘肃省

白银市◎

平凉市◎

◎庆阳市

石嘴山市

银川市

吴忠市

中卫市

固原市

资源三号卫星图像草地解译

（2016 年影像）

温性荒漠草地（同心县兴隆乡）

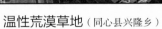 草地

人工草地（同心县下马关镇、韦州镇）

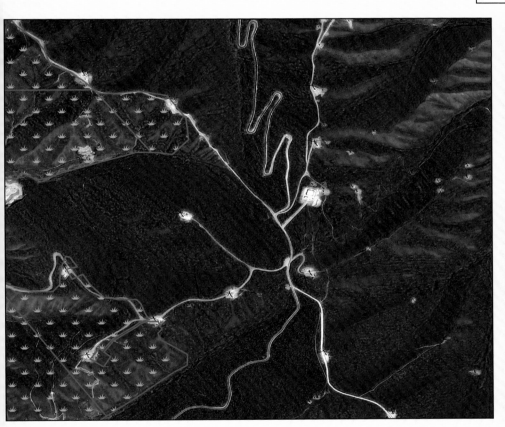

温性草甸草地（西吉县新英乡、海原县红羊乡）

草地

温性典型草地（海原县贾塘乡）

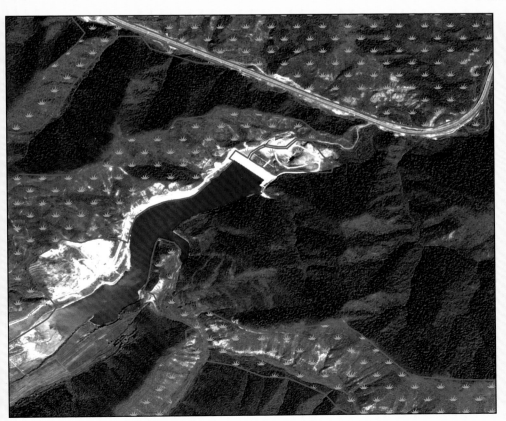

温性草甸草地（泾源县香水镇、黄花乡）

草地

温性草甸草地（泾源县香水镇）

资源三号卫星图像

（2016 年影像）

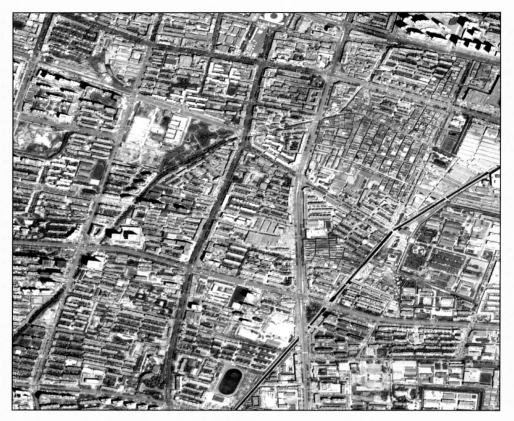

银川市区（城镇居民地）

中宁市时空镇、安宁镇（北部灌区）

吴忠市红寺堡镇（温性荒漠草地）

中宁县下渠口农场、青铜峡湿地保护区

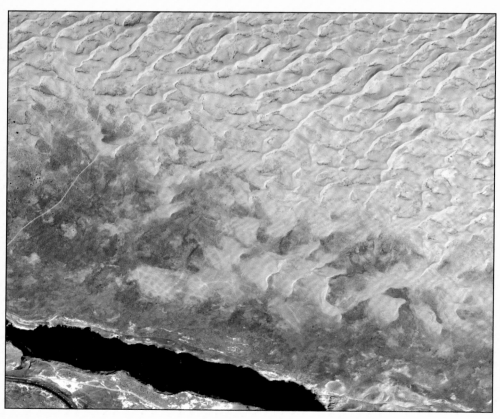

沙坡头迎水桥镇（沙地）

贺兰县洪广镇（贺兰山地）

人口密度

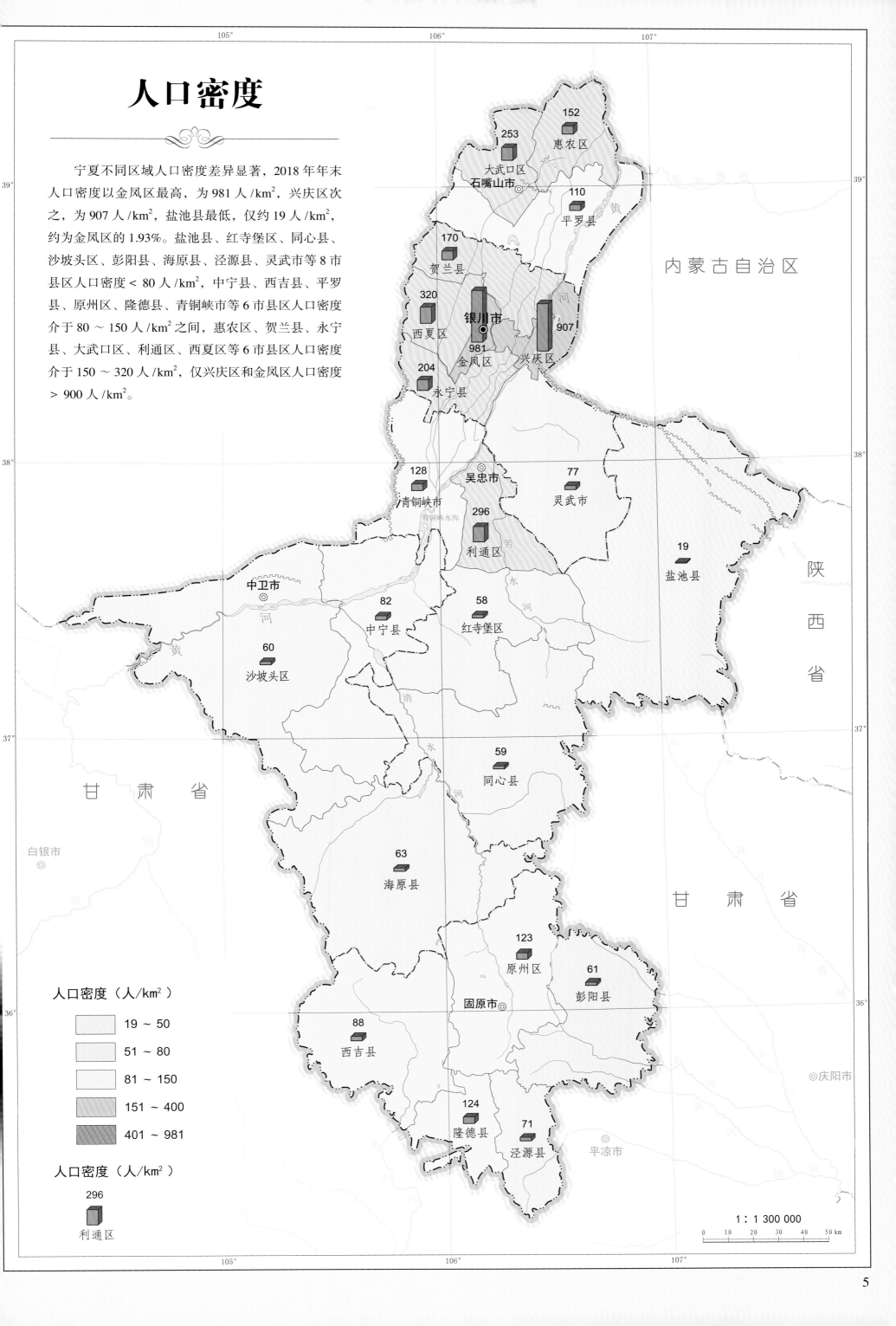

宁夏不同区域人口密度差异显著，2018年年末人口密度以金凤区最高，为981人/km²，兴庆区次之，为907人/km²，盐池县最低，仅约19人/km²，约为金凤区的1.93%。盐池县、红寺堡区、同心县、沙坡头区、彭阳县、海原县、泾源县、灵武市等8市县区人口密度＜80人/km²，中宁县、西吉县、平罗县、原州区、隆德县、青铜峡市等6市县区人口密度介于80～150人/km²之间，惠农区、贺兰县、永宁县、大武口区、利通区、西夏区等6市县区人口密度介于150～320人/km²，仅兴庆区和金凤区人口密度＞900人/km²。

内蒙古自治区

陕西省

甘肃省

甘肃省

152 惠农区
253 大武口区
石嘴山市
110 平罗县
170 贺兰县
320 西夏区
银川市
907 兴庆区
981 金凤区
204 永宁县
128 青铜峡市
吴忠市
77 灵武市
296 利通区
19 盐池县
中卫市
82 中宁县
58 红寺堡区
60 沙坡头区
59 同心县
63 海原县
123 原州区
61 彭阳县
固原市
88 西吉县
124 隆德县
71 泾源县
平凉市
庆阳市
白银市

人口密度（人/km²）
19～50
51～80
81～150
151～400
401～981

人口密度（人/km²）
296
利通区

1：1 300 000
0 10 20 30 40 50 km

5

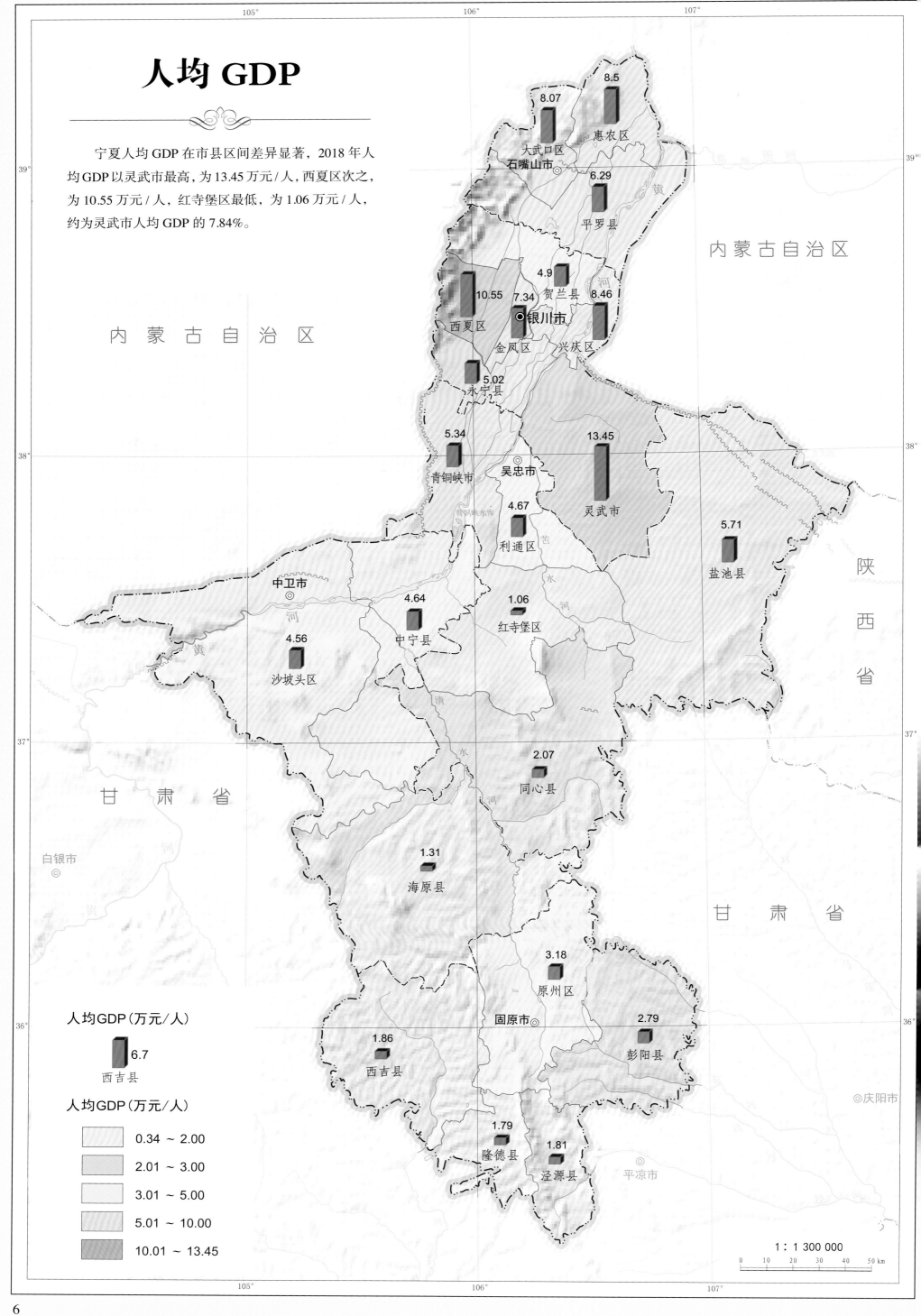

人均 GDP

宁夏人均 GDP 在市县区间差异显著，2018 年人均 GDP 以灵武市最高，为 13.45 万元 / 人，西夏区次之，为 10.55 万元 / 人，红寺堡区最低，为 1.06 万元 / 人，约为灵武市人均 GDP 的 7.84%。

内蒙古自治区

内 蒙 古 自 治 区

陕 西 省

甘 肃 省

甘 肃 省

8.5 惠农区
8.07 大武口区 石嘴山市
6.29 平罗县
4.9 贺兰县
8.46
10.55 西夏区
7.34 银川市 金凤区 兴庆区
5.02 永宁县
5.34 青铜峡市
吴忠市
13.45 灵武市
4.67 利通区
5.71 盐池县
中卫市
4.64 中宁县
1.06 红寺堡区
4.56 沙坡头区
2.07 同心县
1.31 海原县
3.18 原州区
固原市
2.79 彭阳县
1.86 西吉县
1.79 隆德县
1.81 泾源县
白银市
平凉市
庆阳市

人均GDP（万元/人）

6.7
西吉县

人均GDP（万元/人）

	0.34 ~ 2.00
	2.01 ~ 3.00
	3.01 ~ 5.00
	5.01 ~ 10.00
	10.01 ~ 13.45

1 : 1 300 000

0 10 20 30 40 50 km

地势

❧❧❧

　　依据地势可将宁夏回族自治区地形大体分为黄土高原、鄂尔多斯台地、洪积冲积平原和六盘山、罗山、贺兰山南北中三段山地。平均海拔1000m以上。被誉为"塞上江南"的宁夏平原，海拔多介于1100～1200m，地势从西南向东北逐渐倾斜。西北部的贺兰山，南北长200多km，东西宽15～60km，海拔介于1600～3000m，主峰达3556m。南部的六盘山古称陇上，是一条近似南北走向的狭长山脉，海拔多介于2000～2500m。

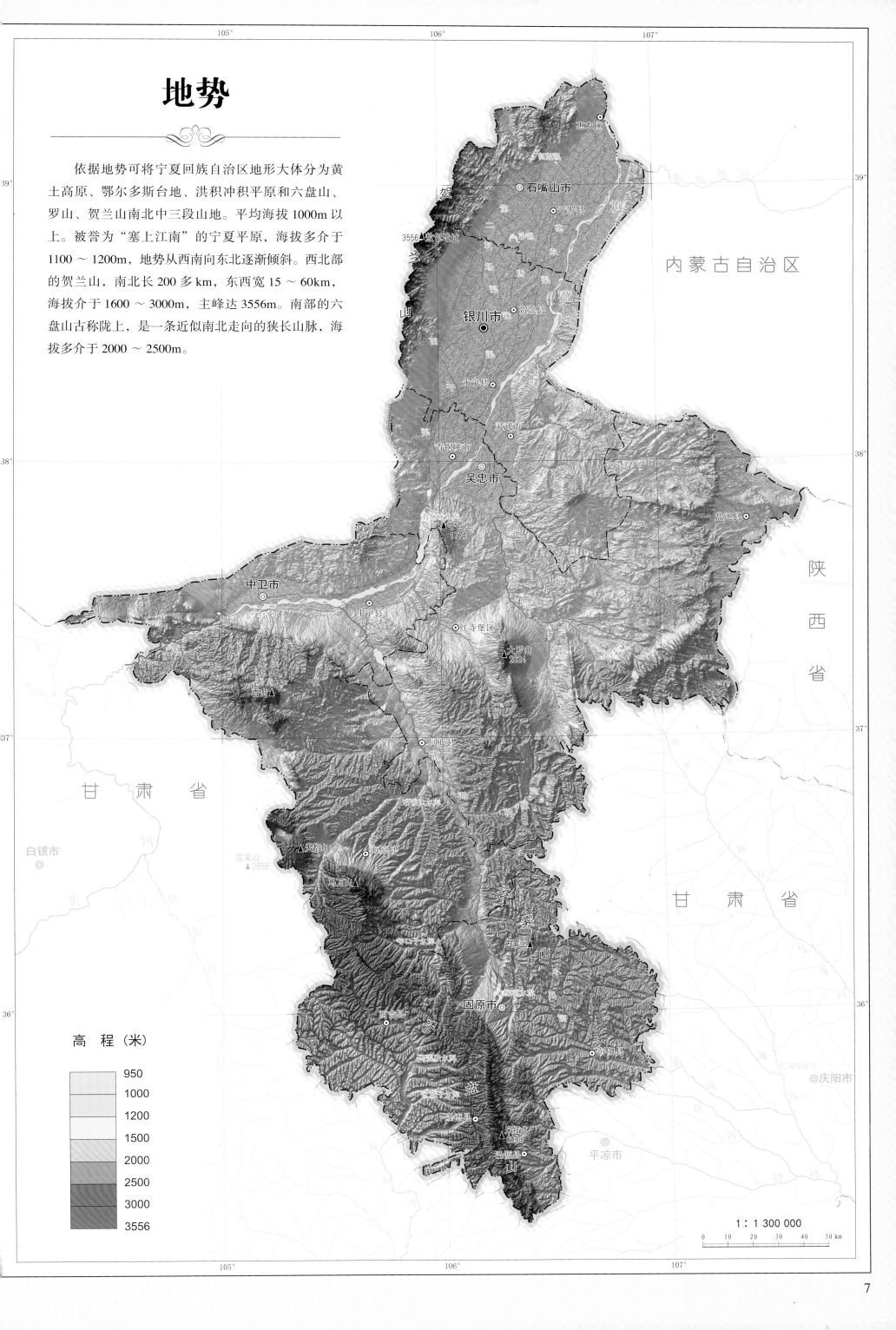

内蒙古自治区

陕西省

甘肃省

甘肃省

3556▲蒙包塔拉

惠农区

石嘴山市

平罗县

银川市

贺兰县

永宁县

灵武山

青铜峡市

吴忠市

盐池县

▲牛首山
1774

中卫市

中宁县

红寺堡区

▲大罗山
2624

香山△

同心县

白银市

屈吴山
▲2858

△天都山

海原县

冯万山△

云雾山△

隆德县

六

固原市

泾源县

彭阳县

▲米缸山
2930

盘

山

平凉市

◎庆阳市

高　程（米）

| 950 |
| 1000 |
| 1200 |
| 1500 |
| 2000 |
| 2500 |
| 3000 |
| 3556 |

1 : 1 300 000

0　10　20　30　40　50 km

7

地貌

宁夏地貌类型多样，主要包括山脉、高原、平原、丘陵、河谷地貌，致使宁夏呈现出丰富的自然景观。依据《中华人民共和国地貌图集（1：100万）》中地貌分类，宁夏地貌主要有中海拔平原和中海拔丘陵，西北部贺兰山有较大面积的小起伏中山和中起伏中山，南部六盘山有较大面积的中起伏中山分布。此外，在中南部地区和宁夏平原东部地区也有较大面积的中海拔台地分布。

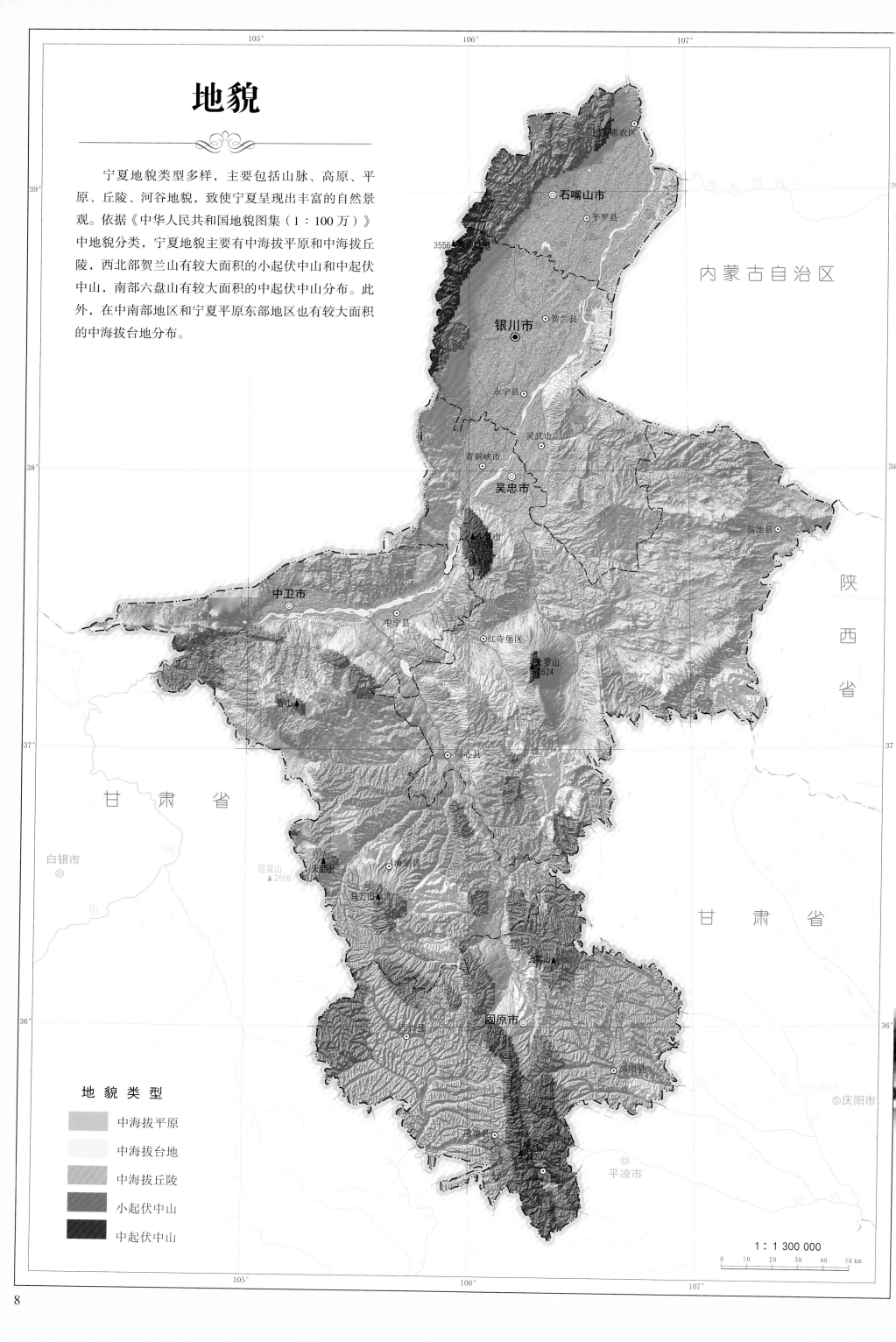

内蒙古自治区

石嘴山市
平罗县

3556

银川市

贺兰县

永宁县

灵武市

青铜峡市

吴忠市

盐池县

陕西省

中卫市

中宁县

红寺堡区

罗山
1624

窑山

同心县

甘肃省

白银市

屈吴山
▲2858

天都山

海原县

马万山

甘肃省

云雾山

固原市

隆德县

彭阳县

庆阳市

平凉市

地貌类型

- 中海拔平原
- 中海拔台地
- 中海拔丘陵
- 小起伏中山
- 中起伏中山

1：1 300 000

0 10 20 30 40 50 km

水系

宁夏回族自治区水系大部分属于黄河流域，仅南部彭阳县、西吉县和隆德县属于渭河流域。宁夏北部水系主要为北部区和黄河主干道构成；中部干旱高原丘陵区最为缺水，不仅地表水量小，且水质含盐量高，多属苦水或因地下水埋藏较深，灌溉利用价值不高。南部半干旱半湿润山区，水系发育较完善，属于渭河流域上游。

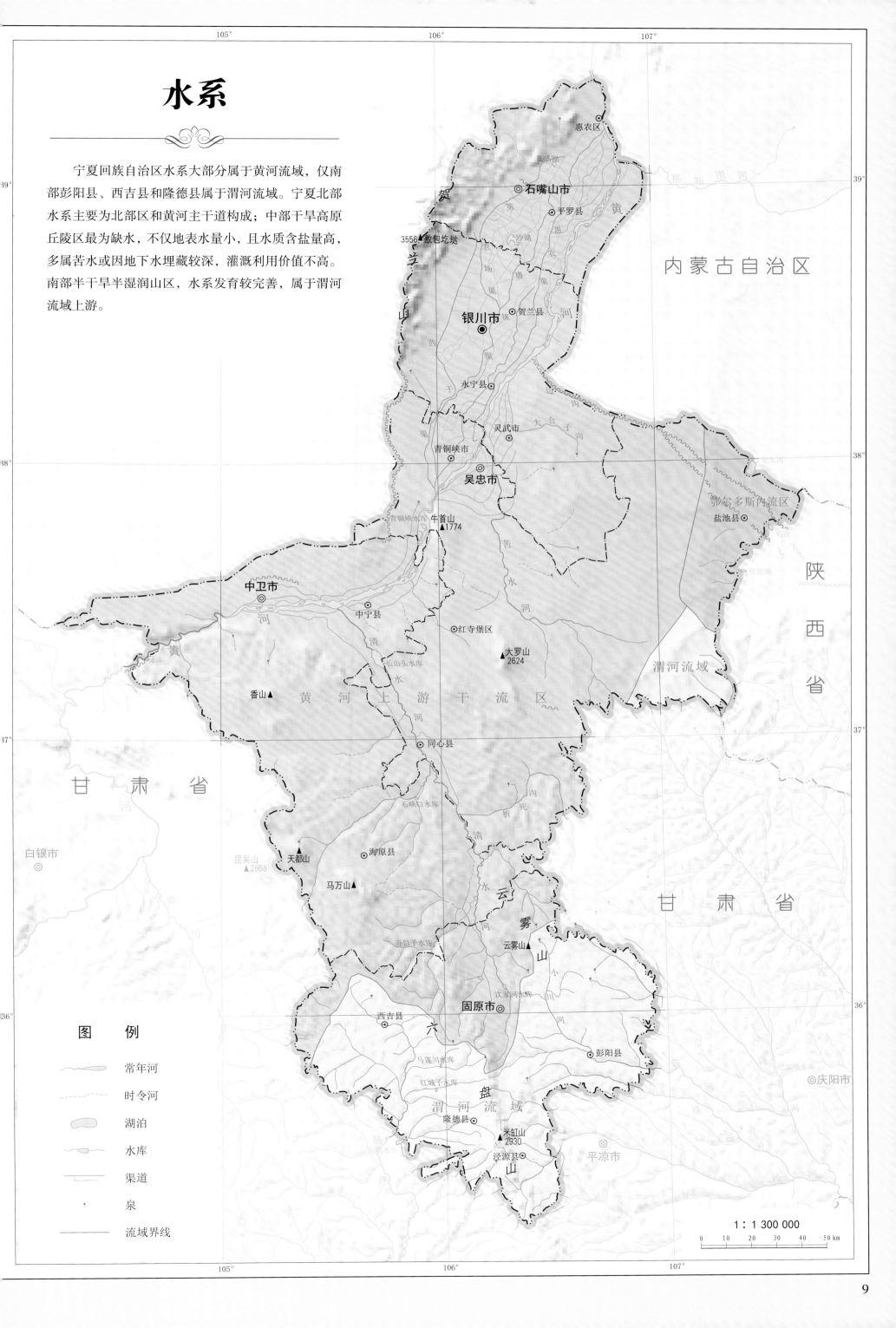

内蒙古自治区

惠农区

石嘴山市

平罗县

3556▲敷包圪垯

银川市

贺兰县

永宁县

灵武市

大合子沟

青铜峡市

吴忠市

鄂尔多斯内流区

陕西省

盐池县

青铜峡水库

牛首山
▲1774

苦水河

中卫市

中宁县

红寺堡区

大罗山
2624

渭河流域

甘肃省

香山▲

黄河上游干流区

清水河

同心县

甘肃省

石峡口水库

折死沟

屈吴山
▲2858

天都山▲

海原县

清水河

马万山▲

云雾山

寺口子水库

云雾山

沈家河水库

固原市

西吉县

六

盘

渭河流域

马莲川水库

彭阳县

庆阳市

红城子水库

隆德县

米缸山
2930

山

泾源县

平凉市

白银市

图　例

〜〜〜	常年河
〜〜〜	时令河
〇	湖泊
⊲	水库
⌐	渠道
∴	泉
— · —	流域界线

1 : 1 300 000

0　10　20　30　40　50 km

年降雨量

　　宁夏回族自治区年降水量空间异质性显著，其中北部灌区年降水大多低于200mm；中部中温带半荒漠地带年降水量大多介于200～300mm；海原县中南部和同心县东南部年降水量介于300～400mm；固原市年降水量大多 > 400mm，尤其是在隆德县南部地区，年降水量大于600mm。

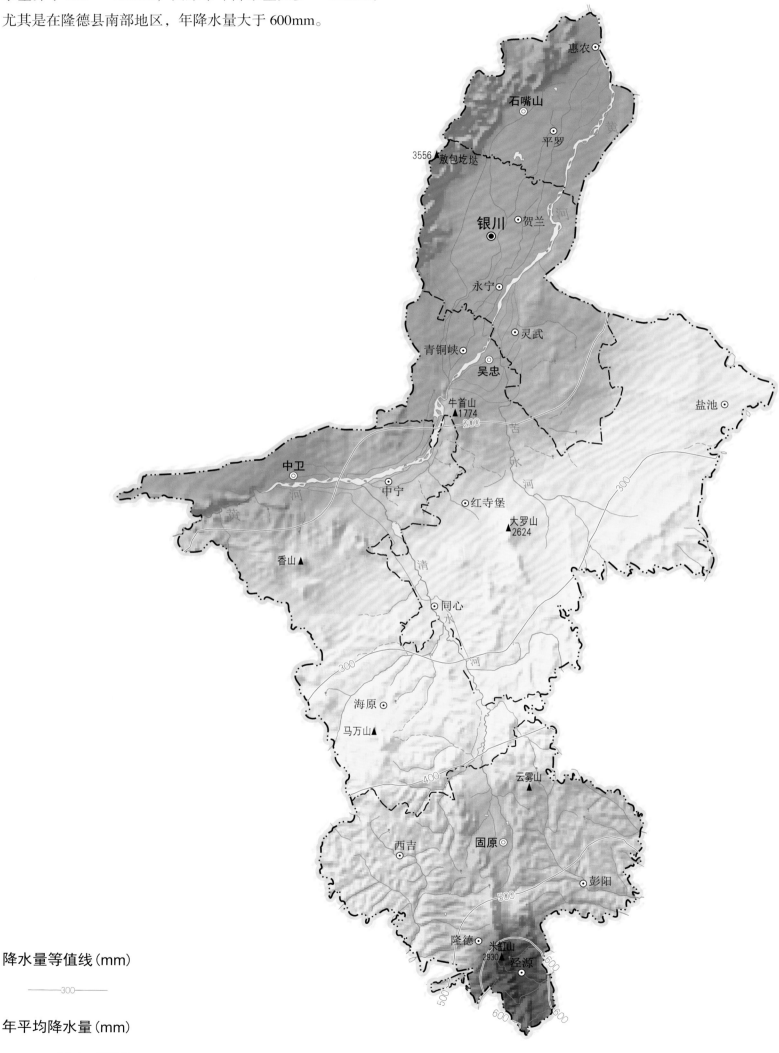

降水量等值线（mm）

―――300――

年平均降水量（mm）

High : 650.3

Low : 156.7

1 : 2 000 000

0　　20　　40　　60 km

年平均气温

　　宁夏回族自治区地处西北内陆高原，属典型的大陆性半湿润半干旱气候，气温日差大，日照时间长，太阳辐射强，大部分地区昼夜温差一般可达 12 ～ 15℃。全年平均气温在 5 ～ 9℃之间，年平均气温高值区主要分布在吴忠市中东部及其与同心县交界处，多年平均气温在 8℃以上，之后就是引黄灌区，多年平均气温介于 6 ～ 8℃；南部山区多年平均气温大多介于 4 ～ 6℃；贺兰山及六盘山等高海拔地区多年平均气温低于 4℃，小部分区域多年平均气温低于 0℃。

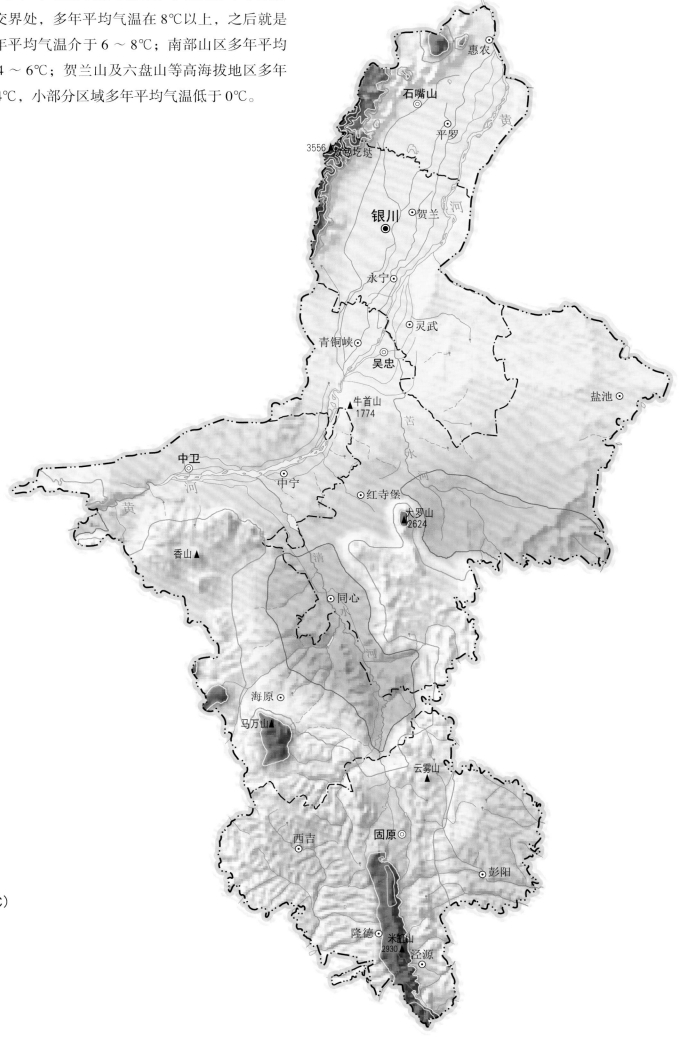

温度等值线（℃）

　　　0
──　2
──　4
──　6
──　8

年平均气温（℃）

High : 8.7

Low : - 4.4

1 ∶ 2 000 000

0　　20　　40　　60 km

≥0℃积温

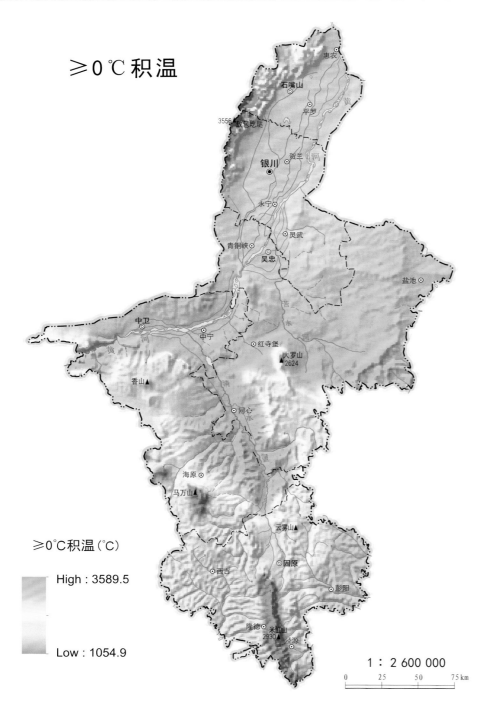

≥0℃积温（℃）

High : 3589.5

Low : 1054.9

1：2 600 000

0　25　50　75 km

≥ 0℃积温

宁夏回族自治区≥0℃积温空间异质性明显，其中高值区主要分布于吴忠市东南部及其西部与中卫市交界地带，次高值区主要分布于中部干旱半干旱及北部引黄灌区；低值区主要分布于北部贺兰山和南部六盘山高海拔地区，其次为南部山区，再次为中西部和吴忠市的南部地区及北部贺兰山海拔相对较低的地区。

≥ 10℃积温

宁夏回族自治区≥10℃积温空间异质性明显，其中高值区主要分布于吴忠市西南部与中卫市交界地带，次高值区主要分布于中部干旱半干旱及北部引黄灌区，再次为中南部吴忠市的南部、中卫市的中南部西部和固原市的彭阳县；低值区主要分布于北部贺兰山和南部六盘山高海拔地区，次低值区主要分布于南部山区。

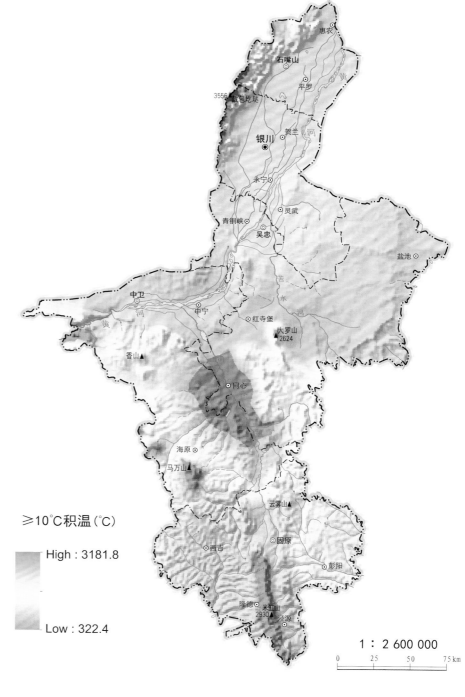

≥10℃积温（℃）

High : 3181.8

Low : 322.4

1：2 600 000

0　25　50　75 km

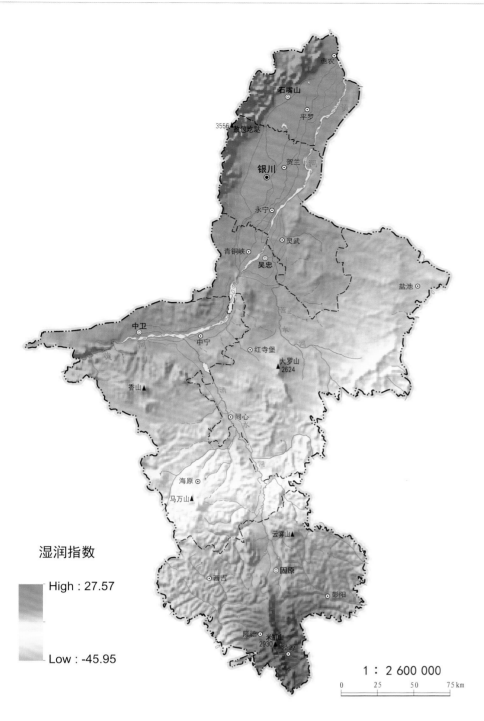

湿润指数

宁夏回族自治区湿润指数空间异质性明显，整体呈现从南到北不断降低态势，这与宁夏回族自治区年降水量分布格局呈现相似的分布规律，其中高值区主要分布于南部六盘山高海拔地区，随后是南部山区海拔较低的区域，再次为中南部地区，之后是北部灌区，贺兰山高海拔地区最低。

湿润指数

High : 27.57

Low : -45.95

1：2 600 000

0　25　50　75 km

干燥度

宁夏回族自治区干燥度整体呈现与湿润指数相反的分布态势，即从南至北不断增大，其中高值区主要分布于北部贺兰山地区，随后是北部灌区和中部干旱半干旱地区，再次为中南部地区及南部山区，南部六盘山高海拔地区因降雨量较低，干燥度相对高些。

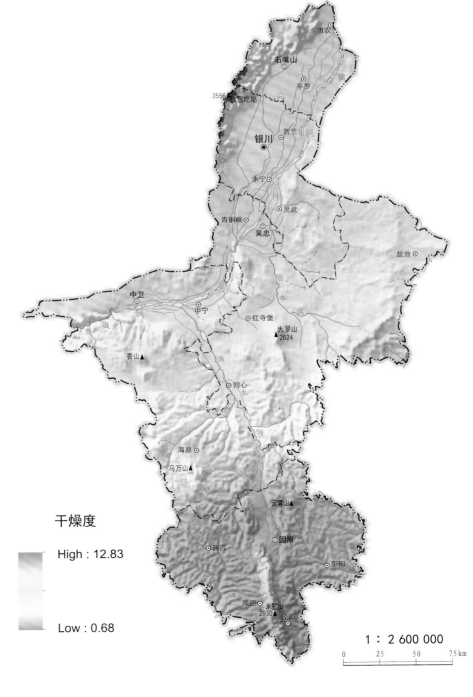

干燥度

High : 12.83

Low : 0.68

1：2 600 000
0　25　50　75 km

坡度

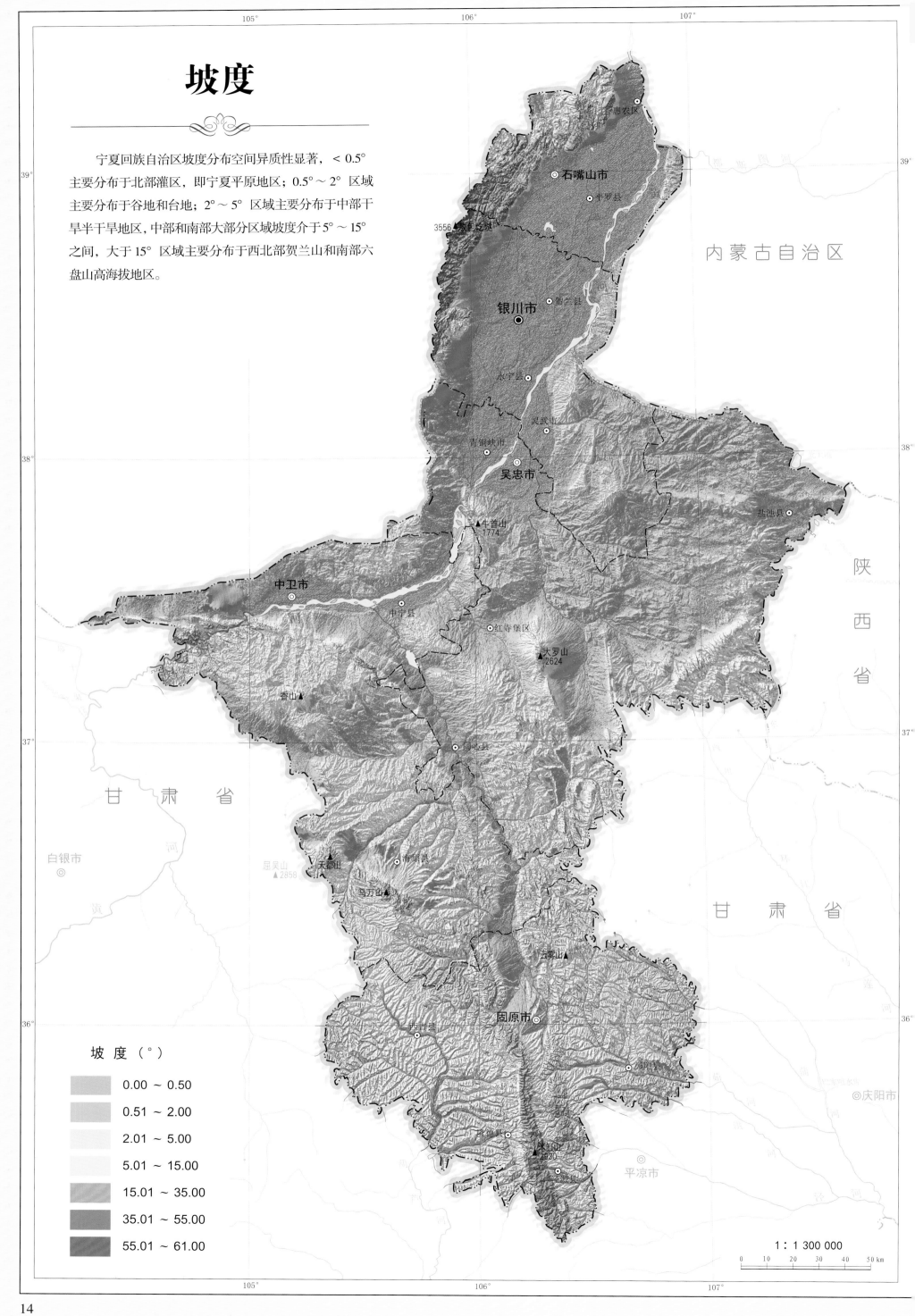

宁夏回族自治区坡度分布空间异质性显著，< 0.5°
主要分布于北部灌区，即宁夏平原地区；0.5°～2°区域
主要分布于谷地和台地；2°～5°区域主要分布于中部干
旱半干旱地区，中部和南部大部分区域坡度介于5°～15°
之间，大于15°区域主要分布于西北部贺兰山和南部六
盘山高海拔地区。

内蒙古自治区

石嘴山市

平罗县

3556 贺兰山顶

银川市

贺兰县

永宁县

灵武市

青铜峡市

吴忠市

盐池县

牛首山
1774

中卫市

中宁县

红寺堡区

大罗山
2624

香山▲

同心县

陕西省

甘肃省

白银市

屈吴山
▲2858

天都山▲

海原县

鸦万山▲

云雾山▲

甘肃省

固原市

西吉县

彭阳县

米缸山

平凉市

庆阳市

坡 度 （°）

	0.00 ～ 0.50
	0.51 ～ 2.00
	2.01 ～ 5.00
	5.01 ～ 15.00
	15.01 ～ 35.00
	35.01 ～ 55.00
	55.01 ～ 61.00

1 : 1 300 000

0 10 20 30 40 50 km

土壤类型

宁夏回族自治区土壤分布空间异质性显著，其中六盘山和贺兰山高海拔地区主要为灰褐土，随后为黑垆土；中南部地区广泛分布着灰漠土；中部荒漠区和北部灌区主要分布着灰钙土；中部荒漠区还分布着大面积的风沙土；引黄灌区还大面积分布着灌淤土。

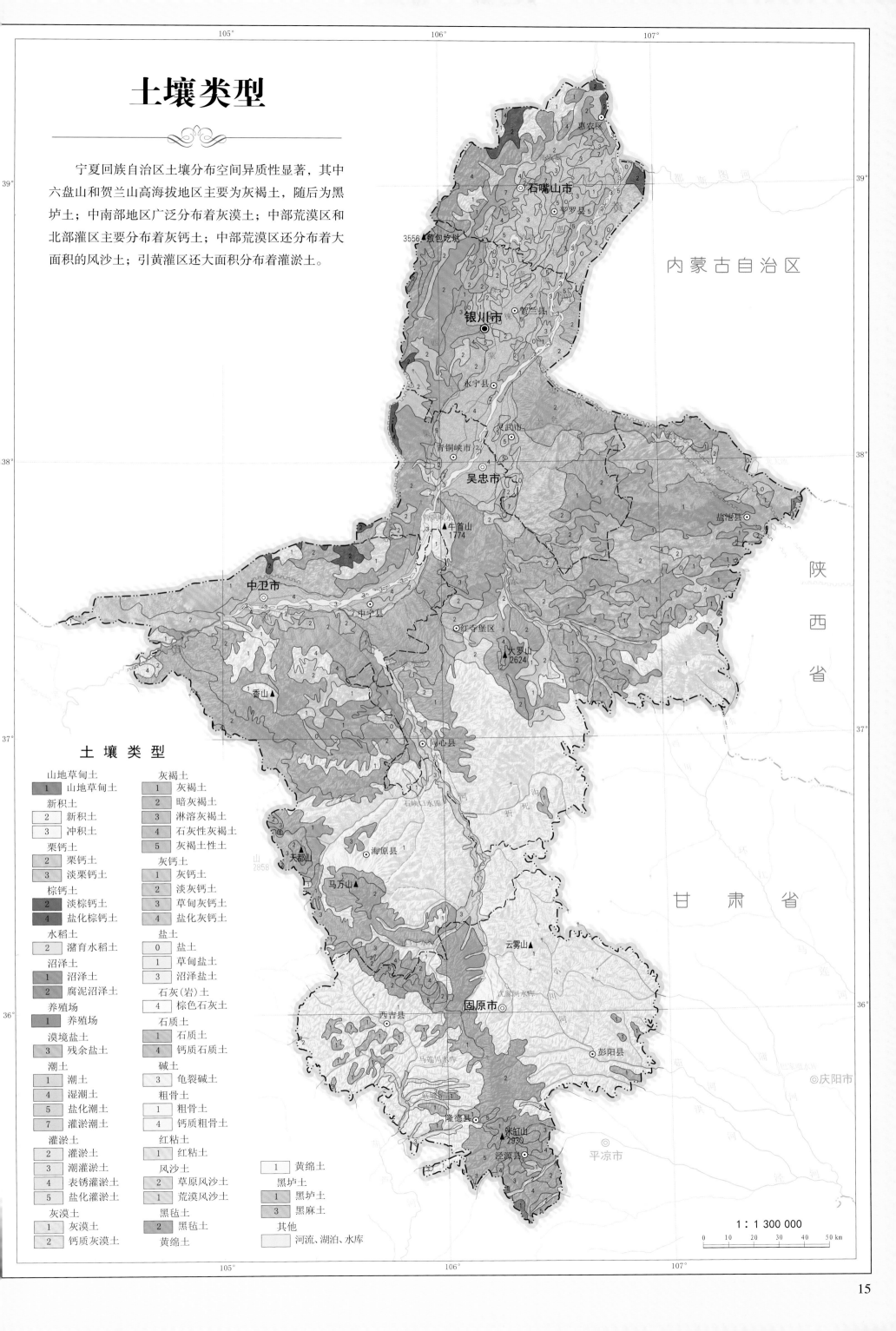

内蒙古自治区

陕西省

甘肃省

惠农区
石嘴山市
平罗县
3556 敖包圪垯
贺兰县
银川市
永宁县
灵武市
青铜峡市
吴忠市
盐池县
牛首山 1774
中卫市
中宁县
红寺堡区
大罗山 2624
香山
石峡口水库
同心县
天都山 2858
海原县
马万山
云雾山
沈家河水库
固原市
西吉县
彭阳县
庆阳市
寺口
米缸山 2930
隆德县
泾源县
平凉市

土 壤 类 型

山地草甸土
- 1 山地草甸土

新积土
- 2 新积土
- 3 冲积土

栗钙土
- 2 栗钙土
- 3 淡栗钙土

棕钙土
- 2 淡棕钙土
- 4 盐化棕钙土

水稻土
- 2 潴育水稻土

沼泽土
- 1 沼泽土
- 2 腐泥沼泽土

养殖场
- 1 养殖场

漠境盐土
- 3 残余盐土

潮土
- 1 潮土
- 4 湿潮土
- 5 盐化潮土
- 7 灌淤潮土

灌淤土
- 2 灌淤土
- 3 潮灌淤土
- 4 表锈灌淤土
- 5 盐化灌淤土

灰漠土
- 1 灰漠土
- 2 钙质灰漠土

灰褐土
- 1 灰褐土
- 2 暗灰褐土
- 3 淋溶灰褐土
- 4 石灰性灰褐土
- 5 灰褐土性土

灰钙土
- 1 灰钙土
- 2 淡灰钙土
- 3 草甸灰钙土
- 4 盐化灰钙土

盐土
- 0 盐土
- 1 草甸盐土
- 3 沼泽盐土

石灰（岩）土
- 4 棕色石灰土

石质土
- 1 石质土
- 4 钙质石质土

碱土
- 3 龟裂碱土

粗骨土
- 1 粗骨土
- 4 钙质粗骨土

红粘土
- 1 红粘土

风沙土
- 2 草原风沙土
- 1 荒漠风沙土

黑毡土
- 2 黑毡土

黄绵土

- 1 黄绵土

黑垆土
- 1 黑垆土
- 3 黑麻土

其他
- 河流、湖泊、水库

1 : 1 300 000

0 10 20 30 40 50 km

土壤质地

　　宁夏回族自治区砂粒含量高值区主要分布于引黄灌区周边的区域，引黄灌区和中南部广大地区砂粒含量相对较低。而粉粒含量分布格局与砂粒含量分布相反，即中南部、南部和北部罐区粉粒含量较高，引黄灌区周边区域粉粒含量较低，中卫市北部粉粒含量最低。粘粒含量与粉粒含量既相关又有区别，粉粒含量低的区域粘粒含量也低，粉粒含量高的引黄灌区周边区域粘粒含量也高，粉粒含量高的中部和南部山区，粘粒含量相对也较高，但空间异质性较粉粒含量显著。

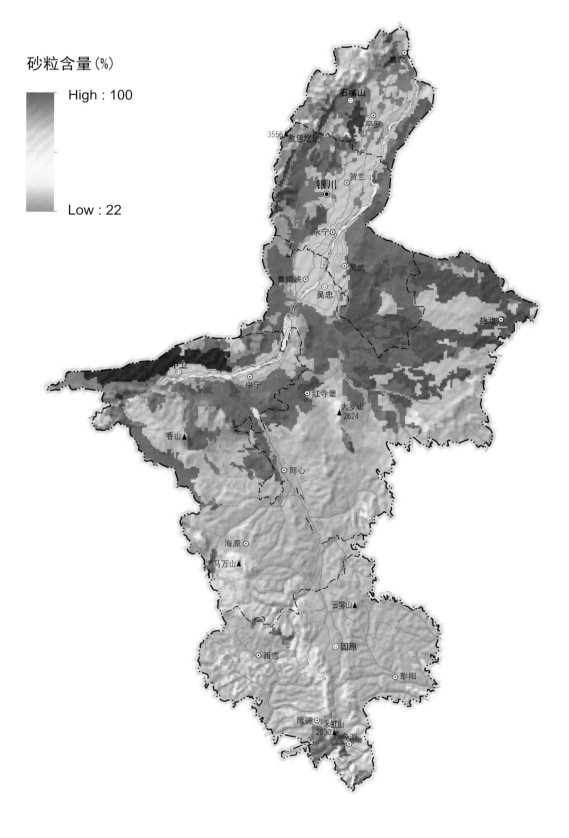

砂粒含量（%）

High : 100

Low : 22

砂 粒 含 量

1 : 2 600 000

0　　25　　50　　75 km

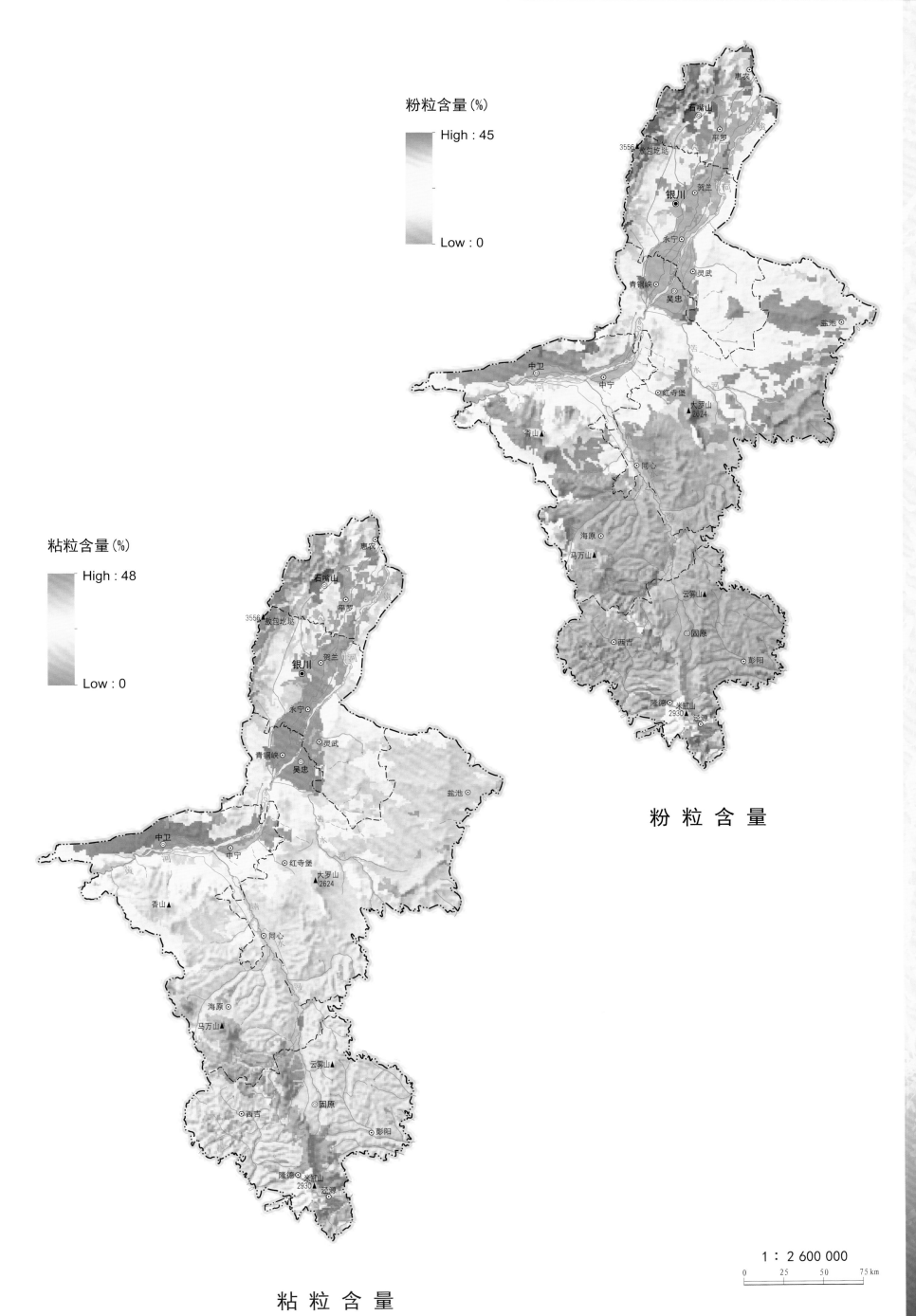

粉粒含量（%）

High : 45

Low : 0

粉 粒 含 量

粘粒含量（%）

High : 48

Low : 0

粘 粒 含 量

1：2 600 000

0　　25　　　50　　75 km

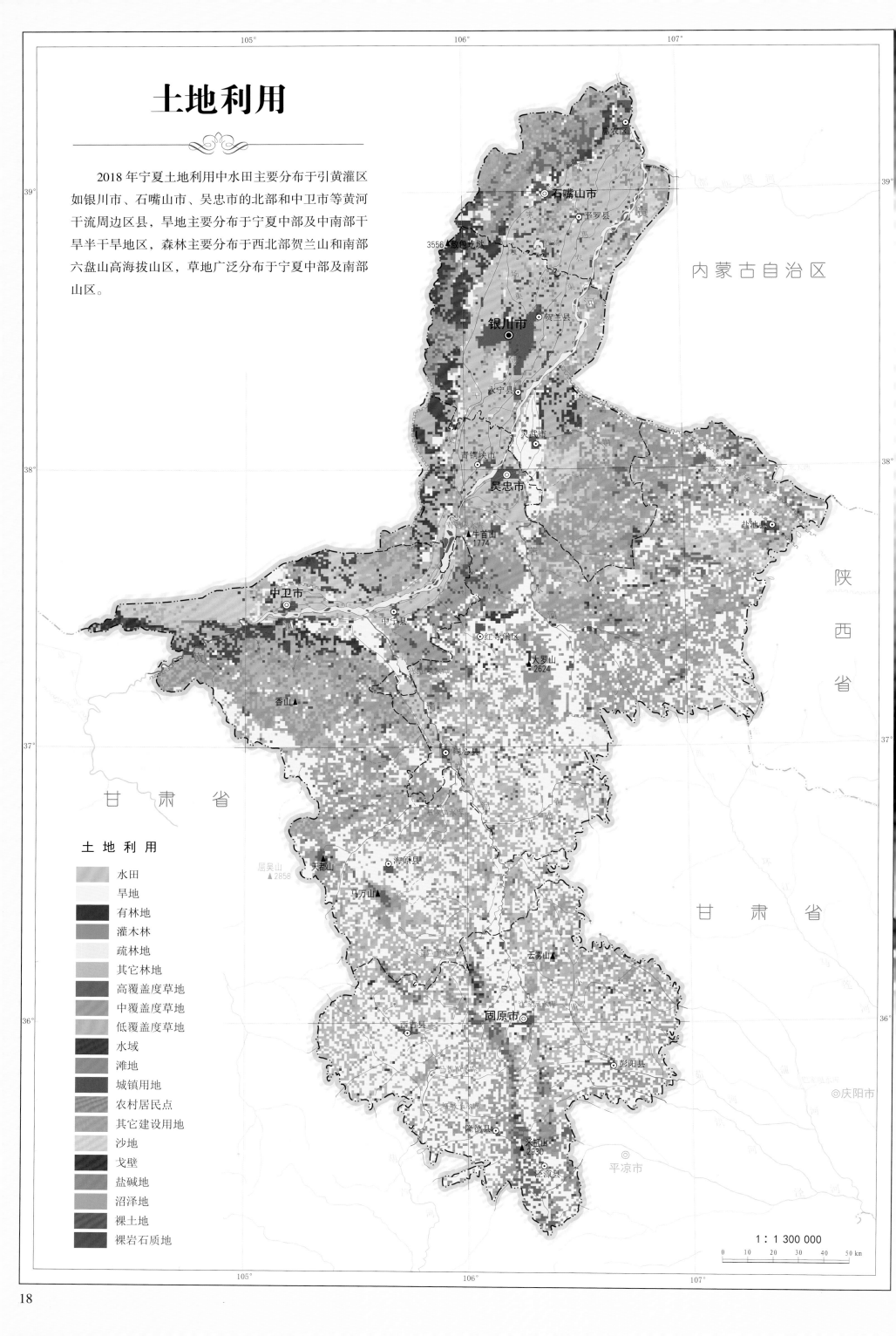

土地利用

2018年宁夏土地利用中水田主要分布于引黄灌区如银川市、石嘴山市、吴忠市的北部和中卫市等黄河干流周边区县，旱地主要分布于宁夏中部及中南部干旱半干旱地区，森林主要分布于西北部贺兰山和南部六盘山高海拔山区，草地广泛分布于宁夏中部及南部山区。

土 地 利 用

- 水田
- 旱地
- 有林地
- 灌木林
- 疏林地
- 其它林地
- 高覆盖度草地
- 中覆盖度草地
- 低覆盖度草地
- 水域
- 滩地
- 城镇用地
- 农村居民点
- 其它建设用地
- 沙地
- 戈壁
- 盐碱地
- 沼泽地
- 裸土地
- 裸岩石质地

1：1 300 000

0 10 20 30 40 50 km

土壤可蚀性因子

　　宁夏土壤可蚀性因子的取值范围在 0.08～0.55
之间，平均值为 0.36。土壤可蚀性因子值较高的区域
主要出现在宁夏西北部狭长地带、东部边界及中部，
土壤可蚀性因子值较低的区域则主要出现在南部。在
宁夏各土壤类型中，土壤可蚀性因子值最高的是草
甸灰钙土，为 0.55，这是由于其砂粒总含量达到了
97.4%，容易发生侵蚀；土壤可蚀性因子值最低的是
淋溶灰褐土，为 0.08，这是因为其有机质含量和粘粒
含量达到了 33.17%，相比于其他土壤类型不易发生
侵蚀。

内蒙古自治区

陕西省

甘肃省

甘肃省

土壤可蚀性因子

High : 0.55

Low : 0.08

1 : 1 300 000

0 10 20 30 40 50 km

风蚀气象因子

　　宁夏风蚀气象因子（WF）在 0.02 ～ 84.34kg·m^{-1} 之间，年际波动较大，其中最高值出现在 2010 年，最低值则出现在 2015 年。2000—2015 年 WF 平均值从 28.33kg·m^{-1} 降至 10.51kg·m^{-1}。WF 值较高的区域空间分布因年份而异，如 2000—2005 年主要集中在宁夏北部和中部，2010—2010 年则主要集中在宁夏中部和南部。中部 WF 值偏高的主要原因是该地区处于半干旱荒漠区，温度高，蒸发量大，极易受到风蚀影响。WF 值较低的区域则主要分布在宁夏西南部和东北部，特别是 2005—2010 年间宁夏东部盐池地区的 WF 值下降显著。而宁夏草地风蚀气象因子在 2000—2015 年间变化的总体趋势是由"北高南低"变为"中高北低"。

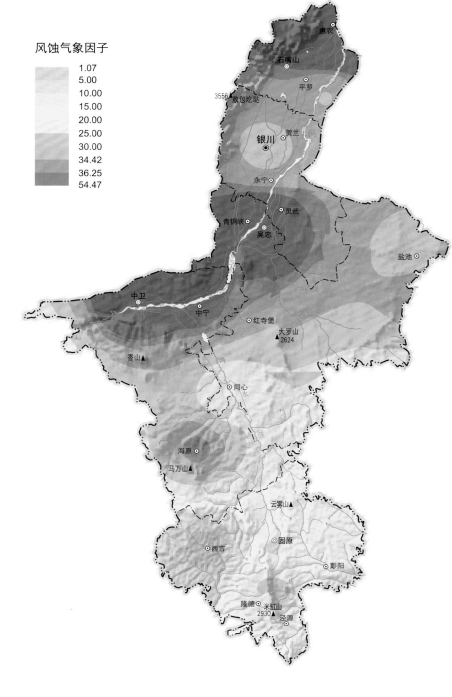

2000年

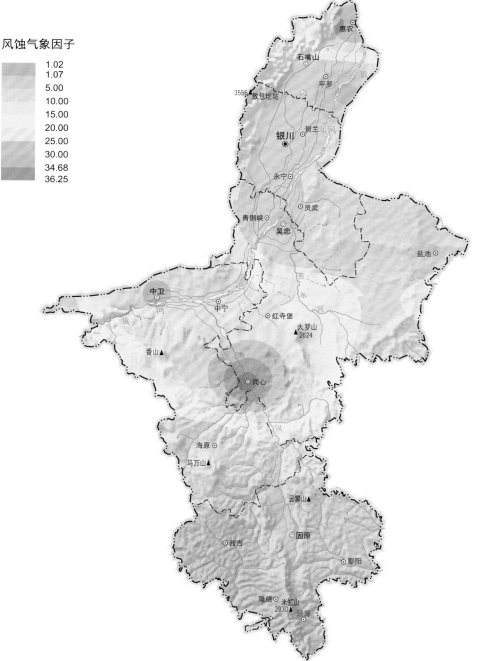

2005年

1 : 2 600 000

0　25　50　75 km

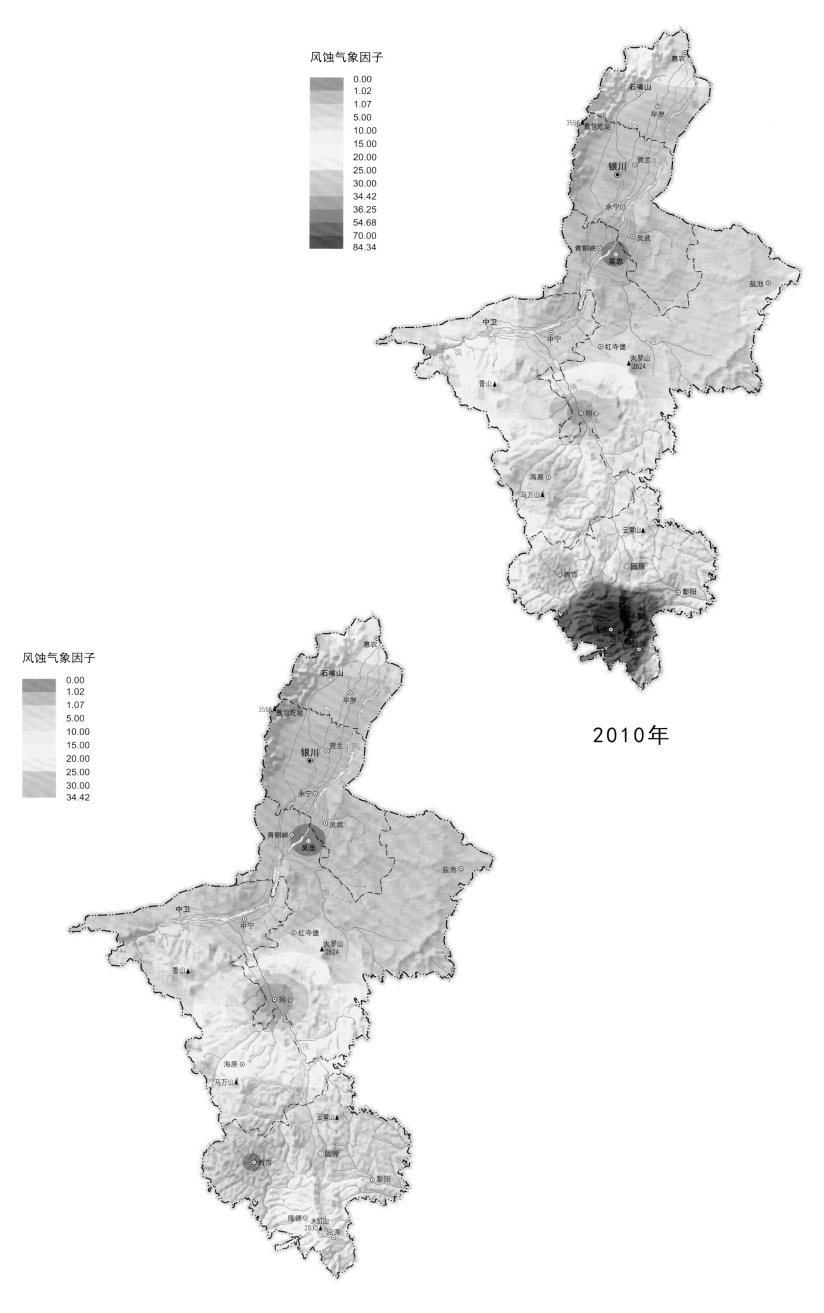

风蚀气象因子
| 0.00 |
| 1.02 |
| 1.07 |
| 5.00 |
| 10.00 |
| 15.00 |
| 20.00 |
| 25.00 |
| 30.00 |
| 34.42 |
| 36.25 |
| 54.68 |
| 70.00 |
| 84.34 |

2010年

风蚀气象因子
| 0.00 |
| 1.02 |
| 1.07 |
| 5.00 |
| 10.00 |
| 15.00 |
| 20.00 |
| 25.00 |
| 30.00 |
| 34.42 |

2015年

1 : 2 600 000

0　25　50　75 km

土壤结皮因子

　　宁夏土壤结皮因子的取值范围在 0.09 ~ 0.95 之间，平均值为 0.42。土壤结皮因子值较高的区域主要出现在宁夏东北部和东部，土壤结皮因子值较低的区域则主要出现在中南部和南部。土壤结皮有可能增加土壤风蚀量，也可能减少土壤风蚀量，在宁夏各土壤类型中，土壤结皮因子值最高的是草甸灰钙土，为 0.95，抗风蚀能力最差，最容易发生侵蚀；土壤结皮因子值最低的是黑毡土，为 0.09，抗风蚀能力最强，不易发生侵蚀。

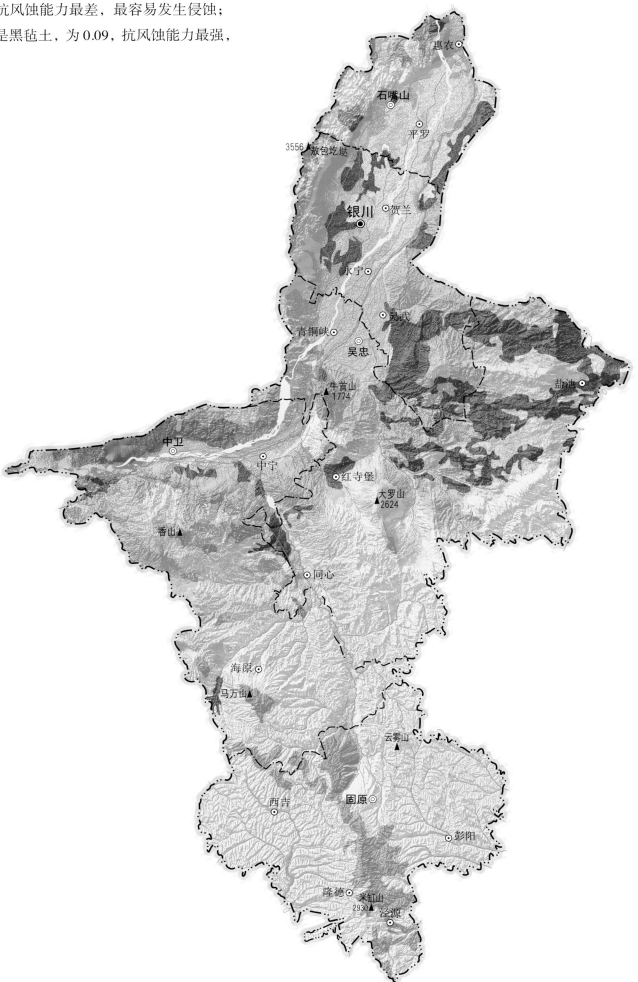

土壤结皮因子

- 0.09 ~ 0.10
- 0.11 ~ 0.20
- 0.21 ~ 0.30
- 0.31 ~ 0.40
- 0.41 ~ 0.50
- 0.51 ~ 0.60
- 0.61 ~ 0.70
- 0.71 ~ 0.80
- 0.81 ~ 0.95

1 : 2 000 000

0   20   40   60km

地表糙度因子

　　宁夏地表糙度因子的取值范围在 0.19 ～ 1.00 之间，平均值为 0.98，反映了地形对风蚀强度大小的影响。地表糙度因子值较高的区域主要出现在宁夏北部和中部，地表糙度因子值较低的区域则主要出现在西北部边缘带、西南部和南部。六盘山、月亮山、南华山、罗山、贺兰山等山地，由于高山林立，不利于侵蚀的发生，因此地表糙度因子值较低。而中部、北部银川盆地、海原同心县间的山间盆地等由于地势较低，更容易发生侵蚀。

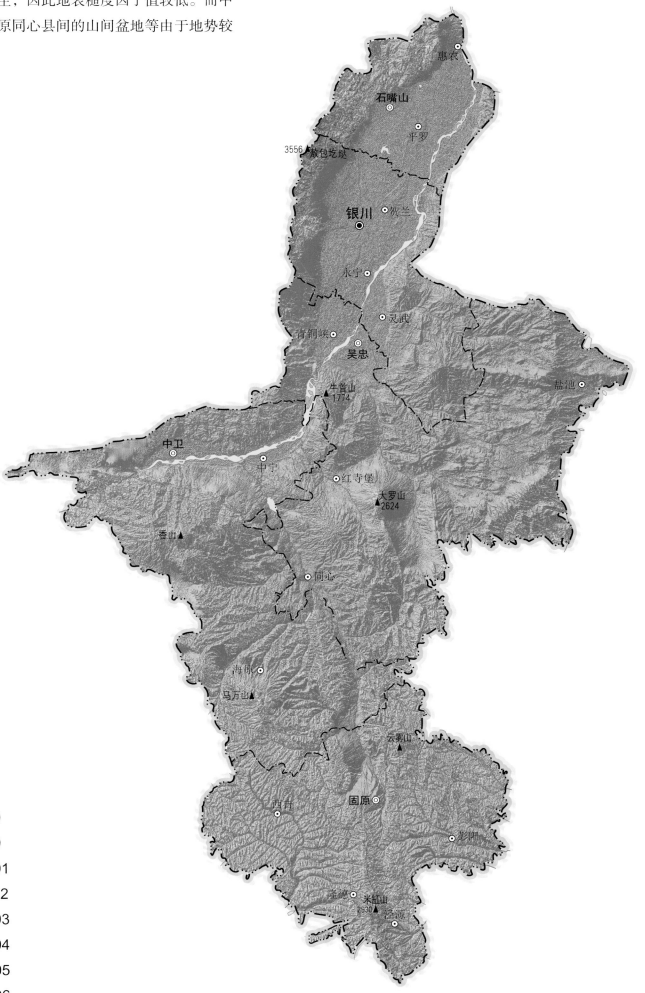

地表粗糙度

	0.19 ～ 0.50
	0.51 ～ 0.90
	0.901 ～ 0.91
	0.911 ～ 0.92
	0.921 ～ 0.93
	0.931 ～ 0.94
	0.941 ～ 0.95
	0.951 ～ 0.96
	0.961 ～ 0.97
	0.971 ～ 0.98
	0.981 ～ 0.99
	0.991 ～ 1.00

1 ： 2 000 000

0　　20　　40　　60 km

植被覆盖度

  2000—2015 年宁夏全区平均植被覆盖度为 22.56% ～ 41.03%，整体呈现上升的趋势，2015 年较 2000 年增加近一倍，说明在此期间宁夏植被覆盖状况呈现改善的趋势。在空间分布上，南部山区、北部灌区、中部干旱带的平均植被覆盖度依次降低，各年份平均植被覆盖度依次为 49.54%、28.72%、25.80%。在时间变化上，2005—2010 年宁夏植被覆盖度的增加幅度最为明显。

  从各地级市来看，固原市的平均植被覆盖度最高，各年份在 34.90% ～ 63.33% 之间，其中泾源县最高，在 61.37% ～ 88.57% 之间。2000—2015 固原市各市县、中卫市海原县、吴忠市利通区、吴忠市同心县的平均植被覆盖度均呈现上升趋势，其他市县在个别年份存在降低的趋势，如 2005、2015 年，但是 2000—2015 年各市县平均植被覆盖度整体呈现上升的趋势。

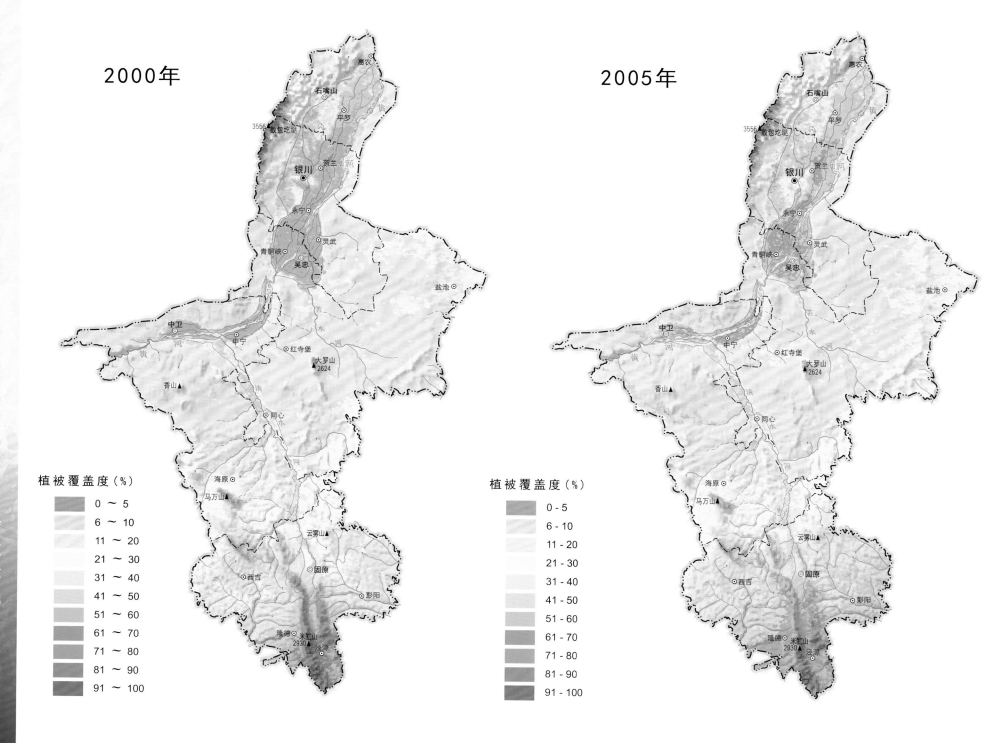

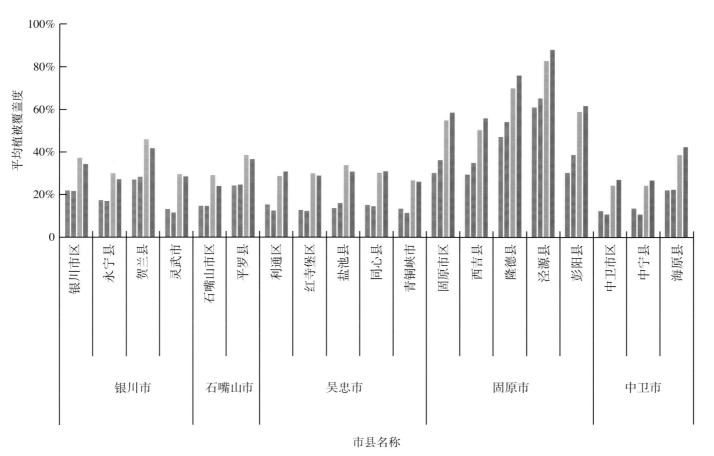

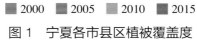

图 1　宁夏各市县区植被覆盖度

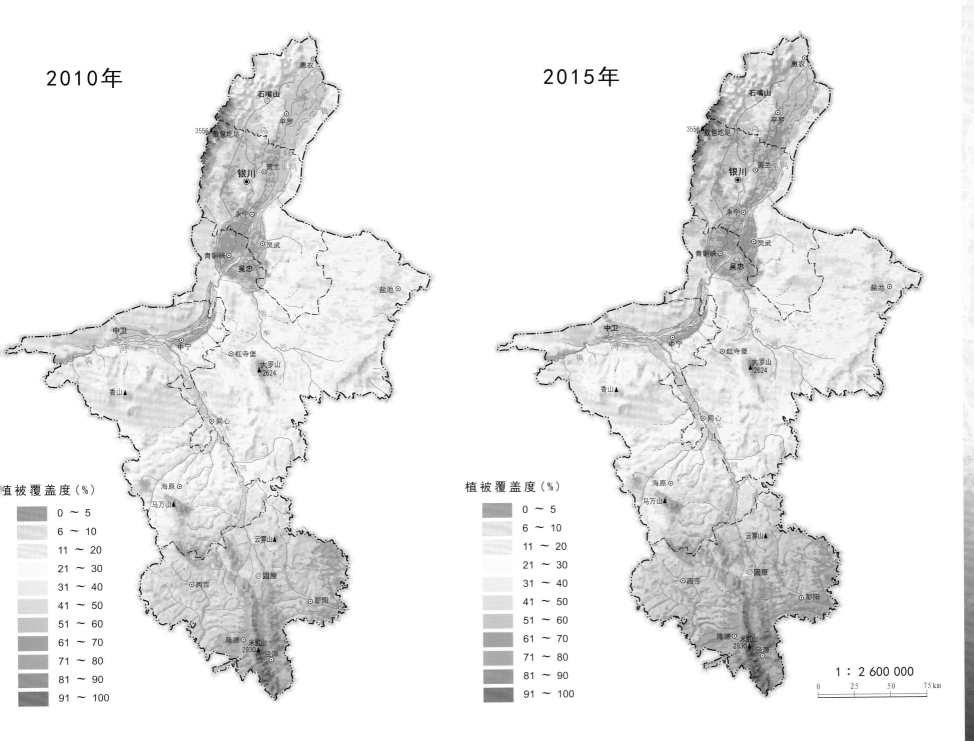

宁 夏 草 地 资 源 图 集

草地资源格局

草地资源二级类型分布

　　宁夏草地面积为 2.40 万 km²，占全区总面积的 46.62%，将宁夏草地分为人工草地、沼泽草地、温性草甸草地、温性草原草地、温性草原化荒漠、温性荒漠草地以及高寒草甸草原 7 类，其中温性荒漠草地面积占比最大（58.81%），其次为温性草原草地（27.78%）和温性草原化荒漠（8.29%），高寒草甸草地分布面积最少（表 1）。在空间分布上，温性荒漠草原主要分布在宁夏北部和中部，温性草原化荒漠主要分布在宁夏西部边缘带，温性草原草地和温性草甸草地主要分布在南部和东部，沼泽草地主要分布在沿河地带，人工草地则呈散点式分布在全区，高寒草甸草原则仅分布在西北部银川市与石嘴山市交汇处。

表 1　不同市区草地生态系统面积

单位：km²

二级类型	固原市	石嘴山市	吴忠市	银川市	中卫市	总计
温性荒漠草地	0.00	1133.45	6044.99	2366.95	4572.50	14117.89
温性草原草地	3039.29	0.00	2184.05	5.43	1439.56	6668.33
温性草原化荒漠	0.00	302.86	259.12	294.60	1134.04	1990.62
温性草甸草地	782.04	0.00	0.00	0.00	334.08	1116.12
人工草地	6.00	5.23	44.99	2.63	0.00	58.85
沼泽草地	0.00	22.02	3.88	29.04	0.00	54.94
高寒草甸草原	0.00	0.42	0.00	0.35	0.00	0.77
总计	3827.33	1463.98	8537.03	2699.00	7480.18	24007.52

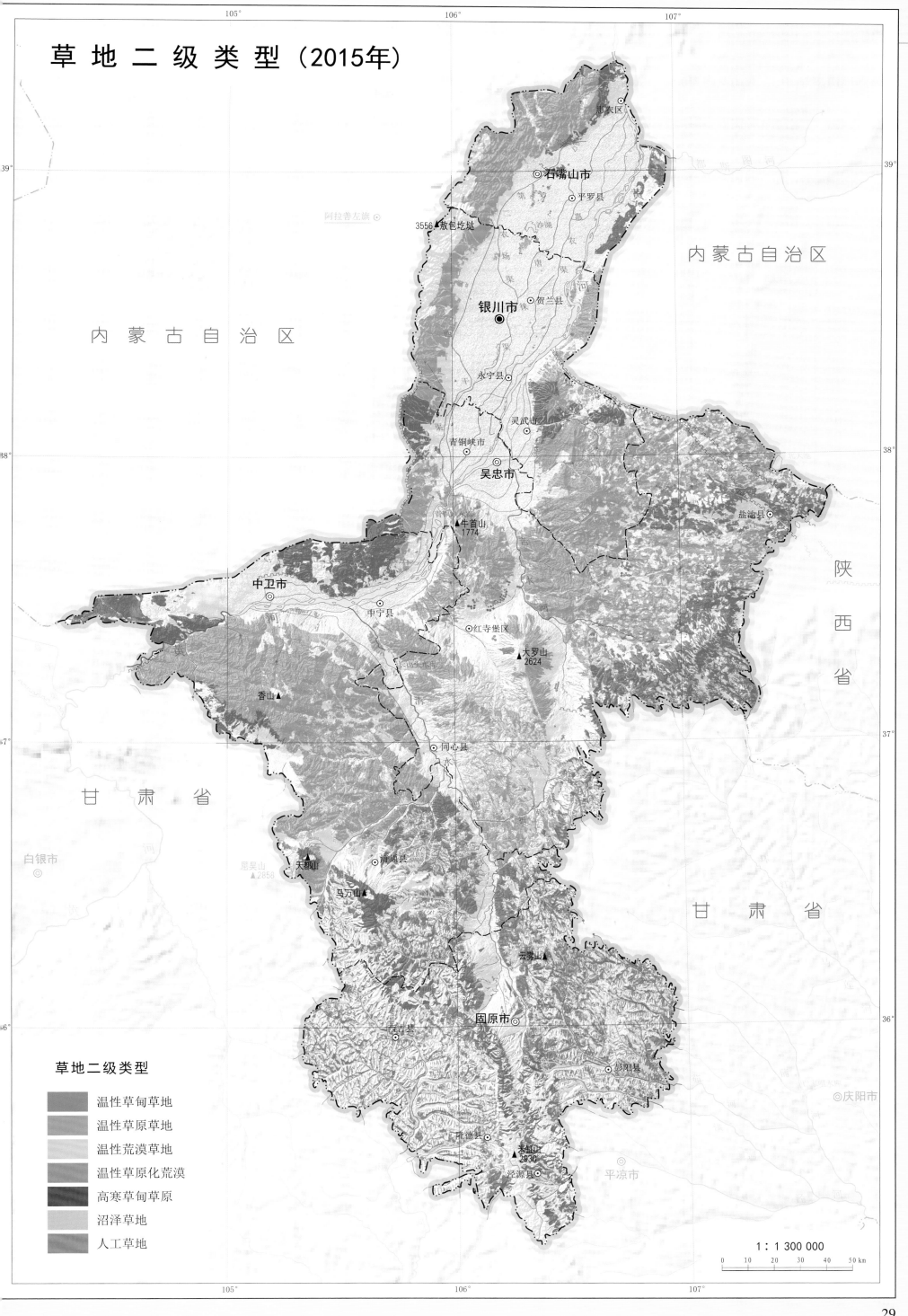

草 地 二 级 类 型 （2015年）

内蒙古自治区

内 蒙 古 自 治 区

陕 西 省

甘 肃 省

甘 肃 省

阿拉善左旗

石嘴山市

惠农区

平罗县

沙湖

3556 敖包圪垯

银川市

贺兰县

永宁县

灵武市

青铜峡市

吴忠市

盐池县

牛首山
1774

中卫市

中宁县

红寺堡区

大罗山
2624

香山▲

同心县

白银市

天都山▲

海原县

贺兰山
▲2858

马万山▲

云雾山▲

固原市

西吉县

彭阳县

隆德县

米缸山
2930

泾源县

平凉市

庆阳市

草地二级类型

- 温性草甸草地
- 温性草原草地
- 温性荒漠草地
- 温性草原化荒漠
- 高寒草甸草原
- 沼泽草地
- 人工草地

1：1 300 000

0 10 20 30 40 50 km

草地资源三级类型分布

　　宁夏草地可划分为12个三级亚类,其中平原、丘陵荒漠草原亚类面积为8338.24km²,占比最大(34.73%),其次为平原、丘陵草原亚类(17.43%)和沙地荒漠草原亚类(15.42%),高寒草甸草原分布面积最少(表2)。在空间分布上,平原、丘陵荒漠草原主要分布在宁夏北部和中部,平原、丘陵草原主要分布在宁夏南部和东部,沙地荒漠草原主要分布在东部,山地荒漠草原主要分布在北部石嘴山市西侧和中卫市西部,温性草原化荒漠主要分布在吴忠市西部和中卫市北部,山地草原则主要分布在云雾山和固原市中部,沙地草原主要分布在宁夏东部和南部,山地草甸草原和平原、丘陵草甸草原主要分布在宁夏南部,人工草地则呈散点式分布,高寒草甸草地则仅分布西北角。

表 2　地级市草地三级类型构成

三级类型	石嘴山市		银川市		中卫市		吴忠市		固原市	
	面积 (km²)	占比 (%)	面积 (km²)	占比 (%)	面积 (km²)	占比 (%)	面积 (km²)	占比 (%)	面积 (km²)	占比 (%)
高寒草甸草原	0.42	0.03	0.35	0.01	0.00	—	0.00	—	0.00	—
人工草地	5.23	0.36	2.63	0.10	0.00	—	44.99	0.53	6.00	0.16
平原、丘陵草甸草原亚类	0.00	—	0.00	—	105.58	1.41	0.00	—	80.19	2.10
山地草甸草原亚类	0.00	—	0.00	—	228.50	3.05	0.00	—	701.85	18.34
平原、丘陵草原亚类	0.00	—	2.60	0.10	1032.95	13.81	1085.19	12.71	2063.82	53.92
山地草原亚类	0.00	—	0.00	—	265.44	3.55	60.04	0.70	960.03	25.08
沙地草原亚类	0.00	—	2.83	0.10	141.18	1.89	1038.82	12.17	15.44	0.40
平原、丘陵荒漠草原亚类	96.83	6.61	1027.29	38.06	3883.65	51.92	3330.48	39.01	0.00	—
山地荒漠草原亚类	1031.83	70.48	147.32	5.46	585.36	7.83	314.16	3.68	0.00	—
沙地荒漠草原亚类	4.79	0.33	1192.35	44.18	103.50	1.38	2400.35	28.12	0.00	—
温性草原化荒漠类	302.86	20.69	294.60	10.92	1134.04	15.16	259.12	3.04	0.00	—
沼泽草地	22.02	1.50	29.04	1.08	0.00	—	3.88	0.05	0.00	—

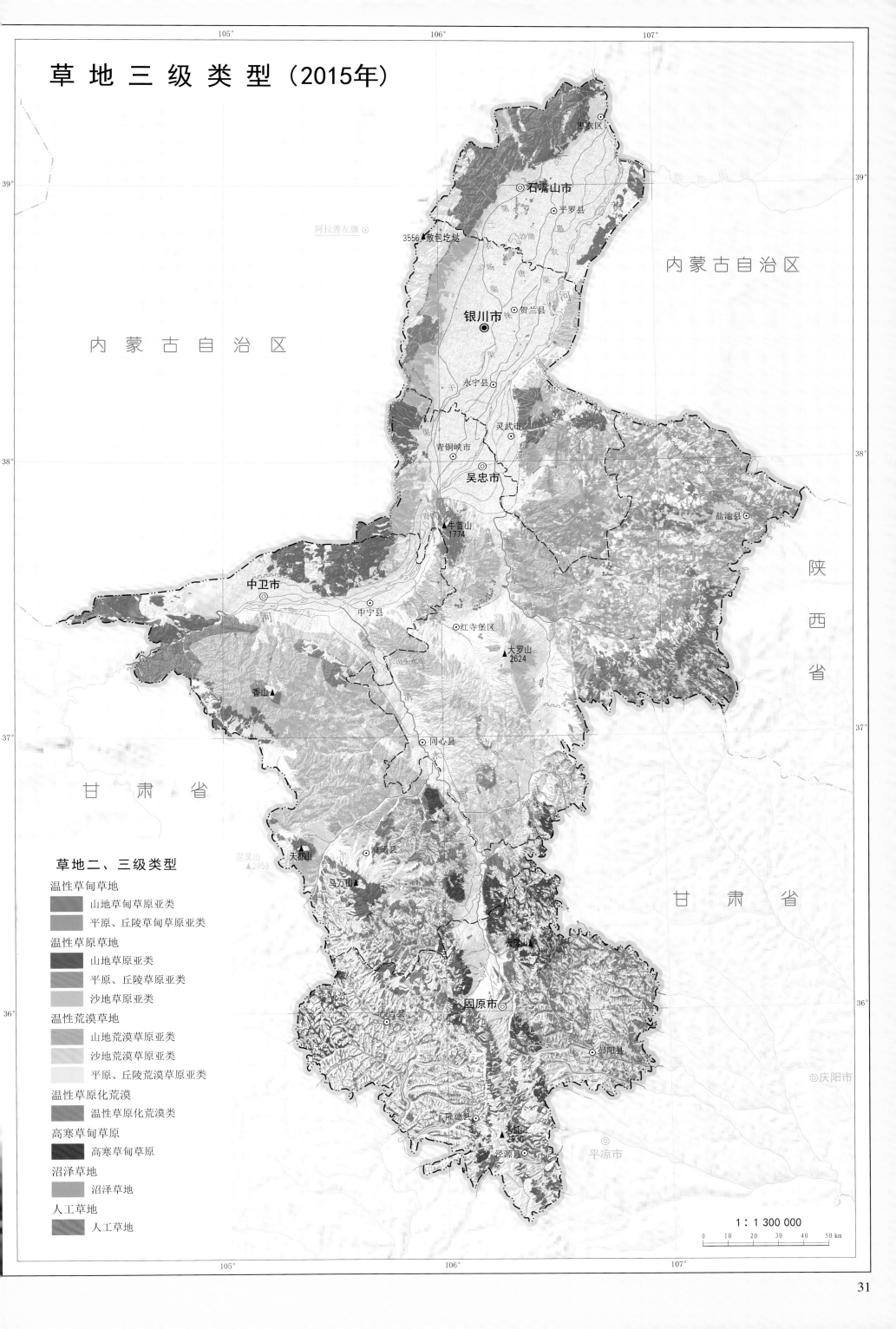

草 地 三 级 类 型 （2015年）

草地二、三级类型

温性草甸草地
- 山地草甸草原亚类
- 平原、丘陵草甸草原亚类

温性草原草地
- 山地草原亚类
- 平原、丘陵草原亚类
- 沙地草原亚类

温性荒漠草地
- 山地荒漠草原亚类
- 沙地荒漠草原亚类
- 平原、丘陵荒漠草原亚类

温性草原化荒漠
- 温性草原化荒漠类

高寒草甸草原
- 高寒草甸草原

沼泽草地
- 沼泽草地

人工草地
- 人工草地

1：1 300 000

0 10 20 30 40 50 km

31

兴庆区

　　兴庆区草地面积为 182.02km²，占全区总面积的 29.92%，共有 5 个草地亚类，按照占总草地面积比例大小排序依次为平原、丘陵荒漠草原亚类（94.54%），沼泽草地(3.56%)，人工草地(1.02%)，温性草原化荒漠类(0.87%)，沙地荒漠草原亚类（0.01%）。按优势种划分的草地类型共有 9 种，以冰草、杂类草和猫头刺以及红砂为主。在空间分布上，草地主要分布在兴庆区的东部和北部，冰草、杂类草草地分布在兴庆区东北部，猫头刺草地主要分布在兴庆区东南部，红砂草地少量分布在兴庆区的南部（表 3）。

表 3　兴庆区草地优势种构成

草地类型	面积占比（%）
冰草、杂类草	49.30
猫头刺	41.79
红砂	4.30

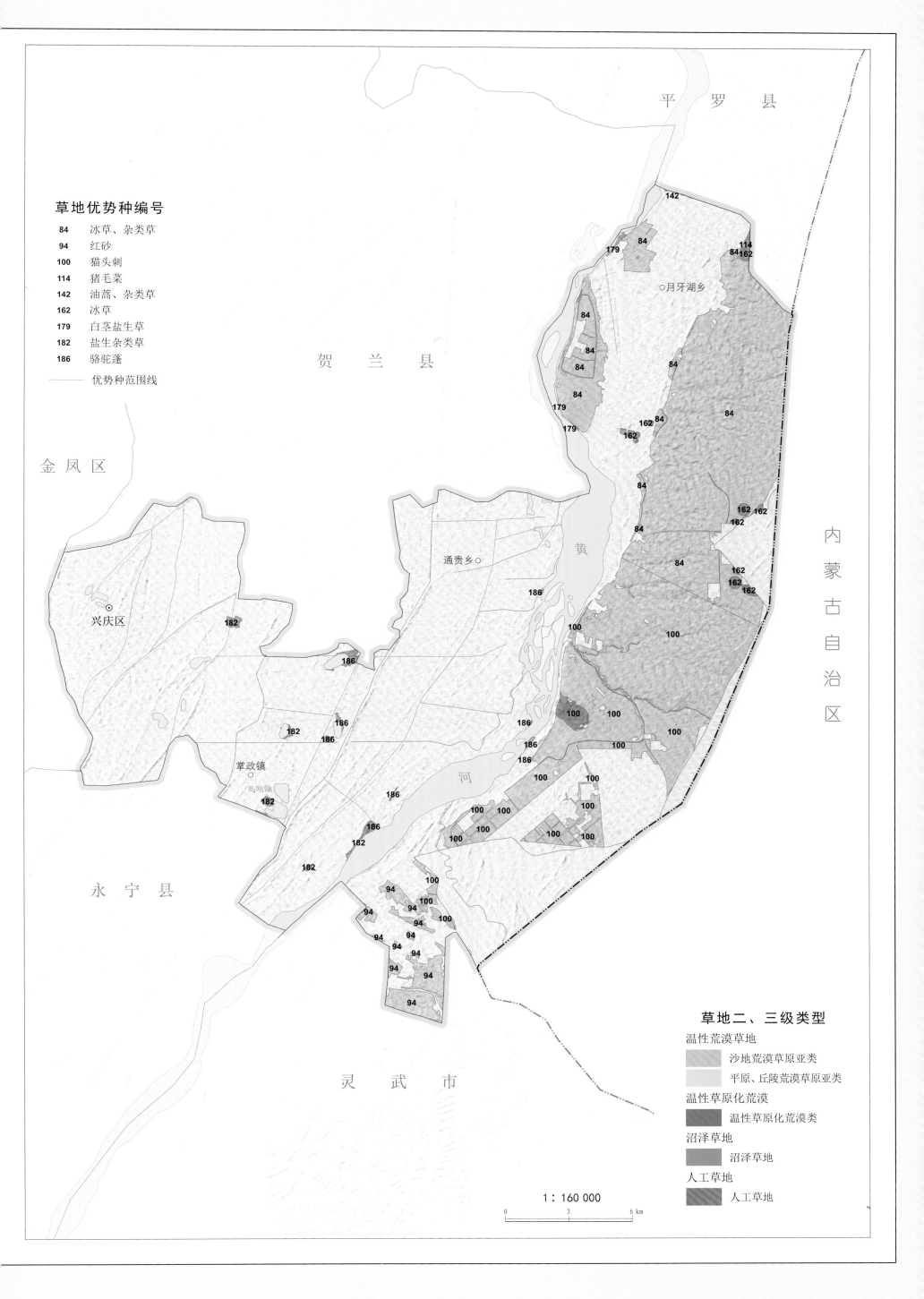

草地优势种编号

84 冰草、杂类草
94 红砂
100 猫头刺
114 猪毛菜
142 油蒿、杂类草
162 冰草
179 白茎盐生草
182 盐生杂类草
186 骆驼蓬
—— 优势种范围线

平罗县

贺兰县

金凤区

兴庆区

通贵乡

黄

河

月牙湖乡

内蒙古自治区

掌政镇

永宁县

灵武市

草地二、三级类型

温性荒漠草地
　沙地荒漠草原亚类
　平原、丘陵荒漠草原亚类
温性草原化荒漠
　温性草原化荒漠类
沼泽草地
　沼泽草地
人工草地
　人工草地

1∶160 000

0　　　3　　　6 km

金凤区和西夏区

　　金凤区和西夏区草地总面积为 232.56km²，占此二区总面积的 20.24%，共有 3 个草地亚类，按照占总草地面积比例大小排序依次为平原、丘陵荒漠草原亚类（58.81%），山地荒漠草原亚类（41.07%）和人工草地（0.12%）。按优势种划分的草地类型共有 5 种，以冰草、杂类草和葡根骆驼蓬、红砂、短花针茅为主。在空间分布上，草地主要在金凤区和西夏区的西侧成条带状分布，冰草草地主要分布在草地条带中北部，葡根骆驼蓬草地主要分布在草地条带中南部，红砂草地主要分布在草地条带的东南部，短花针茅草地主要分布在草地条带的西南部（表 4）。

表 4　金凤区和西夏区草地优势种构成

草地类型	面积占比（%）
冰草、杂类草	53.28
葡根骆驼蓬	27.13
红砂	11.93

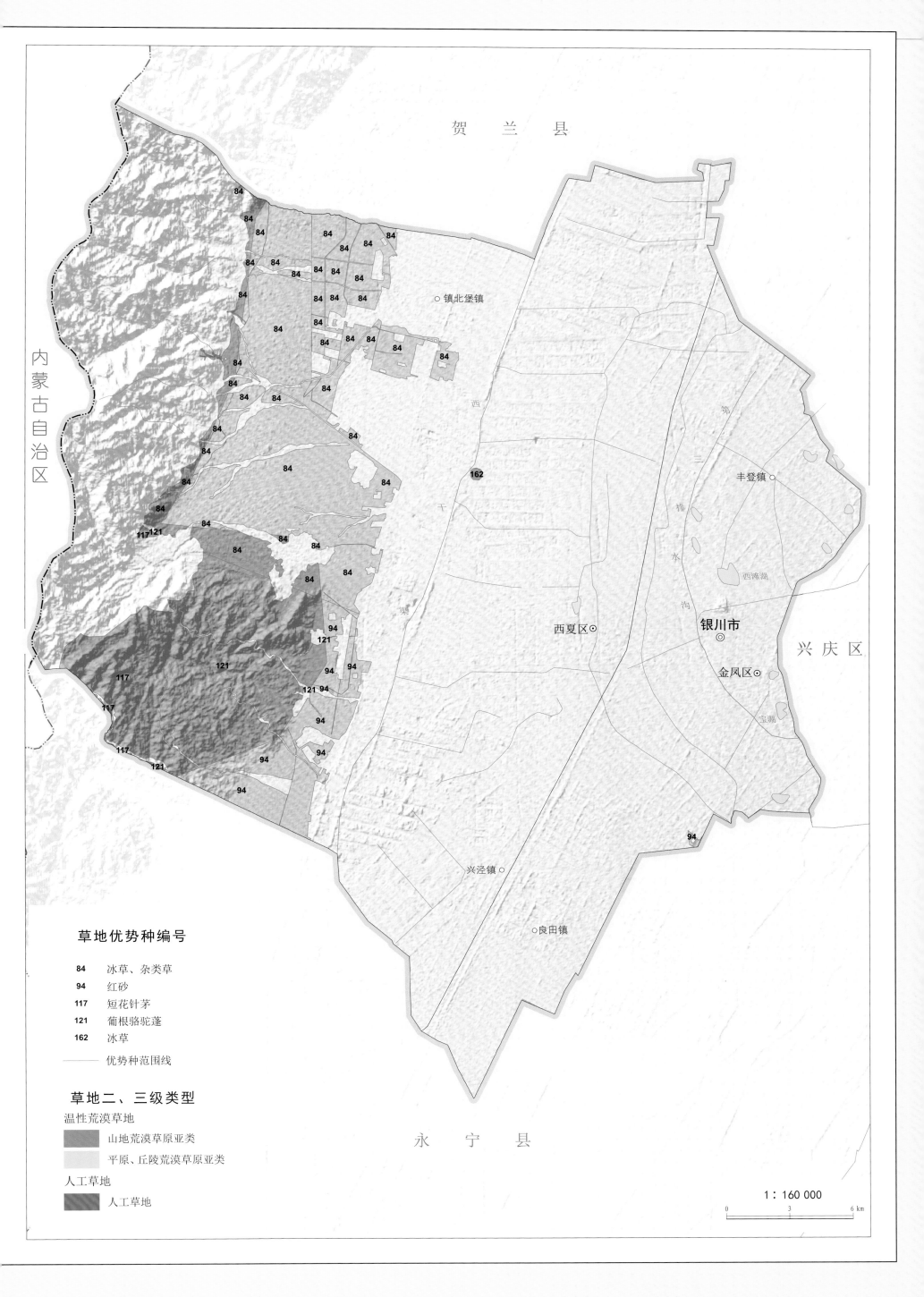

贺 兰 县

内蒙古自治区

镇北堡镇

162

丰登镇

西滩湖

银川市

西夏区

兴 庆 区

金凤区

宝湖

兴泾镇

良田镇

草地优势种编号

84　冰草、杂类草

94　红砂

117　短花针茅

121　葡根骆驼蓬

162　冰草

—————　优势种范围线

草地二、三级类型

温性荒漠草地

　　山地荒漠草原亚类

　　平原、丘陵荒漠草原亚类

人工草地

　　人工草地

永 宁 县

1：160 000

0　　　3　　　6 km

永宁县

　　永宁县草地面积为 184.23km²，占全县总面积的 21.13%，共有 5 个草地亚类，按照占总草地面积比例大小排序依次为平原、丘陵荒漠草原亚类（73.44%）、山地荒漠草原亚类（24.20%），沼泽草地（1.35%），温性草原化荒漠类（0.74%），人工草地（0.27%）。按优势种划分的草地类型共有 5 种，以红砂和珍珠、红砂以及短花针茅为主。在空间分布上，草地主要呈条带状分布于永宁县西侧，红砂草地主要分布在西侧条带状的东部区域、西南县界及东南部与利通区、红寺堡区的交界处，珍珠、红砂草地主要分布在永宁县西侧的西南部，短花针茅草地主要分布在永宁县西侧的西北部区域（表 5）。

表 5　永宁县草地优势种构成

草地类型	面积占比（%）
红砂	48.89
珍珠、红砂	25.29
短花针茅	23.51

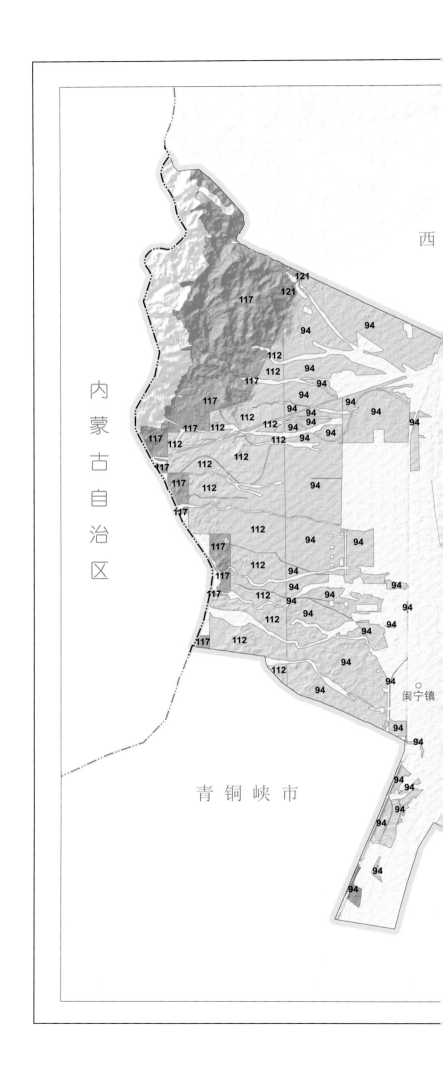

草地优势种编号

94　红砂
112　珍珠、红砂
117　短花针茅
121　葡根骆驼蓬
182　盐生杂类草
—— 优势种范围线

草地二、三级类型

温性荒漠草地
　山地荒漠草原亚类
　平原、丘陵荒漠草原亚类
温性草原化荒漠
　温性草原化荒漠类
沼泽草地
　沼泽草地
人工草地
　人工草地

1：180 000

0　　2.5　　5.0　　7.5 km

贺兰县

贺兰县草地面积为 146.27km²，占全县总面积的 12.12%，共有 5 个草地亚类，按照占总草地面积比例大小排序依次为平原、丘陵荒漠草原亚类（85.07%），沼泽草地（9.13%），山地荒漠草原亚类（4.93%），温性草原化荒漠类（0.63%），高寒草甸草原（0.24%）。按优势种划分的草地类型共有 8 种，以冰草、杂类草和白茎盐生草以及艾蒿为主。草地主要分布在贺兰县西部和中北部以及东部县界边界，其中冰草、杂类草草地主要呈条带状分布于贺兰县西部，白茎盐生草草地主要分布在贺兰县的南部边界线，艾蒿草地主要分布在贺兰县中北部边界（表 6）。

表 6　贺兰县草地优势种构成

草地类型	面积占比
冰草、杂类草	88.92%
白茎盐生草	4.74%
艾蒿	3.33%

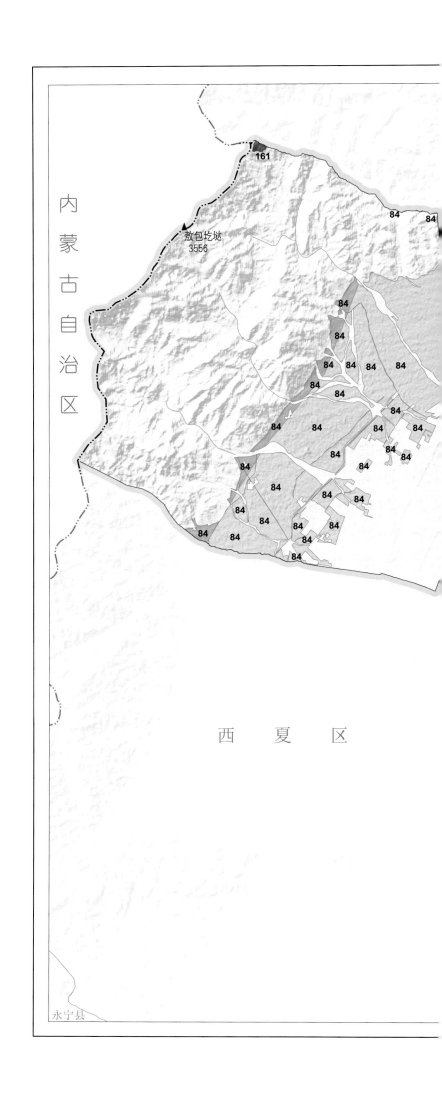

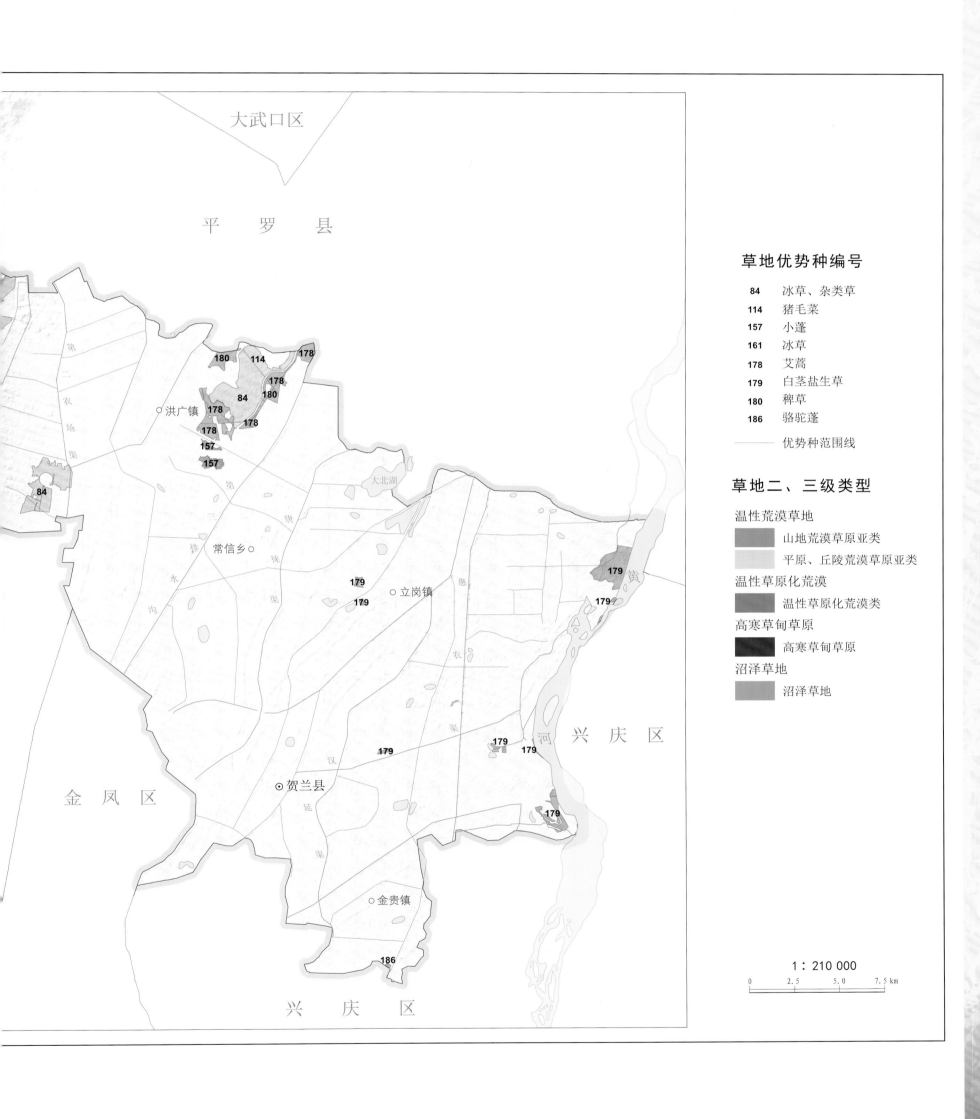

草地优势种编号

84	冰草、杂类草
114	猪毛菜
157	小蓬
161	冰草
178	艾蒿
179	白茎盐生草
180	稗草
186	骆驼蓬
——	优势种范围线

草地二、三级类型

温性荒漠草地

▨ 山地荒漠草原亚类

▨ 平原、丘陵荒漠草原亚类

温性草原化荒漠

▨ 温性草原化荒漠类

高寒草甸草原

▨ 高寒草甸草原

沼泽草地

▨ 沼泽草地

1 : 210 000

0   2.5   5.0   7.5 km

灵武市

灵武市草地面积为 1953.93km^2，占全市总面积的 63.81%，共有 6 个草地亚类，按照占总草地面积比例大小排序依次为沙地荒漠草原亚类（61.02%），平原、丘陵荒漠草原亚类（23.48%），温性草原化荒漠类（14.88%），沼泽草地（0.34%），沙地草原亚类（0.14%），平原、丘陵草原亚类（0.13%）。按优势种划分的草地类型共有 24 种，以油蒿、杂类草和针茅、矮灌木以及沙蒿为主。在空间分布上，除西北侧外，草地在灵武市均有分布，油蒿、杂类草草地主要分布在灵武市中部及南部，针茅、矮灌木草地主要分布在灵武市中南部，沙蒿草地主要呈带状分布在灵武市中北部区域（表 7）。

表 7　灵武市草地优势种构成

草地类型	面积占比（%）
油蒿、杂类草	56.07
针茅、矮灌木	8.29
沙蒿	7.28

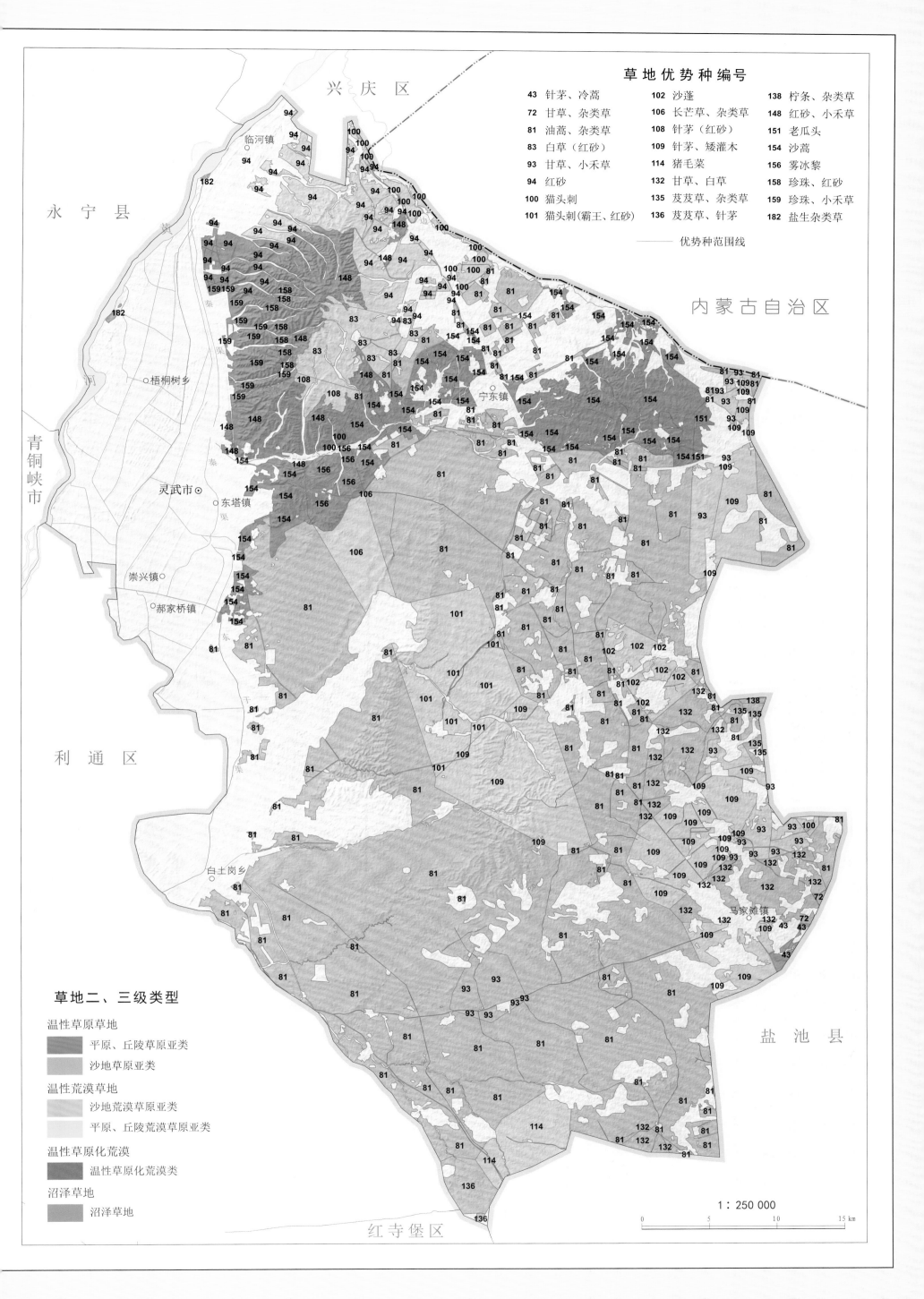

草地优势种编号

43	针茅、冷蒿	102	沙蓬	138	柠条、杂类草
72	甘草、杂类草	106	长芒草、杂类草	148	红砂、小禾草
81	油蒿、杂类草	108	针茅（红砂）	151	老瓜头
83	白草（红砂）	109	针茅、矮灌木	154	沙蒿
93	甘草、小禾草	114	猪毛菜	156	雾冰藜
94	红砂	132	甘草、白草	158	珍珠、红砂
100	猫头刺	135	芨芨草、杂类草	159	珍珠、小禾草
101	猫头刺（霸王、红砂）	136	芨芨草、针茅	182	盐生杂类草

—— 优势种范围线

兴庆区

临河镇

永宁县

内蒙古自治区

梧桐树乡

青铜峡市

宁东镇

灵武市

东塔镇

崇兴镇

郝家桥镇

利通区

白土岗乡

马家滩镇

盐池县

草地二、三级类型

温性草原草地
平原、丘陵草原亚类
沙地草原亚类

温性荒漠草地
沙地荒漠草原亚类
平原、丘陵荒漠草原亚类

温性草原化荒漠
温性草原化荒漠类

沼泽草地
沼泽草地

1：250 000

0   5   10   15 km

红寺堡区

大武口区

    大武口区草地面积为 572.20km²，占全区总面积的 61.44%，共有 4 个草地亚类，按照占总草地面积比例大小排序依次为山地荒漠草原亚类（88.15%），平原、丘陵荒漠草原亚类（8.55%），温性草原化荒漠类（3.03%），沼泽草地（0.27%）4 类。按优势种划分的草地类型共有 4 种，以猪毛菜为主。在空间分布上，草地主要分布在大武口区的中部、北部和西部，冰草、杂类草草地分布在大武口区东北角交界处，沙蓬草地零星分布在大武口区东部县界，艾蒿草地少量分布在大武口区的东南部（表 8）。

表 8   大武口区草地优势种构成

草地类型	面积占比（%）
猪毛菜	98.68
沙蓬	0.75
冰草、杂类草	0.30

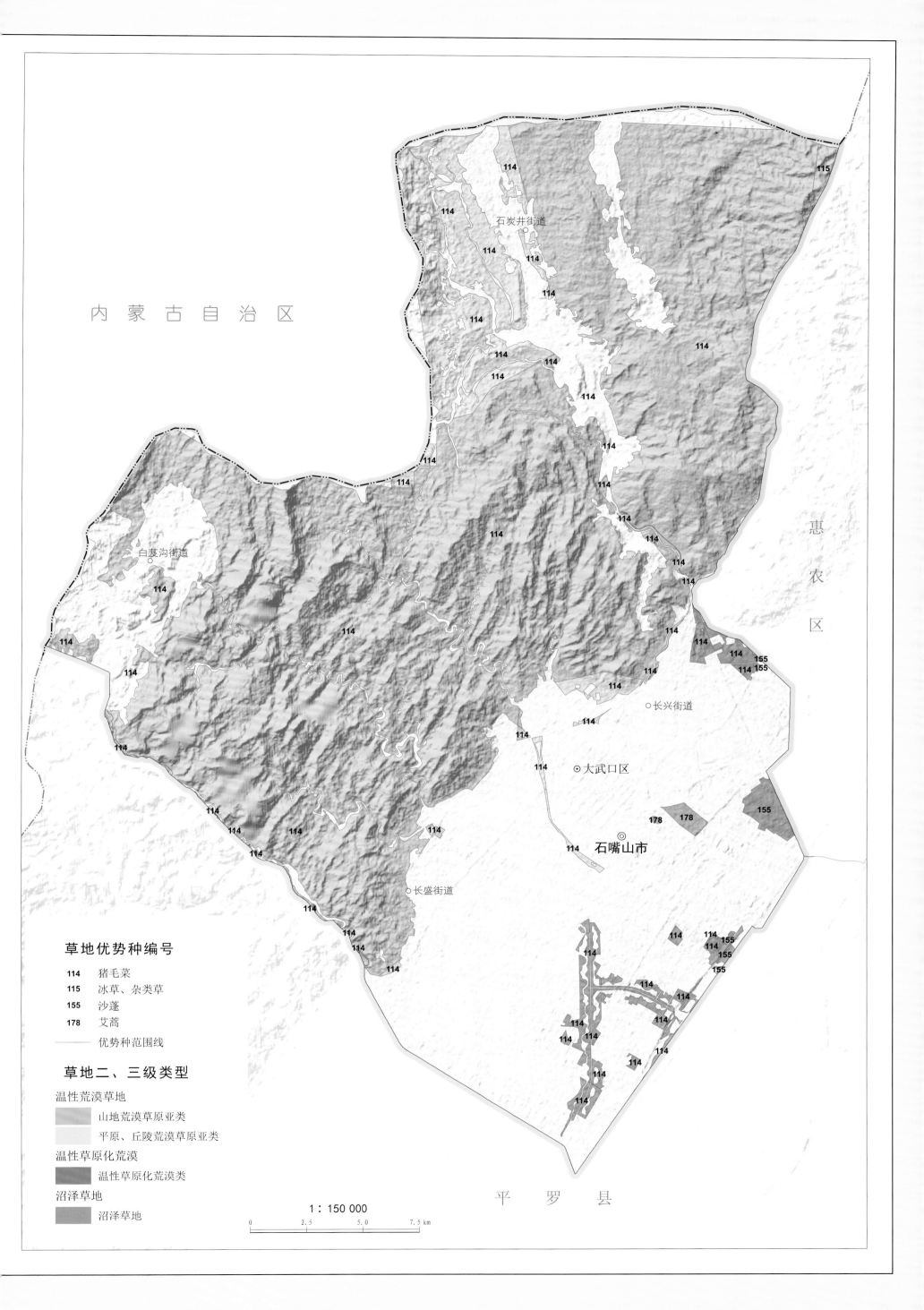

内 蒙 古 自 治 区

惠
农
区

平 罗 县

石炭井街道

白芨沟街道

长兴街道

大武口区

石嘴山市

长盛街道

草地优势种编号

114　猪毛菜
115　冰草、杂类草
155　沙蓬
178　艾蒿
──　优势种范围线

草地二、三级类型

温性荒漠草地
　　山地荒漠草原亚类
　　平原、丘陵荒漠草原亚类

温性草原化荒漠
　　温性草原化荒漠类

沼泽草地
　　沼泽草地

1：150 000

0　　2.5　　5.0　　7.5 km

惠农区

　　惠农区草地面积为 463.17km²，占全区县总面积的 46.15%，共有 4 个草地亚类，按照占总草地面积比例大小排序依次为山地荒漠草原亚类（68.27%），温性草原化荒漠类（28.45%），沼泽草地（1.67%），平原、丘陵荒漠草原亚类（1.61%）。按优势种划分的草地类型共有 6 种，以冰草、杂类草和小蓬以及沙蓬为主。在空间分布上，草地主要分布于惠农区县西北部，冰草草地主要分布在惠农区县西北部的广大区域，小蓬草地主要呈条带状分布在惠农区县中北部区域，沙蓬草地主要分布在惠农区县西南部（表 9）。

表 9　惠农区草地优势种构成

草地类型	面积占比（%）
冰草、杂类草	65.23
小蓬	21.81
沙蓬	6.49

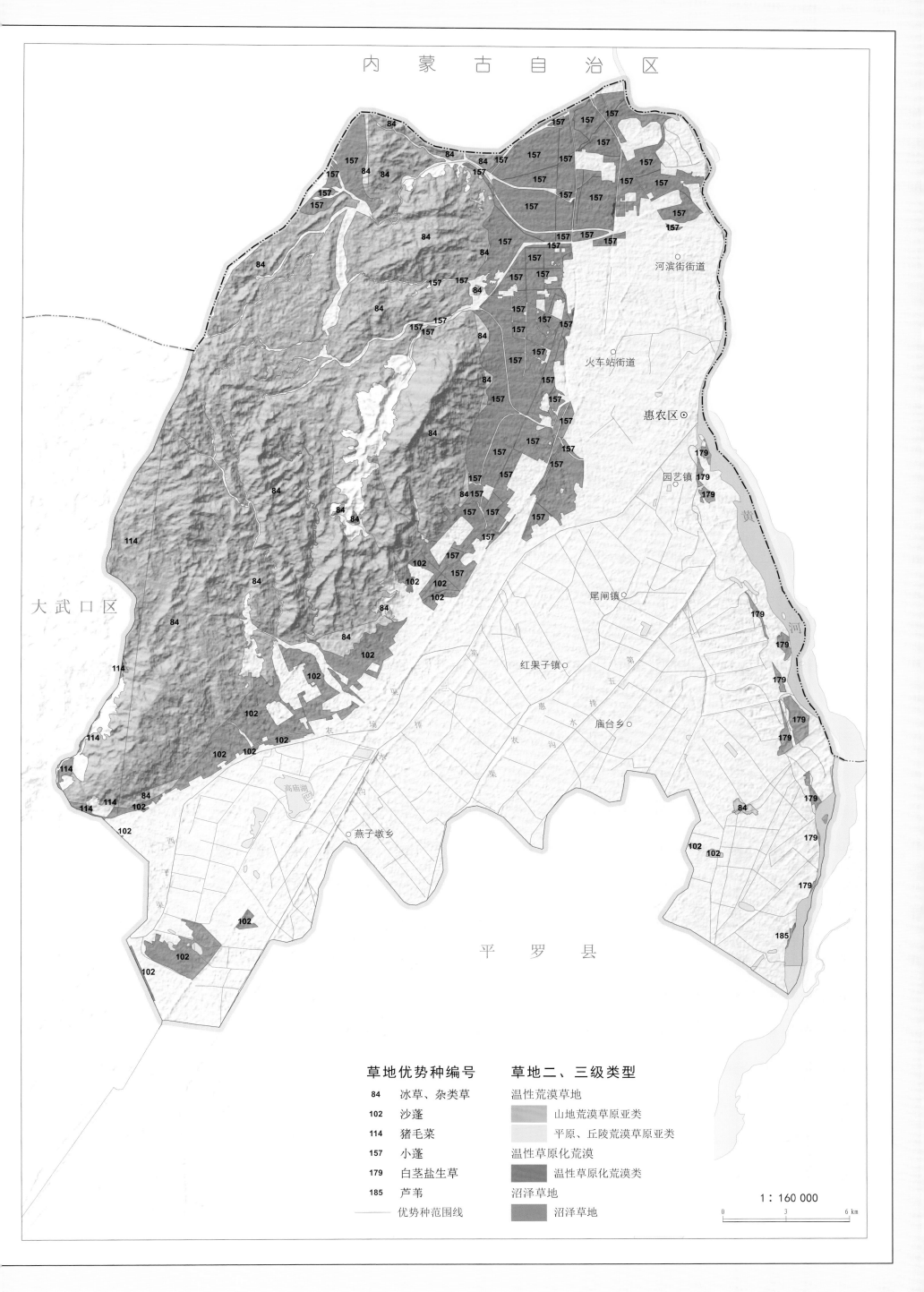

内 蒙 古 自 治 区

河滨街街道

火车站街道

惠农区⊙

园艺镇

黄

河

尾闸镇

大武口区

红果子镇

庙台乡

燕子墩乡

平 罗 县

草地优势种编号		草地二、三级类型
84	冰草、杂类草	温性荒漠草地
102	沙蓬	山地荒漠草原亚类
114	猪毛菜	平原、丘陵荒漠草原亚类
157	小蓬	温性草原化荒漠
179	白茎盐生草	温性草原化荒漠类
185	芦苇	沼泽草地
——— 优势种范围线		沼泽草地

1：160 000

0   3   6 km

平罗县

　　平罗县草地面积为420.94km²，占全县总面积的20.45%，共有7个草地亚类，按照占总草地面积比例大小排序依次为山地荒漠草原亚类（48.57%），温性草原化荒漠类（36.46%），平原、丘陵荒漠草原亚类（9.45%），沼泽草地（3.03%），人工草地（1.24%），沙地荒漠草原亚类（1.14%），高寒草甸草原（0.10%）。按优势种划分的草地类型共有16种，以冰草、杂类草和猪毛菜以及小蓬为主。在空间分布上，草地主要分布在平罗县的西部和东侧，冰草、杂类草草地主要分布在平罗县西侧的南部区域，猪毛菜草地主要分布在平罗县西侧的西北部区域，小蓬草地主要分布在平罗县东侧的东北部和中南部区域（表10）。

表10　贺兰县草地优势种构成

草地类型	面积占比（%）
冰草、杂类草	35.74
猪毛菜	23.53
小蓬	19.72

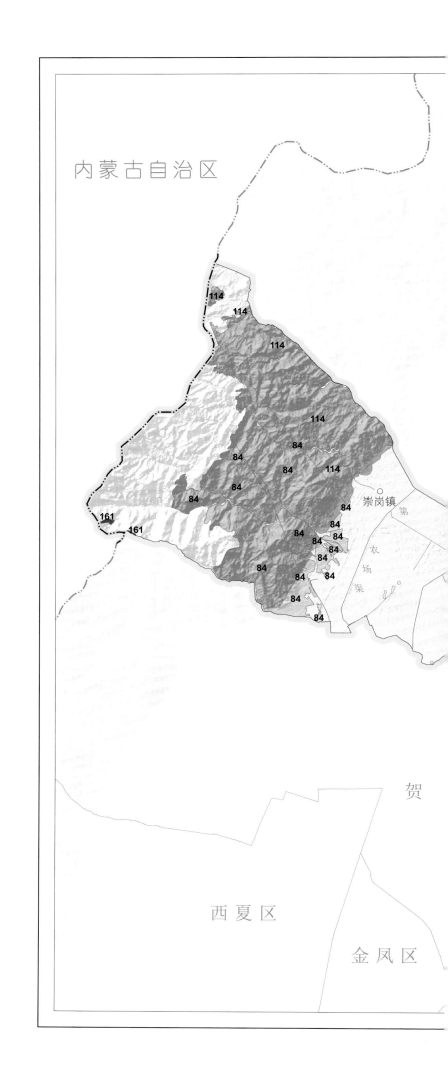

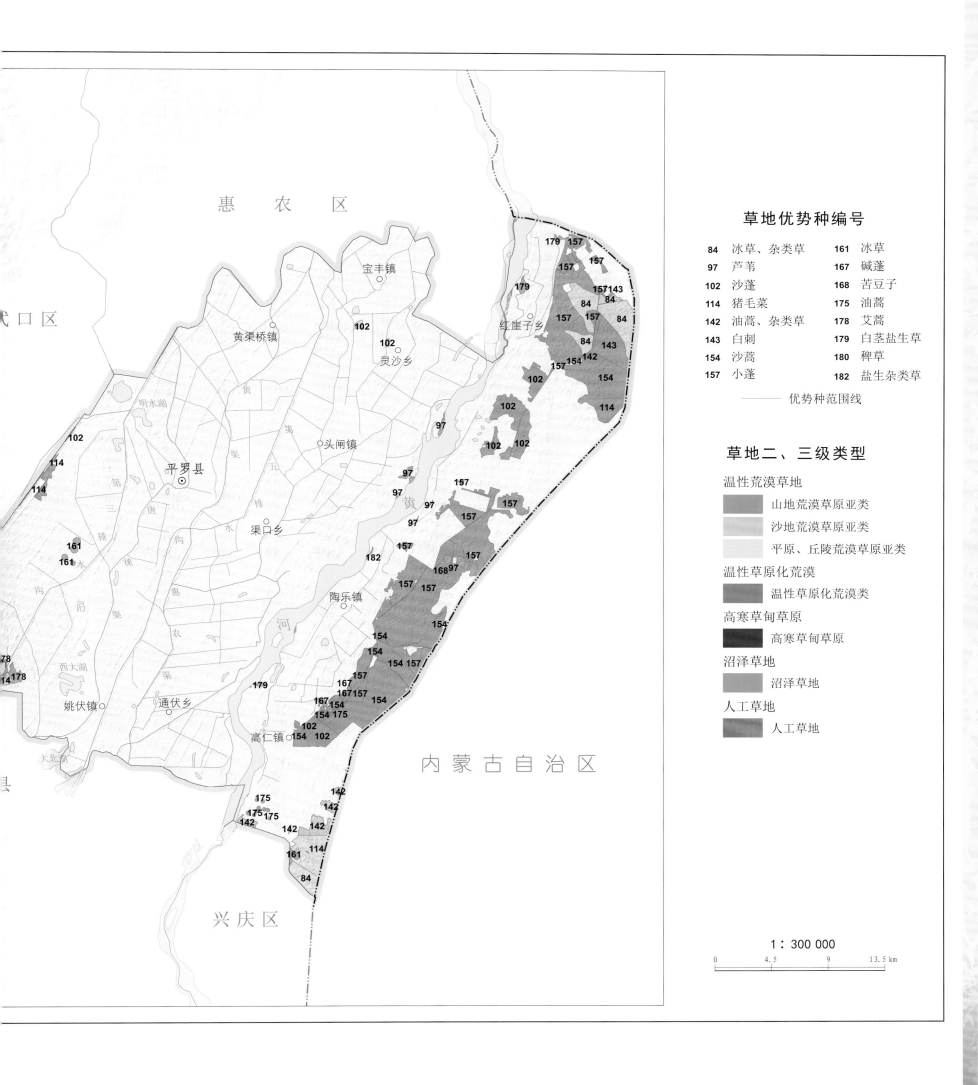

草地优势种编号

84	冰草、杂类草	161	冰草
97	芦苇	167	碱蓬
102	沙蓬	168	苦豆子
114	猪毛菜	175	油蒿
142	油蒿、杂类草	178	艾蒿
143	白刺	179	白茎盐生草
154	沙蒿	180	稗草
157	小蓬	182	盐生杂类草

—— 优势种范围线

草地二、三级类型

温性荒漠草地
■ 山地荒漠草原亚类
▨ 沙地荒漠草原亚类
□ 平原、丘陵荒漠草原亚类

温性草原化荒漠
■ 温性草原化荒漠类

高寒草甸草原
■ 高寒草甸草原

沼泽草地
▨ 沼泽草地

人工草地
■ 人工草地

1 : 300 000

0　　4.5　　9　　13.5 km

利通区

　　利通区草地面积为 448.95km²，占全区总面积的 40.56%，共有 3 个草地亚类，按照占总草地面积比例大小排序依次为平原、丘陵荒漠草原亚类（60.10%），沙地荒漠草原亚类（38.96%），山地荒漠草原亚类（0.95%）。按优势种划分的草地类型共有 7 种，以油蒿、杂类草、珍珠、红砂、沙蓬、猫头刺为主。在空间分布上，草地主要分布于利通区西南部及东南部，油蒿、杂类草草地主要分布在东南部，珍珠、红砂草地主要分布在西南部，沙蓬草地主要分布在南端中部，猫头刺草地主要分布在东南端（表 11）。

表 11　利通区草地优势种构成

草地类型	面积占比（%）
油蒿、杂类草	38.09
珍珠、红砂	28.83
沙蓬	13.97

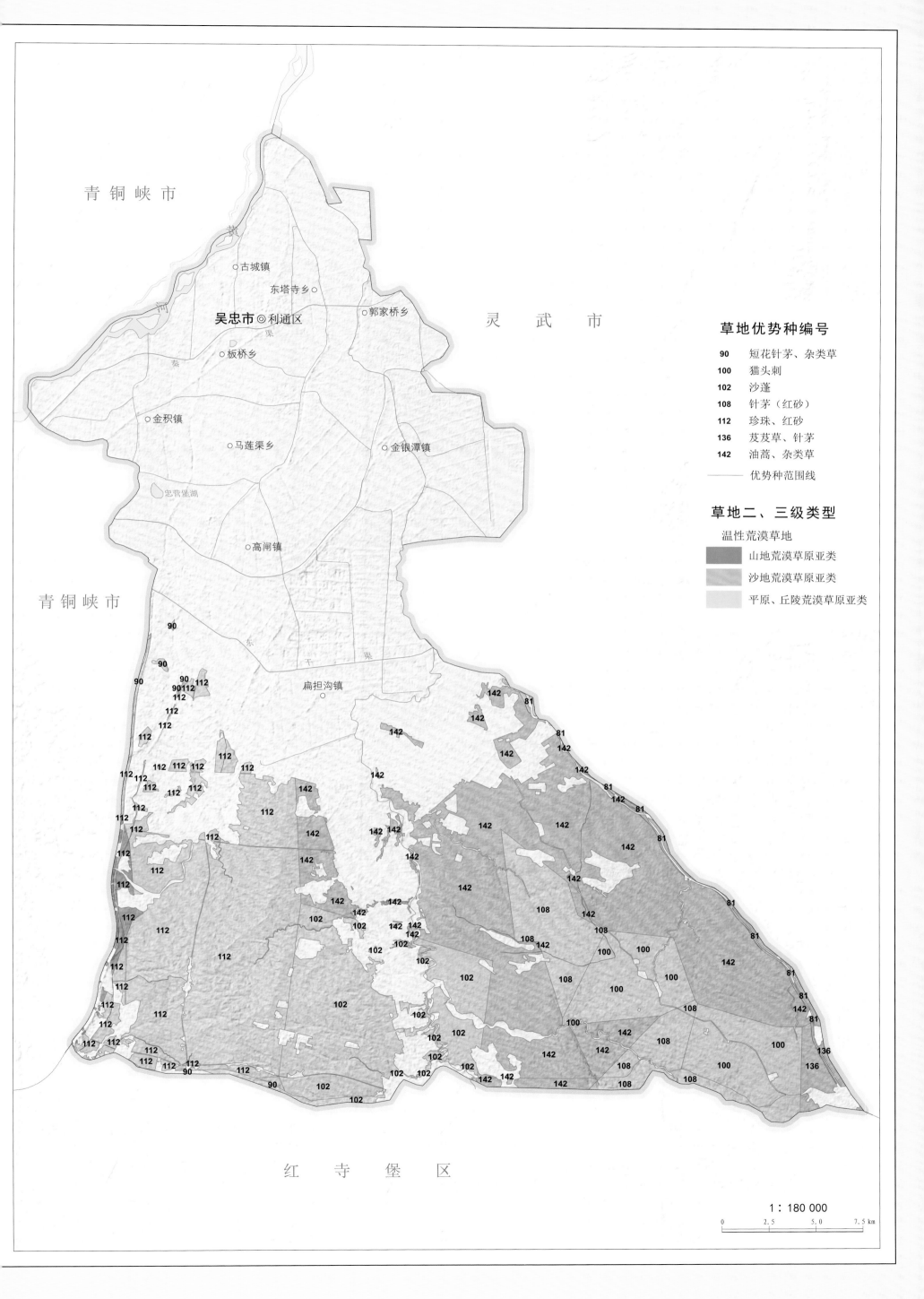

青铜峡市

古城镇
东塔寺乡
吴忠市 ◎利通区
郭家桥乡
板桥乡

灵武市

金积镇
马莲渠乡
金银潭镇

忠营堡湖

高闸镇

青铜峡市

扁担沟镇

草地优势种编号

90 短花针茅、杂类草
100 猫头刺
102 沙蓬
108 针茅（红砂）
112 珍珠、红砂
136 芨芨草、针茅
142 油蒿、杂类草
—— 优势种范围线

草地二、三级类型

温性荒漠草地

山地荒漠草原亚类
沙地荒漠草原亚类
平原、丘陵荒漠草原亚类

红 寺 堡 区

1：180 000

0   2.5   5.0   7.5 km

红寺堡区

红寺堡区草地面积为 1333.76km²，占全区总面积的 48.36%，共有 6 个草地亚类，按照占总草地面积比例大小排序依次为平原、丘陵荒漠草原亚类（73.65%），沙地草原亚类（23.55%），人工草地（1.65%），沙地荒漠草原亚类（1.13%），山地荒漠草原亚类（0.02%），平原、丘陵草原亚类（0.01%）。按优势种划分的草地类型共有 28 种，以短花针茅、杂类草，油蒿、杂类草和针茅、矮灌木为主。在空间分布上，草地主要分布在红寺堡区的东部、北部和西部，短花针茅、杂类草草地广泛分布于红寺堡区，油蒿、杂类草草地主要分布在红寺堡区东北部区域，在西部县界中部有部分分布，针茅、矮灌木草地则主要分布在红寺堡区中南部（表 12）。

表 12　红寺堡区草地优势种构成

草地类型	面积占比（%）
短花针茅、杂类草	49.73
油蒿、杂类草	13.44
针茅、矮灌木	6.45

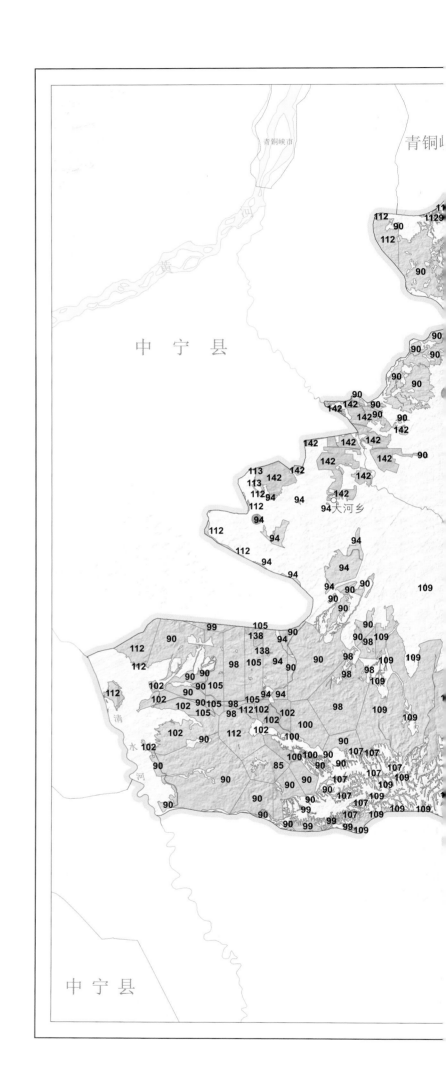

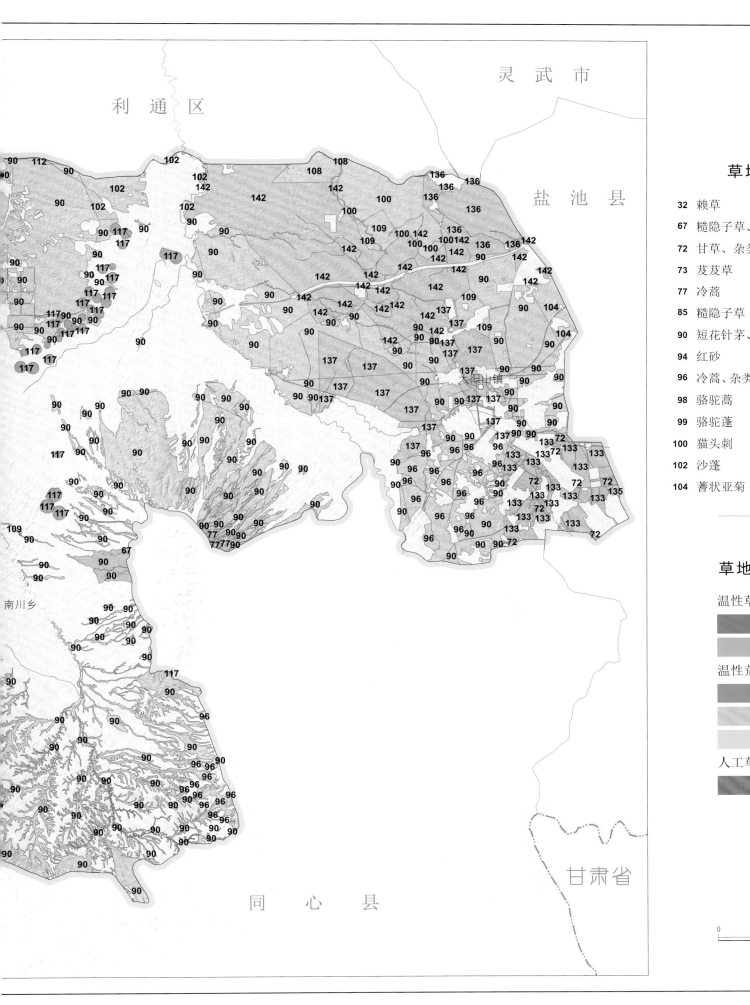

灵 武 市

利 通 区

盐 池 县

南川乡

甘 肃 省

同 心 县

草地优势种编号

32	赖草	105	无芒隐子草
67	糙隐子草、杂类草	107	针茅
72	甘草、杂类草	108	针茅（红砂）
73	芨芨草	109	针茅、矮灌木
77	冷蒿	110	珍珠
85	糙隐子草	112	珍珠、红砂
90	短花针茅、杂类草	113	珍珠、红砂(霸王)
94	红砂	117	短花针茅
96	冷蒿、杂类草	133	甘草、小禾草
98	骆驼蒿	135	芨芨草、杂类草
99	骆驼蓬	136	芨芨草、针茅
100	猫头刺	137	苦豆子、杂类草
102	沙蓬	138	柠条、杂类草
104	蓍状亚菊	142	油蒿、杂类草

——— 优势种范围线

草地二、三级类型

温性草原草地

　平原、丘陵草原亚类

　沙地草原亚类

温性荒漠草地

　山地荒漠草原亚类

　沙地荒漠草原亚类

　平原、丘陵荒漠草原亚类

人工草地

　人工草地

1 : 300 000

0　4.5　9　13.5 km

盐池县

　　盐池县草地面积为 4138.84km²，占全县总面积的 63.70%，共有 6 个草地亚类，按照占总草地面积比例大小排序依次为沙地荒漠草原亚类（44.55%），平原、丘陵草原亚类（25.73%），沙地草原亚类（19.27%），平原、丘陵荒漠草原亚类（10.01%），人工草地（0.35%），沼泽草地（0.09%）。按优势种划分的草地类型共有 43 种，以油蒿、杂类草和柠条、杂类草以及长芒草、杂类草为主。在空间分布上，草地广泛分布于盐池县全区，油蒿、杂类草草地主要分布在北部和中部，柠条、杂类草草地主要分布在盐池县北部和中南部区域，长芒草、杂类草草地主要分布在盐池县中部、西南和东南部（表13）。

表 13　盐池县草地优势种构成

草地类型	面积占比（%）
油蒿、杂类草	23.81
柠条、杂类草	12.55
长芒草、杂类草	11.28

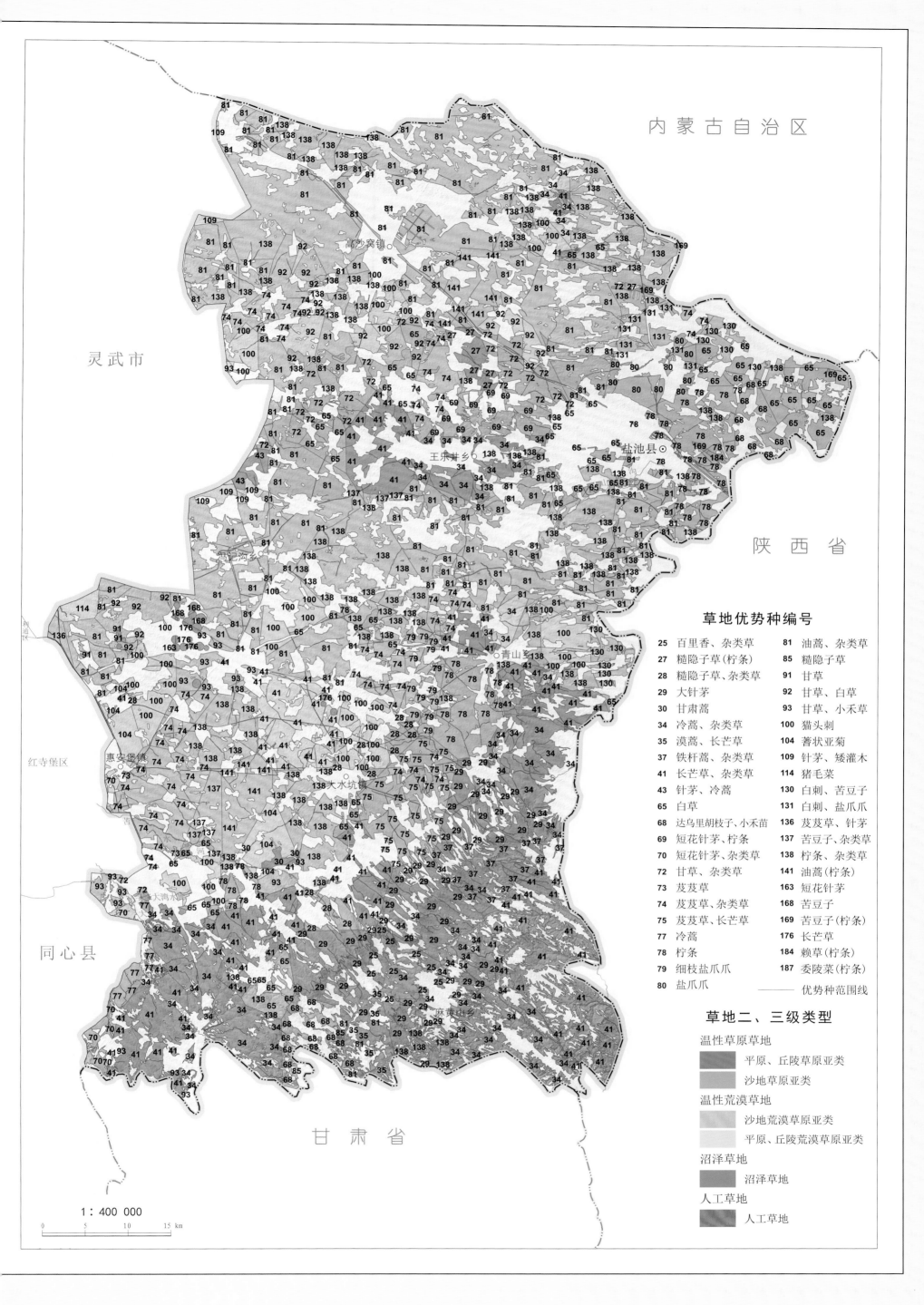

内蒙古自治区

灵武市

陕西省

草地优势种编号

编号	名称	编号	名称
25	百里香、杂类草	81	油蒿、杂类草
27	糙隐子草（柠条）	85	糙隐子草
28	糙隐子草、杂类草	91	甘草
29	大针茅	92	甘草、白草
30	甘肃蒿	93	甘草、小禾草
34	冷蒿、杂类草	100	猫头刺
35	漠蒿、长芒草	104	菁状亚菊
37	铁杆蒿、杂类草	109	针茅、矮灌木
41	长芒草、杂类草	114	猪毛菜
43	针茅、冷蒿	130	白刺、苦豆子
65	白草	131	白刺、盐爪爪
68	达乌里胡枝子、小禾苗	136	芨芨草、针茅
69	短花针茅、柠条	137	苦豆子、杂类草
70	短花针茅、杂类草	138	柠条、杂类草
72	甘草、杂类草	141	油蒿（柠条）
73	芨芨草	163	短花针茅
74	芨芨草、杂类草	168	苦豆子
75	芨芨草、长芒草	169	苦豆子（柠条）
77	冷蒿	176	长芒草
78	柠条	184	赖草（柠条）
79	细枝盐爪爪	187	委陵菜（柠条）
80	盐爪爪	——	优势种范围线

草地二、三级类型

温性草原草地

	平原、丘陵草原亚类
	沙地草原亚类

温性荒漠草地

	沙地荒漠草原亚类
	平原、丘陵荒漠草原亚类

沼泽草地

	沼泽草地

人工草地

	人工草地

同心县

甘肃省

1：400 000

0 5 10 15 km

同心县

　　同心县草地面积为 1795.93km²，占全县总面积的 40.69%，共有 7 个草地亚类，按照占总草地面积比例大小排序依次为平原、丘陵荒漠草原亚类（72.19%），沙地草原亚类（12.49%），山地荒漠草原亚类（6.84%），沙地荒漠草原亚类（3.77%），山地草原亚类（3.34%），平原、丘陵草原亚类（1.13%），人工草地（0.24%）。按优势种划分的草地类型共有 24 种，以短花针茅、杂类草和冷蒿以及冷蒿、杂类草为主。在空间分布上，草地主要分布于同心县中部、西侧和东侧，短花针茅、杂类草草地主要分布在中部的广大区域，冷蒿草地主要分布在同心县东侧和东南部，冷蒿、杂类草草地主要分布在同心县中北部和西南部（表 14）。

表 14　同心县草地优势种构成

草地类型	面积占比（%）
短花针茅、杂类草	52.24
冷蒿	10.97
冷蒿、杂类草	6.99

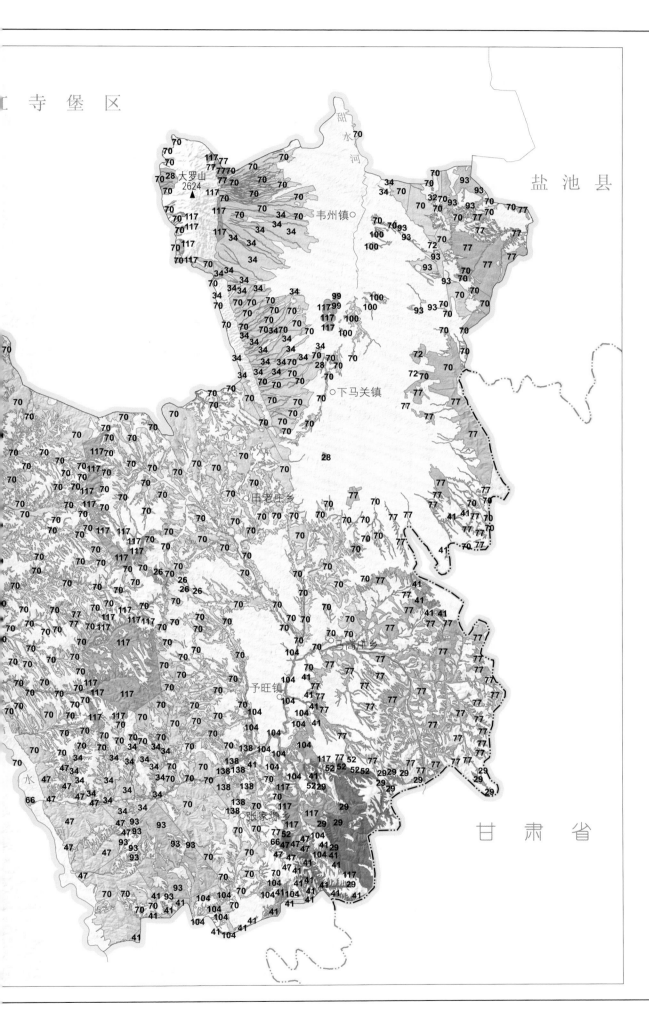

草地优势种编号

26	冰草、冷蒿	94	红砂
28	糙隐子草、杂类草	96	冷蒿、杂类草
29	大针茅	99	骆驼蓬
32	赖草	100	猫头刺
34	冷蒿、杂类草	103	沙生针茅
41	长芒草、杂类草	104	箸状亚菊
47	冰草、杂类草	109	针茅、矮灌木
52	冷蒿、禾草	110	珍珠
66	冰草	112	珍珠、红砂
70	短花针茅、杂类草	117	短花针茅
72	甘草、杂类草	133	甘草、小禾草
77	冷蒿	137	苦豆子、杂类草
90	短花针茅、杂类草	138	柠条、杂类草
93	甘草、小禾草	170	冷蒿、短花针茅

——— 优势种范围线

草地二、三级类型

温性草原草地
■ 山地草原亚类
■ 平原、丘陵草原亚类
□ 沙地草原亚类

温性荒漠草地
■ 山地荒漠草原亚类
□ 沙地荒漠草原亚类
□ 平原、丘陵荒漠草原亚类

人工草地
■ 人工草地

1 : 400 000

0　　5　　10　　15 km

青铜峡市

　　青铜峡市草地面积为 819.56km²，占全市总面积的 43.74%，共有 5 个草地亚类，按照占总草地面积比例大小排序依次为平原、丘陵荒漠草原亚类（44.86%），温性草原化荒漠类（31.62%），人工草地（22.79%），沙地草原亚类（0.51%），山地荒漠草原亚类（0.22%）5 个亚类。按优势种划分的草地类型共 14 种，以珍珠、红砂和短花针茅、杂类草以及刺旋花、小禾草为主。在空间分布上，草地主要分布在青铜峡市的西侧和东南部，珍珠、红砂草地主要分布在青铜峡市北部与永宁县的交界处、西南县界及东南部与利通区、红寺堡区的交界处，短花针茅、杂类草草地主要分布在青铜峡市西侧的中南部区域，刺旋花、小禾草草地主要分布在青铜峡市西侧的中北部区域（表 15）。

表 15　青铜峡市草地优势种构成

草地类型	面积占比（%）
珍珠、红砂	29.18
短花针茅、杂类草	24.99
刺旋花、小禾草	10.13

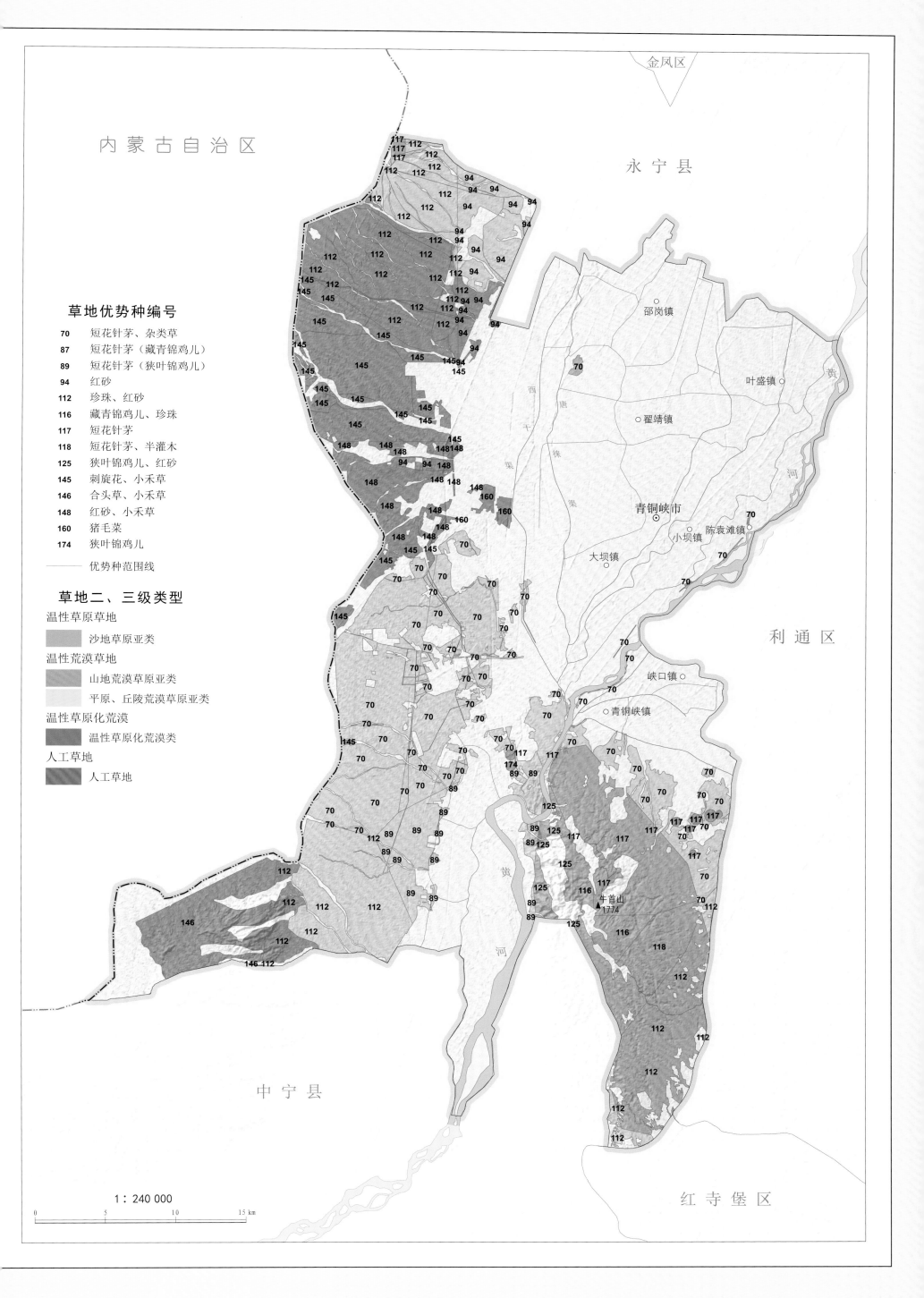

草地优势种编号

70 短花针茅、杂类草
87 短花针茅（藏青锦鸡儿）
89 短花针茅（狭叶锦鸡儿）
94 红砂
112 珍珠、红砂
116 藏青锦鸡儿、珍珠
117 短花针茅
118 短花针茅、半灌木
125 狭叶锦鸡儿、红砂
145 刺旋花、小禾草
146 合头草、小禾草
148 红砂、小禾草
160 猪毛菜
174 狭叶锦鸡儿
——— 优势种范围线

草地二、三级类型

温性草原草地

沙地草原亚类

温性荒漠草地

山地荒漠草原亚类

平原、丘陵荒漠草原亚类

温性草原化荒漠

温性草原化荒漠类

人工草地

人工草地

1：240 000

0   5   10   15 km

内蒙古自治区

永宁县

利通区

中宁县

红寺堡区

金凤区

邵岗镇
叶盛镇
翟靖镇
青铜峡市
陈袁滩镇
小坝镇
大坝镇
峡口镇
青铜峡镇
牛首山
1774
黄河

原州区

  原州区草地面积为 1138.07km²，占全区总面积的 61.44%，共有 6 个草
地亚类，按照占总草地面积比例大小排序依次为山地草原亚类（49.37%），
平原、丘陵草原亚类（33.60%），山地草甸草原亚类（16.26%），人工草
地（0.53%），平原、丘陵草甸草原亚类（0.24%），沙地草原亚类（0.01%）。
共有 19 种优势草种，以长芒草、杂类草和铁杆蒿、杂类草以及大针茅占主导。
原州区草地主要分布在西部和东部，长芒草、杂类草草地广泛分布在原州区
东部，铁杆蒿、杂类草草地零星分布在原州区西部和西南部，大针茅草地少
量分布在原州区中北部（表 16）。

表 16　原州区草地优势种构成

草地类型	面积占比（%）
长芒草、杂类草	58.62
铁杆蒿、杂类草	32.05
大针茅	2.23

海原县

甘肃省

黄铎堡镇

三营镇

清水河

176

51

22

10

15

15

22

6

头营镇

176

176

176

165 176

彭堡镇

6

6

38
38
38

西吉县

6

中河乡

6

固原市

清河镇

原州区

6

6

6
6

6
6
6

6

河川乡

6

6

6

6

开城镇

6

6

6

6

6

24

24

24

24

24

24

25
25

张易镇

25

25

25
25

25

25

19

33 33

隆德县

泾源县

彭阳县

23

62

59

59

23

23

23

23

23

23

23

23

23

23

49

23

23

23

寨科乡

49

49

49

云雾山

49

49

49

23

23

23

23

23

官厅镇

23

23

23

23

23

23

23

23

23

23

23

23

23

23

23

24

60 24

24

56

76

23

56

23

23

23

23

23

23

23

草地优势种编号

6	铁杆蒿、杂类草
10	艾蒿、赖草
15	苔草
19	野菊、杂类草
22	长芒草、茭蒿
23	长芒草、杂类草
24	百里香、禾草
25	百里香、杂类草
33	赖草、早熟禾
38	星茅委陵菜、长芒草
49	大针茅
51	赖草、杂类草
56	铁杆蒿（柠条）
59	早熟禾
60	早熟禾、杂类草
62	长芒草、杂类草（柠条）
76	茭蒿、禾草
165	甘青针茅
176	长芒草

—— 优势种范围线

草地二、三级类型

温性草甸草地

山地草甸草原亚类

平原、丘陵草甸草原亚类

温性草原草地

山地草原亚类

平原、丘陵草原亚类

沙地草原亚类

人工草地

人工草地

1：250 000

0   5   10 km

59

西吉县

　　西吉县草地面积为 988.98km²，占全区总面积的 31.80%，共有 5 个草地亚类，按照占总草地面积比例大小排序依次为平原、丘陵草原亚类（61.15%），山地草原亚类（23.50%），山地草甸草原亚类（9.47%），平原、丘陵草甸草原亚类（5.63%），沙地草原亚类（0.25%）。按优势种划分的草地类型共有 21 种，以长芒草、杂类草和铁杆蒿、杂类草以及羊草、杂类草为主。在空间分布上，草地广泛分布在西吉县全县，长芒草、杂类草草地主要分布在西吉县中部、西部和南部，铁杆蒿、杂类草草地主要分布在西吉县北部和东部县界边缘，羊草、杂类草草地主要分布在西吉县中南部（表 17）。

表 17　西吉县草地优势种构成

草地类型	面积占比（%）
长芒草、杂类草	52.06
铁杆蒿、杂类草	8.14
羊草、杂类草	6.53

草地优势种编号

1	阿尔泰狗哇花	32	赖草
2	白羊草、杂类草	33	赖草、早熟禾
3	百里香、禾草	34	冷蒿、杂类草
5	苔草	38	星茅委陵菜、长芒草
6	铁杆蒿、杂类草	39	羊草、冷蒿
8	长芒草	40	羊草、杂类草
10	蒿、赖草	47	冰草、杂类草
12	白羊草、针茅	51	赖草、杂类草
19	早熟禾、杂类草	52	冷蒿、禾草
23	长芒草、杂类草	72	甘草、杂类草
25	百里香、杂类草	——	优势种范围线

草地二、三级类型

温性草甸草地

- 山地草甸草原亚类
- 平原、丘陵草甸草原亚类

温性草原草地

- 山地草原亚类
- 平原、丘陵草原亚类
- 沙地草原亚类

1：280 000

0　　　　5　　　　10 km

隆德县

　　隆德县草地面积为 305.20km²，占全区县总面积的 31.21%，共有 5 个草地亚类，按照占总草地面积比例大小排序依次为平原、丘陵草原亚类（61.84%），山地草原亚类（23.27%），山地草甸草原亚类（13.88%），沙地草原亚类（0.80%），平原、丘陵草甸草原亚类（0.22%）。按优势种划分的草地类型共有 15 种，以百里香、禾草和百里香、杂类草以及长芒草、杂类草为主。在空间分布上，草地在隆德县各区均有分布，百里香、禾草草地分布在隆德县东北、西北和西南部，百里香、杂类草草地分布在隆德县中部，长芒草、杂类草草地分布在隆德县的东北部和西部（表 18）。

表 18　隆德县草地优势种构成

草地类型	面积占比（%）
百里香、禾草	25.13
百里香、杂类草	22.71
长芒草、杂类草	10.56

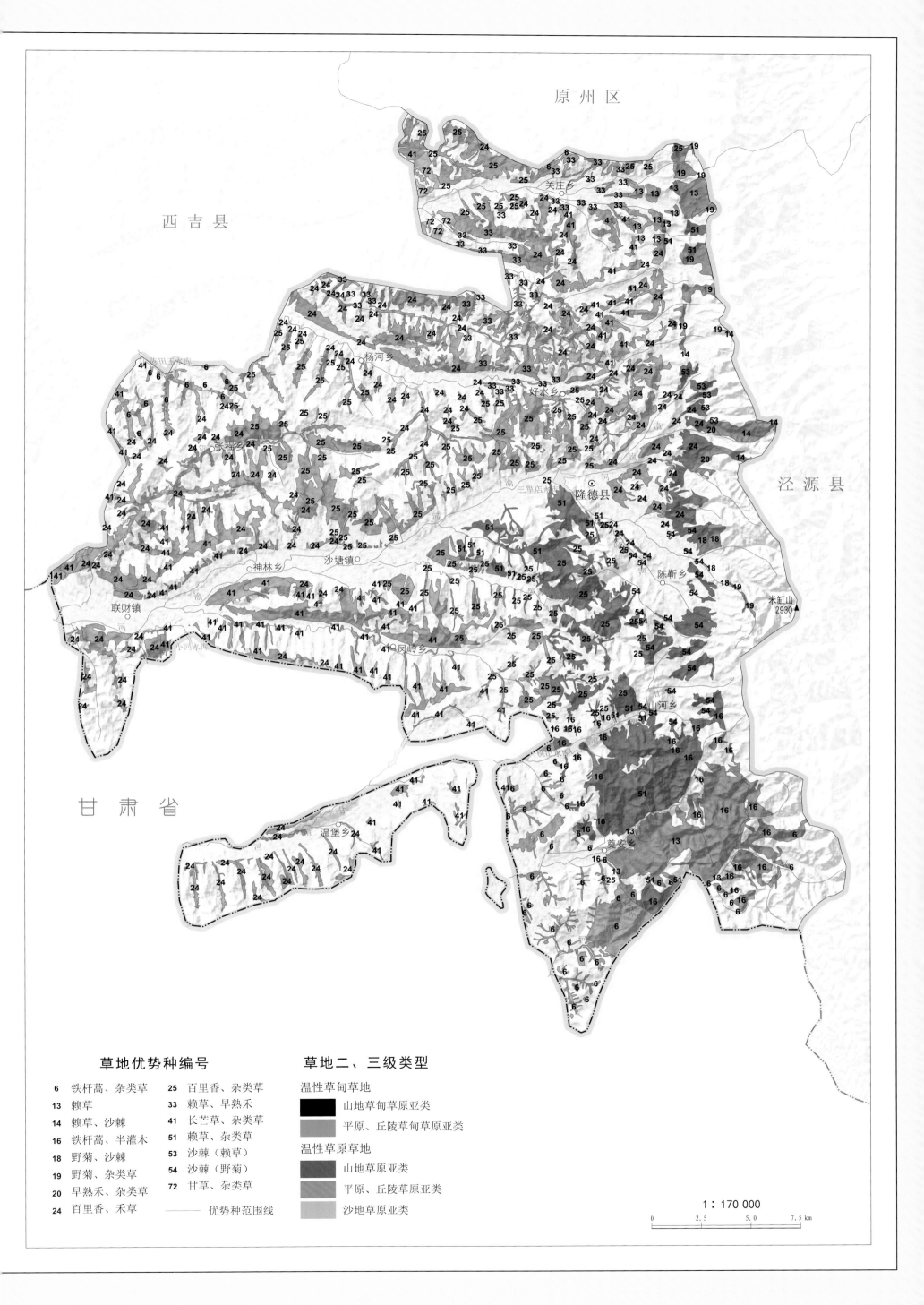

草地优势种编号

6	铁杆蒿、杂类草	25	百里香、杂类草
13	赖草	33	赖草、早熟禾
14	赖草、沙棘	41	长芒草、杂类草
16	铁杆蒿、半灌木	51	赖草、杂类草
18	野菊、沙棘	53	沙棘（赖草）
19	野菊、杂类草	54	沙棘（野菊）
20	早熟禾、杂类草	72	甘草、杂类草
24	百里香、禾草	——	优势种范围线

草地二、三级类型

温性草甸草地
◼ 山地草甸草原亚类
▨ 平原、丘陵草甸草原亚类

温性草原草地
▨ 山地草原亚类
▨ 平原、丘陵草原亚类
▨ 沙地草原亚类

1：170 000

0   2.5   5.0   7.5 km

泾源县

　　泾源县草地面积为 358.43km²，占全区县总面积的 31.96%，共有 3 个草地亚类，按照占总草地面积比例大小排序依次为山地草甸草原亚类(90.11%)，山地草原亚类（7.47%），平原、丘陵荒漠草原亚类（2.41%）。按优势种划分的草地类型共有 11 种，以铁杆蒿、杂类草和赖草、沙棘以及野菊、杂类草为主。在空间分布上，草地主要分布在泾源县的中部和东部，铁杆蒿、杂类草草地分布在泾源县中部和南部，赖草、沙棘草地主要分布在泾源县中北部，野菊、杂类草草地主要分布在泾源县中部、北部与原州区及隆德县的交界处（表 19）。

表 19　泾源县草地优势种构成

草地类型	面积占比（%）
铁杆蒿、杂类草	51.71
赖草、沙棘	21.75
野菊、杂类草	11.21

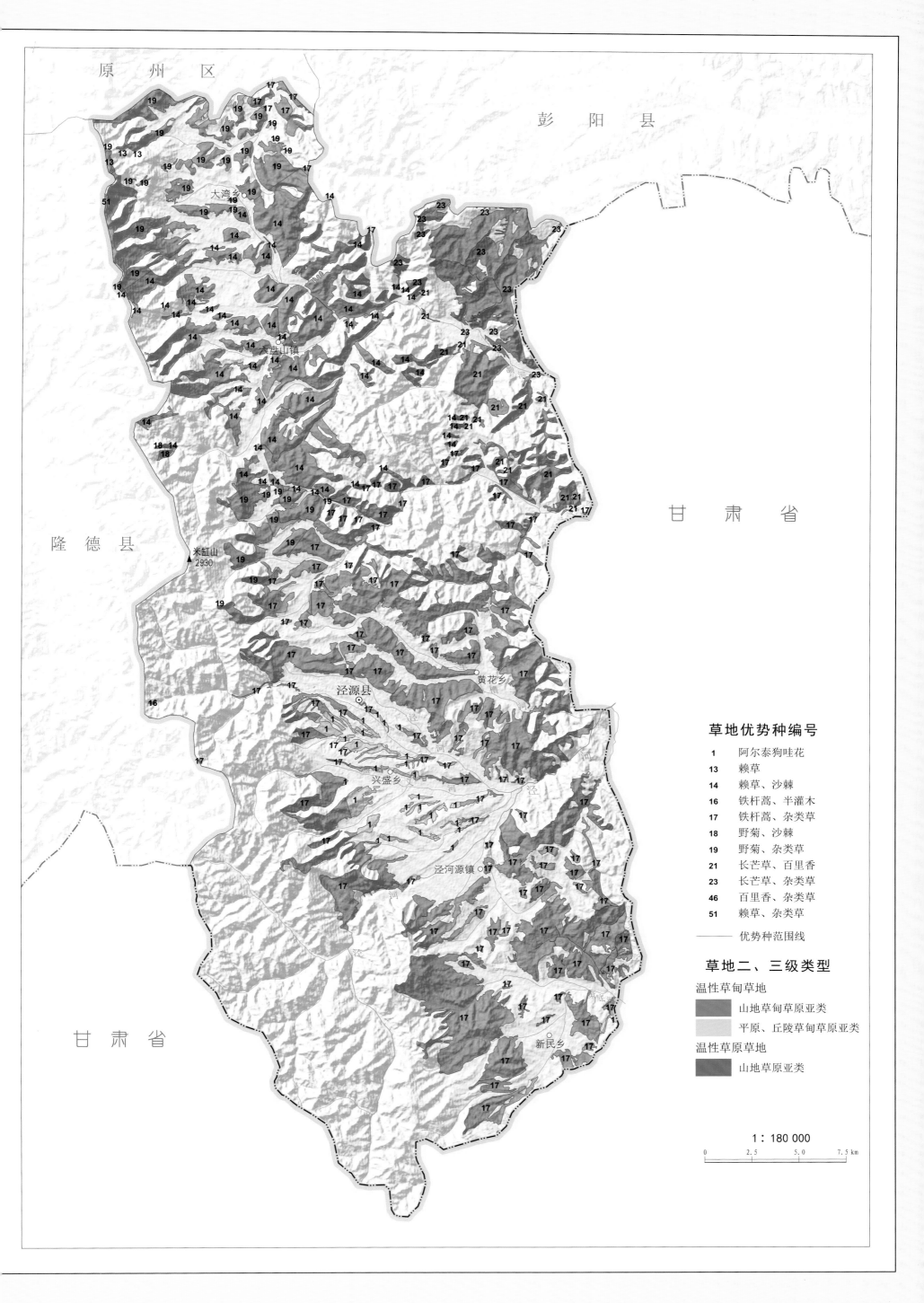

草地优势种编号

1	阿尔泰狗哇花
13	赖草
14	赖草、沙棘
16	铁杆蒿、半灌木
17	铁杆蒿、杂类草
18	野菊、沙棘
19	野菊、杂类草
21	长芒草、百里香
23	长芒草、杂类草
46	百里香、杂类草
51	赖草、杂类草

—— 优势种范围线

草地二、三级类型

温性草甸草地

■ 山地草甸草原亚类

□ 平原、丘陵草甸草原亚类

温性草原草地

■ 山地草原亚类

1∶180 000

0   2.5   5.0   7.5 km

65

彭阳县

彭阳县草地面积为 1036.65km²，占全区县总面积的 41.22%，共有 5
个草地亚类，按照占总草地面积比例大小排序依次为平原、丘陵草原亚类
（85.65%），山地草原亚类（6.56%），山地草甸草原亚类（5.58%），平原、
丘陵草甸草原亚类（1.20%），沙地草原亚类（1.01%）。按优势种划分的
草地类型共有 12 种，以长芒草、杂类草和铁杆蒿、杂类草以及大针茅为主。
在空间分布上，草地广泛分布于彭阳县全区，长芒草、杂类草草地主要分布
在中部、北部和南部的广大区域，铁杆蒿、杂类草草地主要分布在彭阳县西
南部与原州区和泾源县接壤的边界区域、中南部及东部，大针茅草地主要分
布在彭阳县中北部（表 20）。

表 20 彭阳县草地优势种构成

草地类型	面积占比（%）
长芒草、杂类草	73.68
铁杆蒿、杂类草	15.77
大针茅	3.49

甘肃省

原 州 区

泾 源 县

甘 肃 省

草地优势种编号

4	大针茅、杂类草	**24**	百里香、禾草
8	长芒草	**29**	大针茅
9	针茅、杂类草	**42**	针茅、禾草
14	赖草、沙棘	**60**	早熟禾、杂类草
17	铁杆蒿、杂类草	**63**	针茅
23	长芒草、杂类草	**82**	猪毛菜

—— 优势种范围线

草地二、三级类型

温性草甸草地

　　山地草甸草原亚类

　　平原、丘陵草甸草原亚类

温性草原草地

　　山地草原亚类

　　平原、丘陵草原亚类

　　沙地草原亚类

1：250 000

0　　5　　10　　15 km

沙坡头区

　　沙坡头区草地面积为 3304.84km²，占全区县总面积的 63.41%，共有 3 个草地亚类，按照占总草地面积比例大小排序依次为平原、丘陵荒漠草原亚类（61.06%），温性草原化荒漠类（22.39%），山地荒漠草原亚类（16.55%）。按优势种划分的草地类型共有 22 种，以针茅、矮灌木和珍珠、红砂以及红砂、小禾草为主。在空间分布上，草地主要分布在沙坡头区的中部、南部和东北部，针茅、矮灌木草地分布在沙坡头区中部和东南段，珍珠、红砂草地分布在沙坡头区西部和西北部，红砂、小禾草草地分布在沙坡头区的西北和东北部（表21）。

表 21　沙坡头区草地优势种构成

草地类型	面积占比（%）
针茅、矮灌木	52.26
珍珠、红砂	14.65
红砂、小禾草	6.92

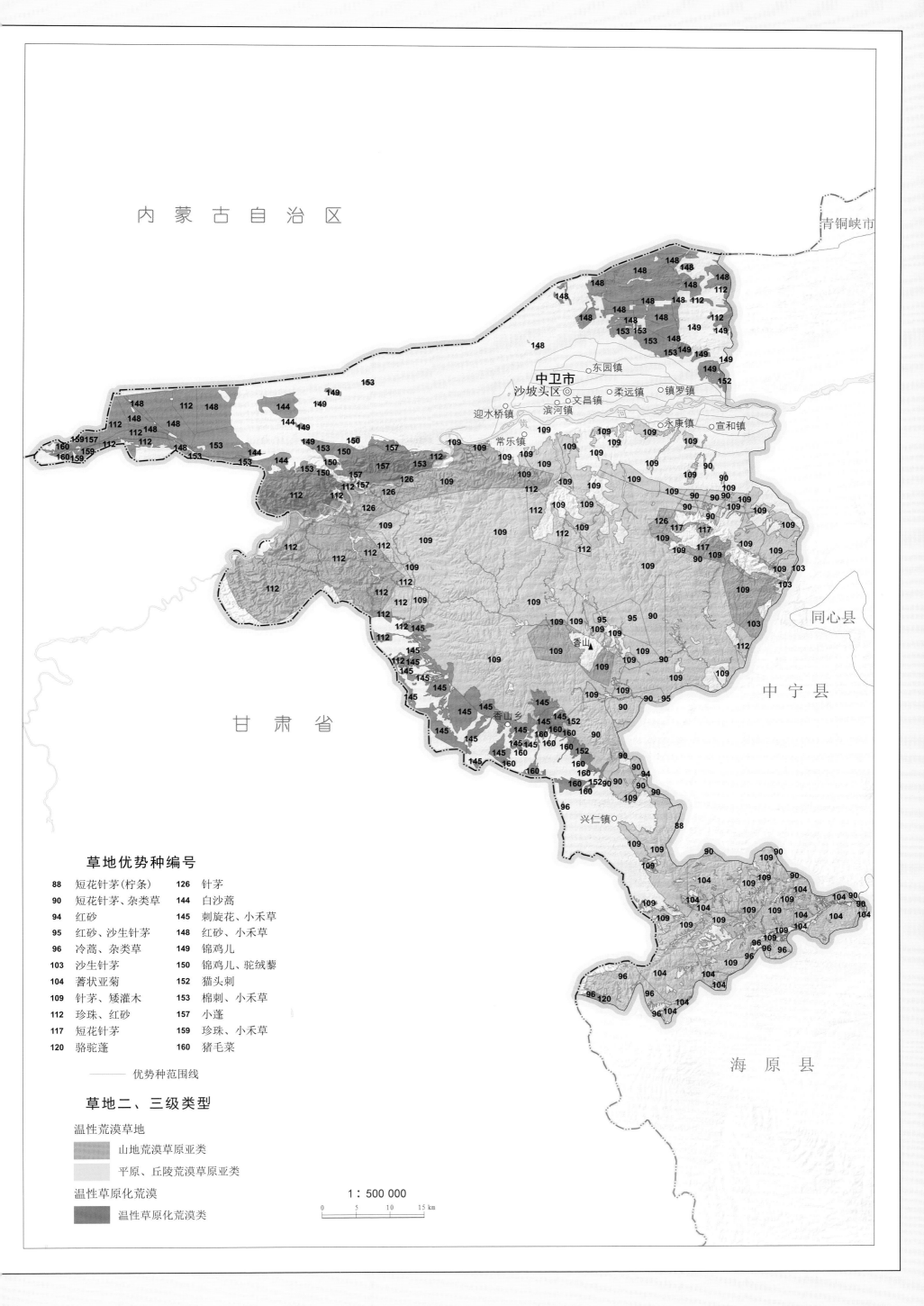

草地优势种编号

88	短花针茅(柠条)	126	针茅
90	短花针茅、杂类草	144	白沙蒿
94	红砂	145	刺旋花、小禾草
95	红砂、沙生针茅	148	红砂、小禾草
96	冷蒿、杂类草	149	锦鸡儿
103	沙生针茅	150	锦鸡儿、驼绒藜
104	薯状亚菊	152	猫头刺
109	针茅、矮灌木	153	棉刺、小禾草
112	珍珠、红砂	157	小蓬
117	短花针茅	159	珍珠、小禾草
120	骆驼蓬	160	猪毛菜

———— 优势种范围线

草地二、三级类型

温性荒漠草地

山地荒漠草原亚类

平原、丘陵荒漠草原亚类

温性草原化荒漠

温性草原化荒漠类

1：500 000

0　5　10　15 km

内蒙古自治区

青铜峡市

中卫市

沙坡头区

东园镇

迎水桥镇　文昌镇　柔远镇　镇罗镇

滨河镇　永康镇　宣和镇

常乐镇

香山▲

香山乡

同心县

中宁县

甘肃省

兴仁镇

海原县

69

中宁县

　　中宁县草地面积为 1882.98km²，占全区县总面积的 57.77%，共有 4 个草地亚类，按照占总草地面积比例大小排序依次为平原、丘陵荒漠草原亚类（73.57%），温性草原化荒漠类（20.94%），沙地荒漠草原亚类（4.35%），山地荒漠草原亚类（1.14%）。按优势种划分的草地类型共有 26 种，以珍珠、红砂和短花针茅、杂类草以及红砂为主。在空间分布上，草地主要分布在中宁县的西北、东部和南部，珍珠、红砂草地主要分布在中宁县西北部、东北角和中南部，短花针茅、杂类草草地主要分布在中宁县南部和东北部，红砂草地主要分布在中宁县的南部中东部（表 22）。

表 22　中宁县草地优势种构成

草地类型	面积占比（%）
珍珠、红砂	22.20
短花针茅、杂类草	20.95
红砂	13.43

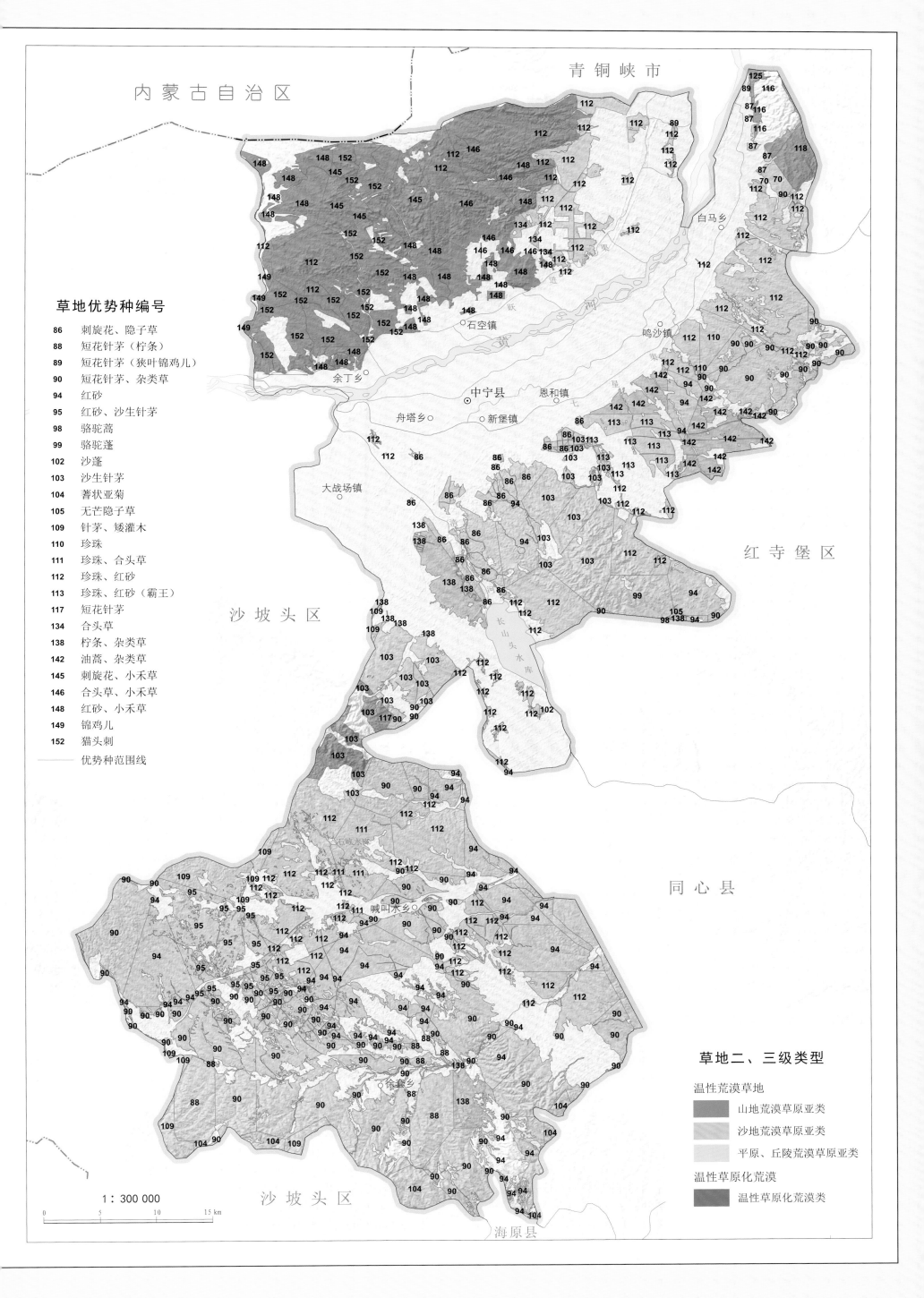

草地优势种编号

86	刺旋花、隐子草
88	短花针茅（柠条）
89	短花针茅（狭叶锦鸡儿）
90	短花针茅、杂类草
94	红砂
95	红砂、沙生针茅
98	骆驼蒿
99	骆驼蓬
102	沙蓬
103	沙生针茅
104	蓍状亚菊
105	无芒隐子草
109	针茅、矮灌木
110	珍珠
111	珍珠、合头草
112	珍珠、红砂
113	珍珠、红砂（霸王）
117	短花针茅
134	合头草
138	柠条、杂类草
142	油蒿、杂类草
145	刺旋花、小禾草
146	合头草、小禾草
148	红砂、小禾草
149	锦鸡儿
152	猫头刺

—— 优势种范围线

草地二、三级类型

温性荒漠草地

▓ 山地荒漠草原亚类

▒ 沙地荒漠草原亚类

░ 平原、丘陵荒漠草原亚类

温性草原化荒漠

▓ 温性草原化荒漠类

1：300 000

0   5   10   15 km

71

海原县

　　海原县草地面积为 105.58km²，占全县总面积的 46.15%，共有 8 个草地亚类，按照占总草地面积比例大小排序依次为平原、丘陵草甸草原亚类（45.06%），平原、丘陵草原亚类（20.95%），平原、丘陵荒漠草原亚类（11.58%），沙地草原亚类（9.97%），沙地荒漠草原亚类（6.16%），山地草甸草原亚类（4.61%），山地草原亚类（0.94%），山地荒漠草原亚类（0.74%）。按优势种划分的草地类型共有 34 种，以长芒草、杂类草和著状亚菊以及铁杆蒿、杂类草为主。在空间分布上，草地广泛分布于海原县全区，长芒草、杂类草草地主要分布在中部的广大区域，著状亚菊草地主要分布在海原县北部与沙坡头区的边界区域，铁杆蒿、杂类草草地主要分布在海原县西部和南部（表）。

表 23　海原县草地优势种构成

草地类型	面积占比（%）
长芒草、杂类草	57.84
著状亚菊	10.75
铁杆蒿、杂类草	8.35

草地优势种编号

1 阿尔泰狗哇花	44 紫花苜蓿
4 大针茅、杂类草	47 冰草、杂类草
6 铁杆蒿、杂类草	48 达乌里胡枝子、长芒草
7 早熟禾	49 大针茅
8 长芒草	51 赖草、杂类草
10 艾蒿、赖草	56 铁杆蒿（柠条）
11 白羊草、杂类草	64 中亚苔草、杂类草
12 白羊草、针茅	66 冰草
15 苔草	70 短花针茅、杂类草
19 早熟禾、杂类草	71 短花针茅、长芒草
22 长芒草、茭蒿	77 冷蒿
23 长芒草、杂类草	82 猪毛菜
30 甘肃蒿	94 红砂
31 茭蒿、禾草	104 菁状亚菊
34 冷蒿、杂类草	109 针茅、矮灌木
36 铁杆蒿、禾草（柠条）	120 骆驼蓬
38 星茅委陵菜、长芒草	138 柠条、杂类草

——— 优势种范围线

草地二、三级类型

温性草甸草地

山地草甸草原亚类

平原、丘陵草甸草原亚类

温性草原草地

山地草原亚类

平原、丘陵草原亚类

沙地草原亚类

温性荒漠草地

山地荒漠草原亚类

沙地荒漠草原亚类

平原、丘陵荒漠草原亚类

1：380 000

0   5   10   15 km

活力指数

　　2000—2015 年宁夏草地生态系统活力指数在 0.07—0.77 之间，2000、2005、2010 和 2015 年宁夏草地活力指数平均值分别为 0.18、0.20、0.27 和 0.25。在空间分布上，南部生态系统草地活力指数较高，中部和北部草地生态系统活力指数较低，西北部沿贺兰山地区的草地生态系统也具有相对较高的活力指数。与宁夏草地分布图对比发现，活力指数高的草地与高覆盖度草地分布状况基本相似。在年际变化上，2000—2015 年宁夏草地活力指数整体变化不明显，局部地区如中部和东部盐池地区草地生态系统活力指数则在 2000—2010 年呈增加趋势，在 2005—2010 年增加幅度较大，但在 2010—2015 年间略有减少；2015 年西南部草地活力指数相较于 2000 年也有小幅度提升。可见 2000—2015 年间宁夏草地生态系统整体呈稳定状态，局部地区呈现增长态势，草地生长状况有所改善。

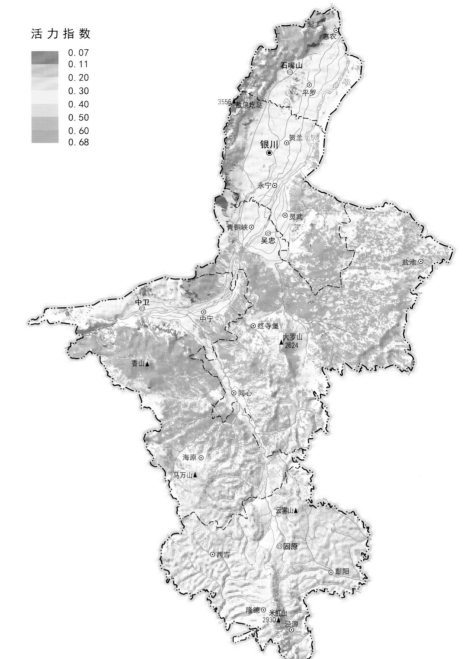

2000年

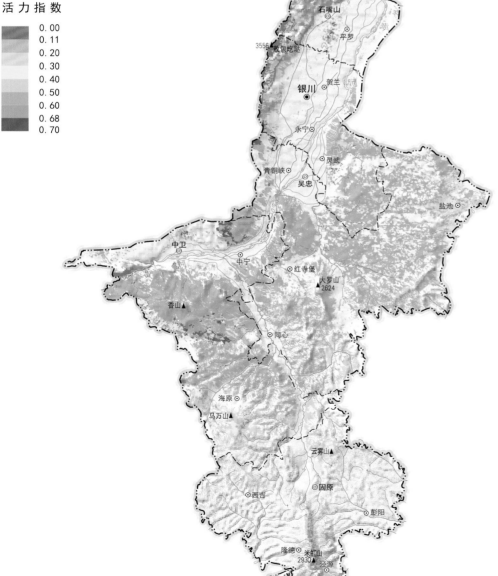

2005年

1：2 600 000

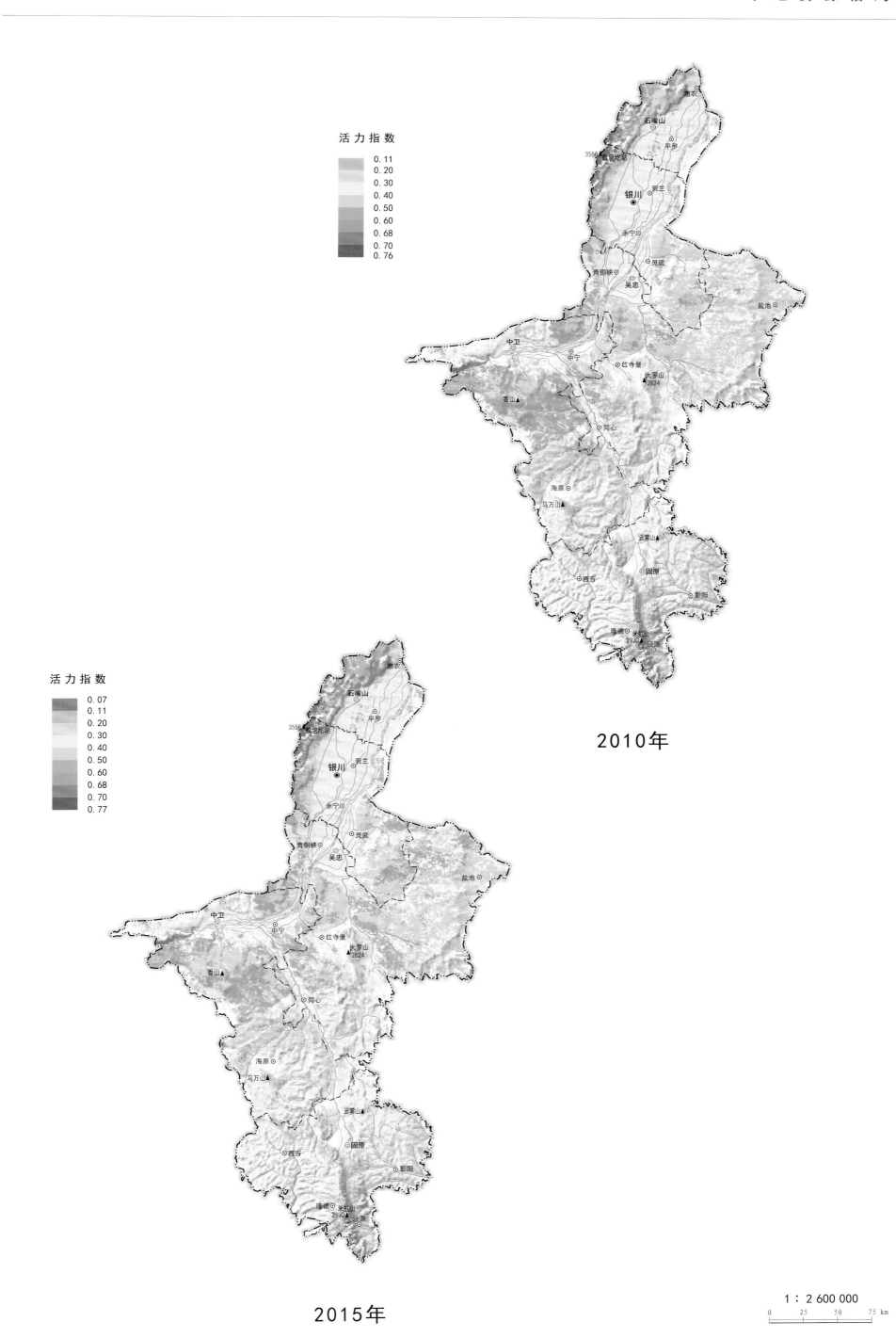

活 力 指 数

0.11
0.20
0.30
0.40
0.50
0.60
0.68
0.70
0.76

2010年

活 力 指 数

0.07
0.11
0.20
0.30
0.40
0.50
0.60
0.68
0.70
0.77

2015年

1：2 600 000

0　　25　　50　　75 km

宁夏草地资源图集

组织力指数

　　2000—2015年宁夏草地生态系统组织力指数在0～1之间，四期宁夏草地组织力指数平均值分别为0.24、0.29、0.38和0.36，随时间变化波动增加。在空间分布上，组织力指数较高的草地生态系统主要分布在宁夏南部和东北部，中部地区草地生态系统组织力指数较低。在年际变化上，2000—2005年宁夏中部地区草地生态系统组织力指数明显降低，南部地区草地生态系统组织力指数有所增加，北部地区变化不明显，说明这一时期中部草地退化明显，南部草地状况有所好转；2005—2010年中部和东南部地区草地生态系统组织力指数明显增加，北部和西南部地区草地生态系统组织力指数有所下降，说明这一时期中部和东南部地区草地状况好转，北部和西南部地区草地则发生了不同程度的退化；2010—2015年中部和北部地区草地生态系统组织力指数明显降低，西南部草地生态系统组织力指数有所增加，说明这一时期中部和北部草地出现了退化，西南部草地状况有所好转。由此可见2000—2015年间宁夏草地退化状况整体上呈现出"恶化—好转—恶化"的特点，说明近15年间退耕还草、围牧禁牧等政策和措施对于缓解和改善宁夏草地退化状况在一定时间一定区域内起到了良好的效果，但是整体草地退化状况依然不容乐观。

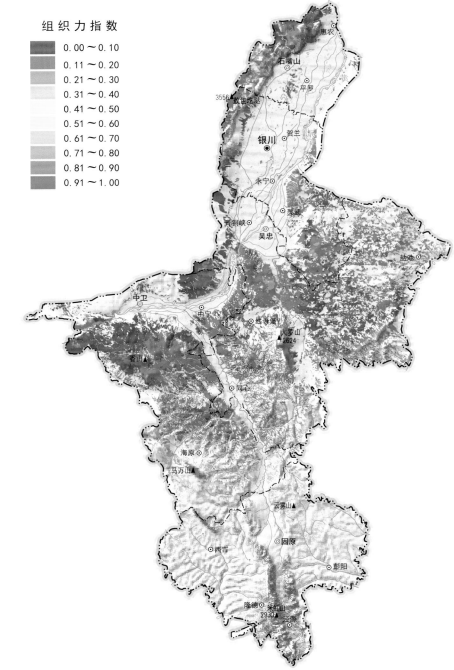

2000年

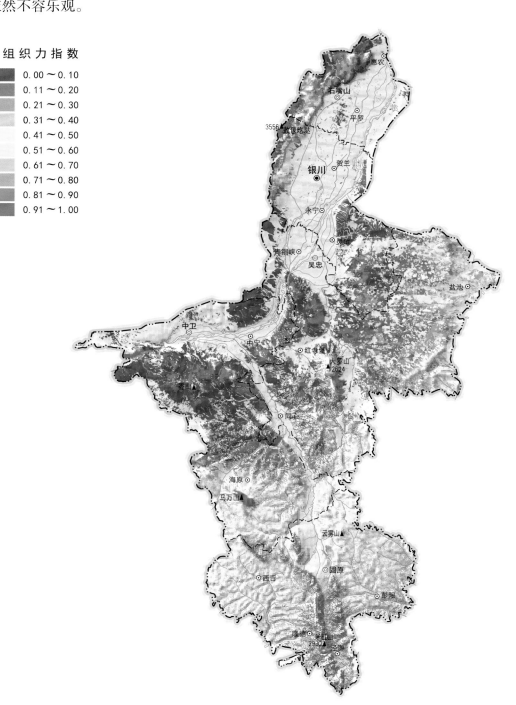

2005年

1：2 600 000

0　25　50　75 km

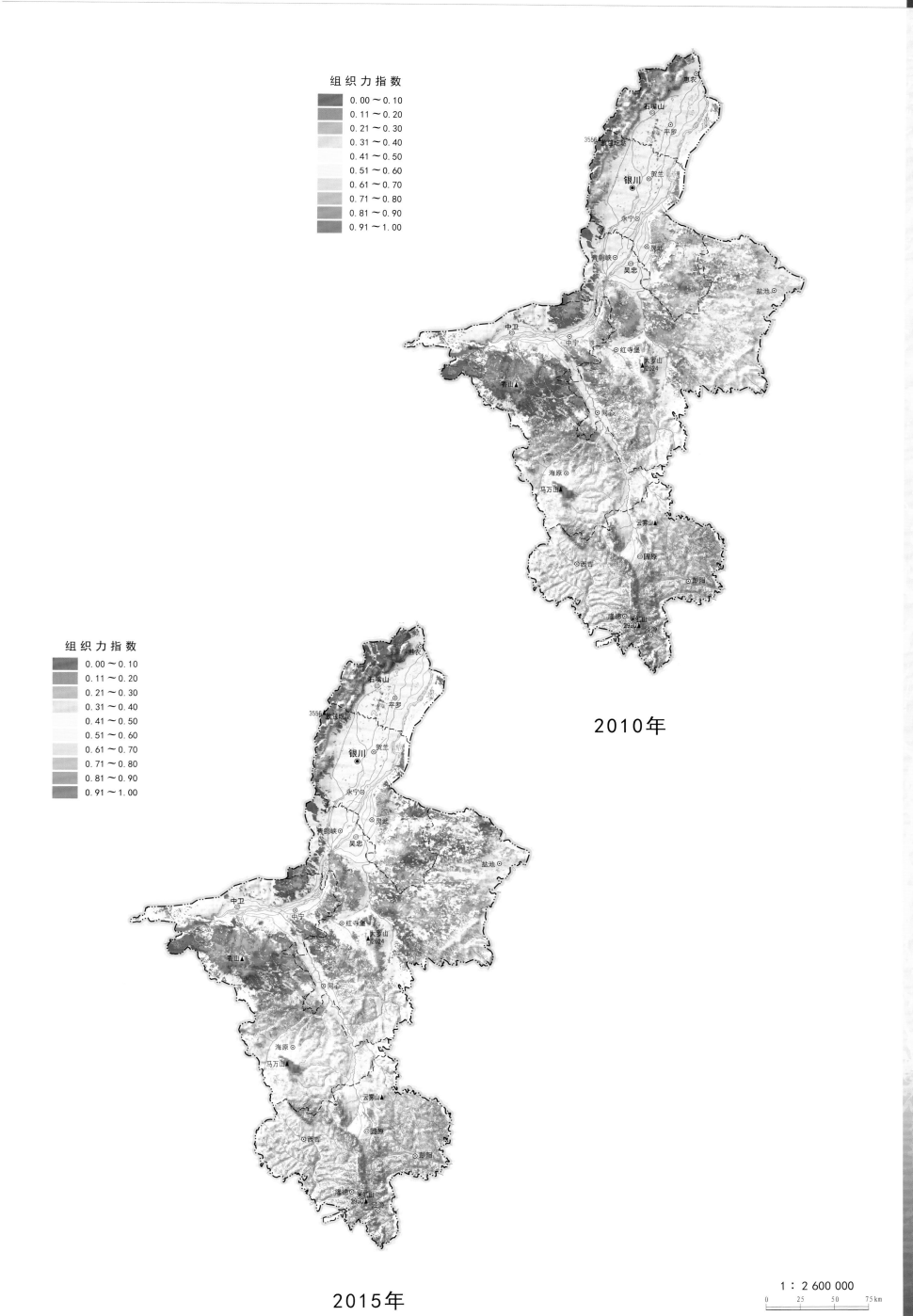

组 织 力 指 数

0.00～0.10
0.11～0.20
0.21～0.30
0.31～0.40
0.41～0.50
0.51～0.60
0.61～0.70
0.71～0.80
0.81～0.90
0.91～1.00

2010年

组 织 力 指 数

0.00～0.10
0.11～0.20
0.21～0.30
0.31～0.40
0.41～0.50
0.51～0.60
0.61～0.70
0.71～0.80
0.81～0.90
0.91～1.00

2015年

1：2 600 000

0　25　50　75 km

宁 夏 草 地 资 源 图 集

恢复力指数

　　2000—2015 年宁夏草地生态系统恢复力指数在 0.15 ～ 88.02 之间，2000、2005、2010 和 2015 年宁夏草地恢复力指数平均值为 41.68、44.67、56.92 和 59.12，整体呈波动增加态势。在空间分布上，恢复力指数较高的草地生态系统主要分布在宁夏南部和北部，中部地区草地生态系统恢复力指数较低，但沿草地轮廓边缘带分布的草地生态系统恢复力指数较高。在年际变化上，2000—2005 年宁夏整体草地生态系统恢复力指数明显降低，局部地区如中东部地区和西南部草地生态系统恢复力指数有所增加；2005—2010 年宁夏北部、中部和西部地区草地生态系统恢复力指数明显降低，南部地区草地生态系统恢复力指数有所增加；2010—2015 年中部、北部和东部地区草地生态系统恢复力指数明显降低，西南部草地生态系统恢复力指数有所增加。由此可见 2000—2015 年间宁夏中部地区草地恢复力指数波动较大，北部草地生态系统恢复力持续降低，南部草地生态系统恢复力有所提高，说明近 15 年间宁夏草地生态系统恢复力在人类活动不断干扰中有所波动，南部草地恢复成果较好，北部及中部草地生态系统依然需要加大保护和管理力度，维持草地资源的可持续发展。

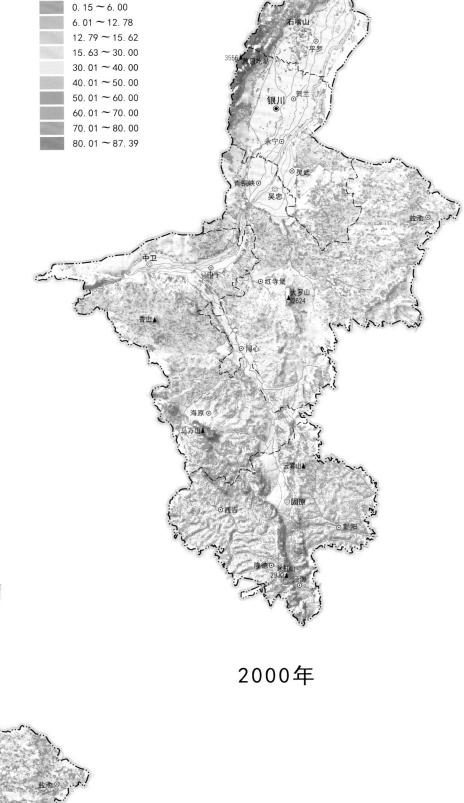

2000年

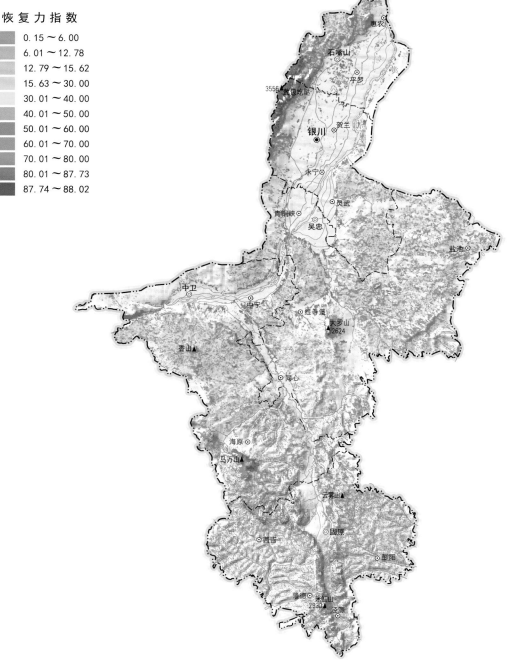

2005年

1 : 2 600 000

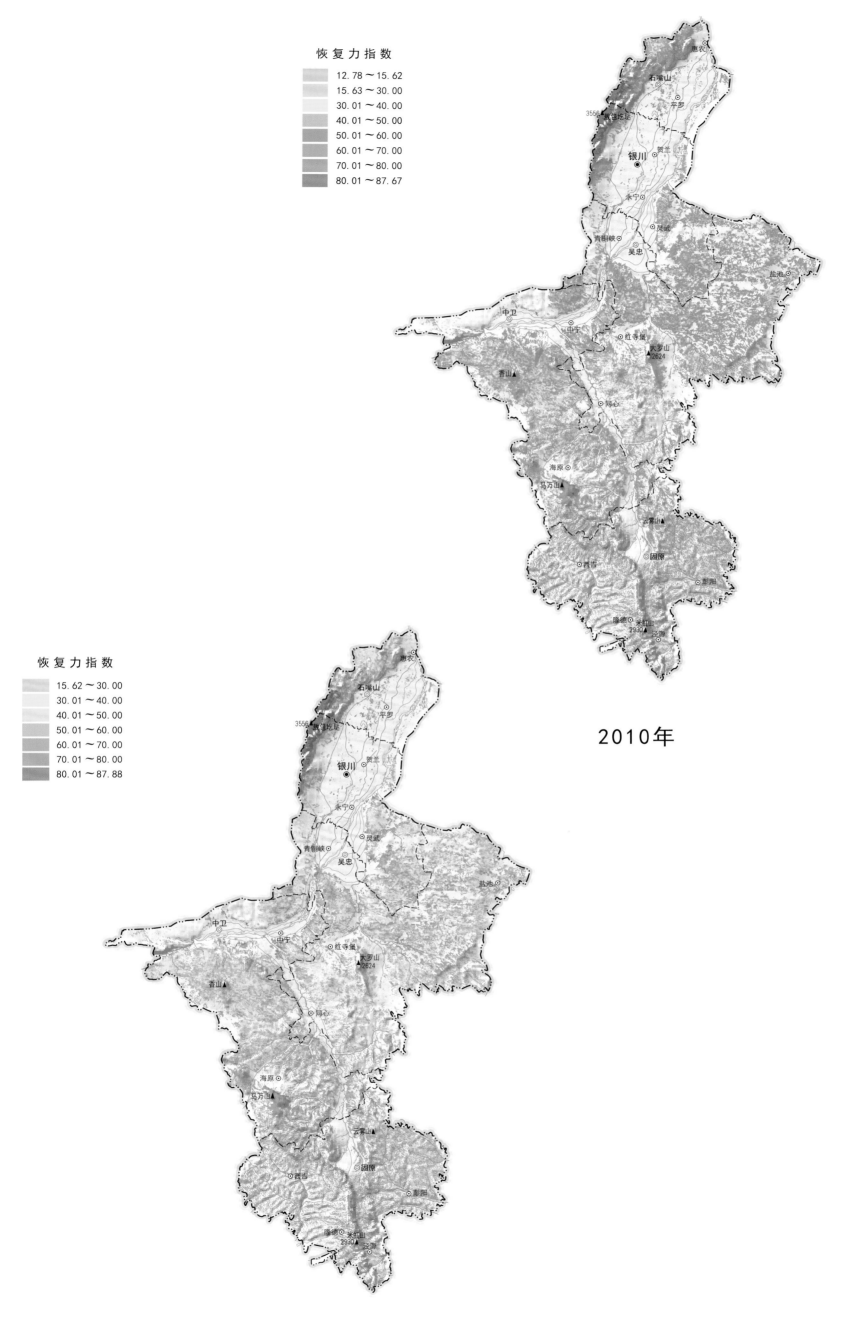

恢 复 力 指 数

12.78～15.62
15.63～30.00
30.01～40.00
40.01～50.00
50.01～60.00
60.01～70.00
70.01～80.00
80.01～87.67

2010年

恢 复 力 指 数

15.62～30.00
30.01～40.00
40.01～50.00
50.01～60.00
60.01～70.00
70.01～80.00
80.01～87.88

2015年

1：2 600 000

0　25　50　75 km

健康指数

2000—2015年宁夏草地生态系统健康指数在0.00～59.15之间，健康指数平均值在3.44～7.98之间，随时间变化波动式增加。空间分布格局为：健康指数较高的草地生态系统主要分布在宁夏南部和西北部，中部地区草地生态系统健康指数较低。在年际变化上，2000—2005年宁夏西部草地生态系统健康指数显著降低，南部和东部草地生态系统健康指数明显增加；2005—2010年宁夏全区草地生态系统健康指数显著增加；2010—2015年中部和北部地区草地生态系统健康指数明显降低，特别是西部地区草地生态系统健康指数降低幅度较大，说明这一时期宁夏西部草地健康状况大幅度恶化。

2000—2015年间宁夏不同健康等级的草地生态系统面积构成年际差异显著，2000年"较不健康"等级的草地面积最大，为 $6.22 \times 10^9 m^2$，其次是"中等健康"和"比较健康"等级的草地，分别占比24%和21%，"很健康"等级的草地面积占比最小，仅有10%；2005年各健康等级的草地面积大致相同，约为20%；2010年"比较健康"等级的草地面积最大，达 $9.75 \times 10^9 m^2$，"中等健康"及以上等级的草地面积占比达到了91%；2015年各健康等级的草地面积大致相同，所占比例均为20%左右。2000—2005年健康等级构成为"很健康"的草地面积变化最大，增加了 $2.09 \times 10^9 m^2$，其次是"较不健康"等级的草地，面积降低了 $1.6 \times 10^9 m^2$；2005—2010年"中等健康"等级以下的草地面积均有不同幅度降低，其中"很不健康"的草地面积降低幅度最大，降低了 $3.81 \times 10^9 m^2$，"比较健康"和"很健康"等级的草地面积均有较大幅度增加，分别增加了 $5.17 \times 10^9 m^2$ 和 $2.18 \times 10^9 m^2$；2010—2015年"较不健康"和"很不健康"等级的草地面积分别增加了 $3.3 \times 10^9 m^2$ 和 $3.7 \times 10^9 m^2$，"比较健康"和"很健康"等级的草地面积则分别降低了 $5.3 \times 10^9 m^2$ 和 $2.2 \times 10^9 m^2$，"中等健康"等级的草地面积没

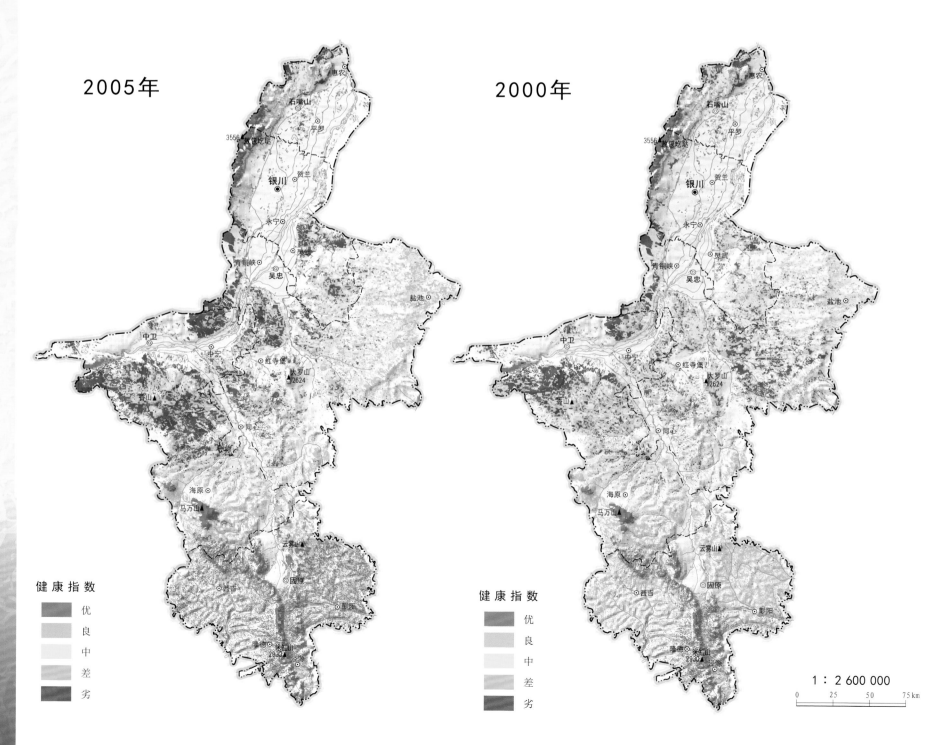

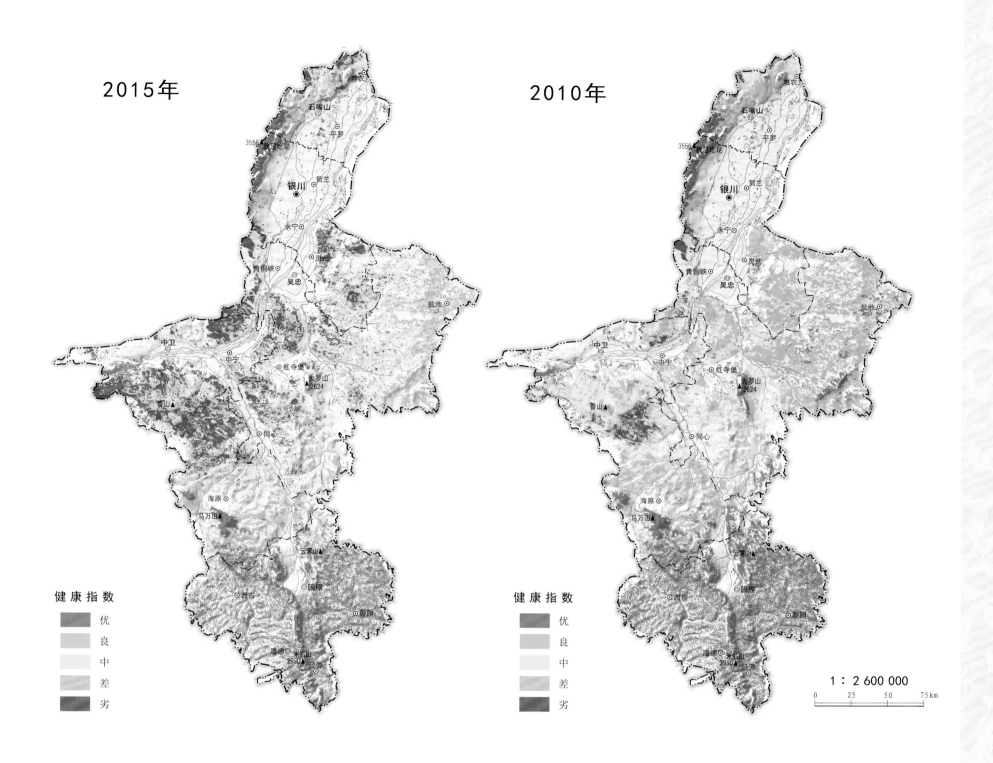

表 24　不同健康等级宁夏草地生态系统面积　　　　　　　　　　　　　　（10⁹m²）

健康等级	2000 年	占比（%）	2005 年	占比（%）	2010 年	占比（%）	2015 年	占比（%）
很不健康	3.98	18	4.77	21	0.96	4	4.66	21
较不健康	6.22	27	4.62	20	1.21	5	4.54	20
中等健康	5.44	24	4.57	20	4.47	19	4.49	20
比较健康	4.71	21	4.58	20	9.75	42	4.47	20
很健康	2.39	10	4.48	19	6.66	29	4.47	20
总计	22.74	100	23.02	100	23.05	100	22.63	100

注：各健康等级对应的健康指数如下，很健康为 0 ～ 0.29；比较健康为 0.29 ～ 0.60；中等健康为 0.60 ～ 1.25；较不健康为 1.25 ～ 4.26；
很不健康为 >4.26。

有变化。分析可知 2000—2015 年草地健康状况呈现"两极分化"的变化趋势，"很不健康"和"很健康"等级的草地面积均有所增加，其余 3 个等级的草地面积均有不同幅度降低，整体上较高健康等级的草地面积呈增加趋势，而较低健康等级的草地面积则呈降低趋势，因此宁夏整体草地健康状况趋向于好转，但大部分草地健康状况不稳定，需要采取合理的保护措施提升草地健康等级（表 24）。

草地资源转移特征

2000—2015 年宁夏草地面积整体下降 594.60km²，2000—2005 年草地面积增加 269.79km²，转入草地的 86.33% 来自耕地，11.62% 来自未利用地，草地转出主要转换成耕地、未利用地、林地，分别占转出总量的 38.91%、29.99%、24.17%。2005—2010 年草地面积减少了 486.59km²，草地主要转换成耕地和人工表面，分别约占转出草地的 57.91%、14.77%；人工表面对草地的占用比例呈增加态势，从 2000—2005 年的 0.50% 上升到了 2005—2010 年的 14.77%。2010—2015 年，宁夏草地面积减少了 377.8km²，61.14% 的转入草地来源于耕地，其次为未利用地转为草地，约占转入草地的 23.88%。草地主要转化成耕地、人工表面和未利用地，分别约占草地转出量的 49.36%、21.96%、19.29%，人类活动对草地资源的干扰最为明显且影响程度最大。

2000—2015 年宁夏草地与其他地类年际间转移变化空间异质性显著。2000—2010 年草地转移变化全区呈分散式分布，2000—2005 年被占用草地主要出现在中部的吴忠市

和北部的银川、石嘴山市，增加的草地主要分布在中部干旱带，尤其是东部的盐池县草地转入广泛分布。2005—2010 年，草地占用在空间上的分布更为分散，广泛分布在全区各地市，转入的草地亦呈分散式格局。2010—2015 年，草地被耕地和人工表面的占用比较集聚，耕地占用草地主要分布在中部和北部地区，人工表面占用草地主要出现在中西部地区，转入草地面积较小且在空间上的分布非常分散。

在地级市层面，2000—2005 年银川市、石嘴山市的草地面积分别减少了 60.81km²、14.01km²，吴忠市、固原市、中卫市的草地面积分别增加了 262.39km²、15.10km²、65.71km²。2005—2010 年银川市、吴忠市的草地面积分别减少了 0.56km²、70.73km²，石嘴山市、固原市、中卫市的草地面积分别增加了 5.18km²、82.52km²、17.62km²。2010—2015 年各地级市草地面积分别减少了 74.28km²、41.00km²、225.13km²、9.44km²、85.06km²。2000—2005 年、2005—2010 年、2010—2015 年转入草地面积最多的

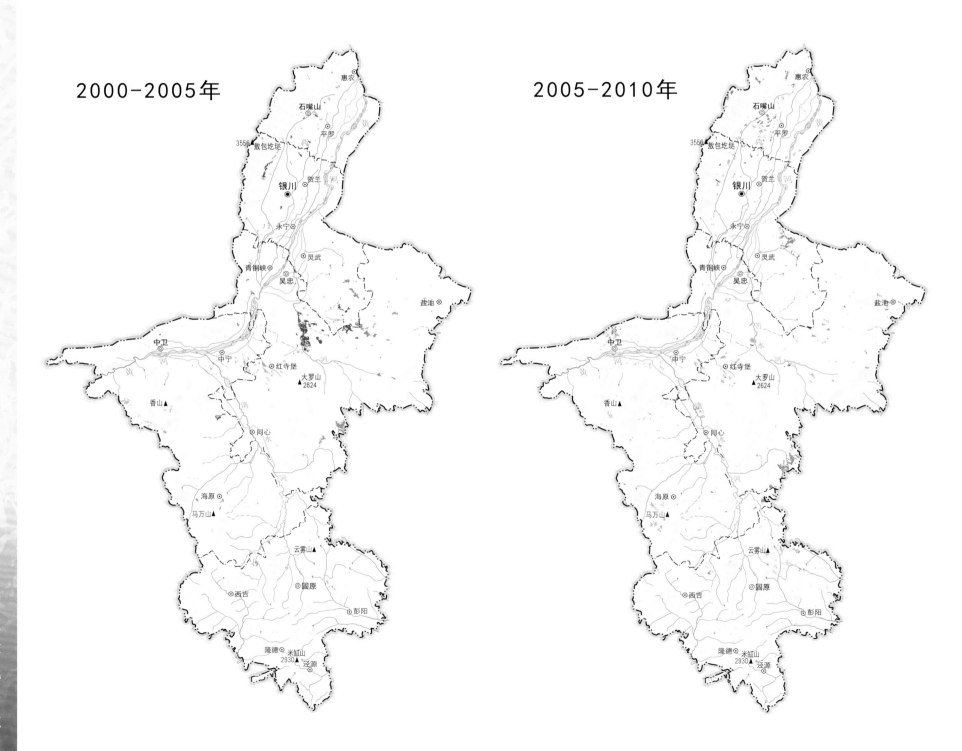

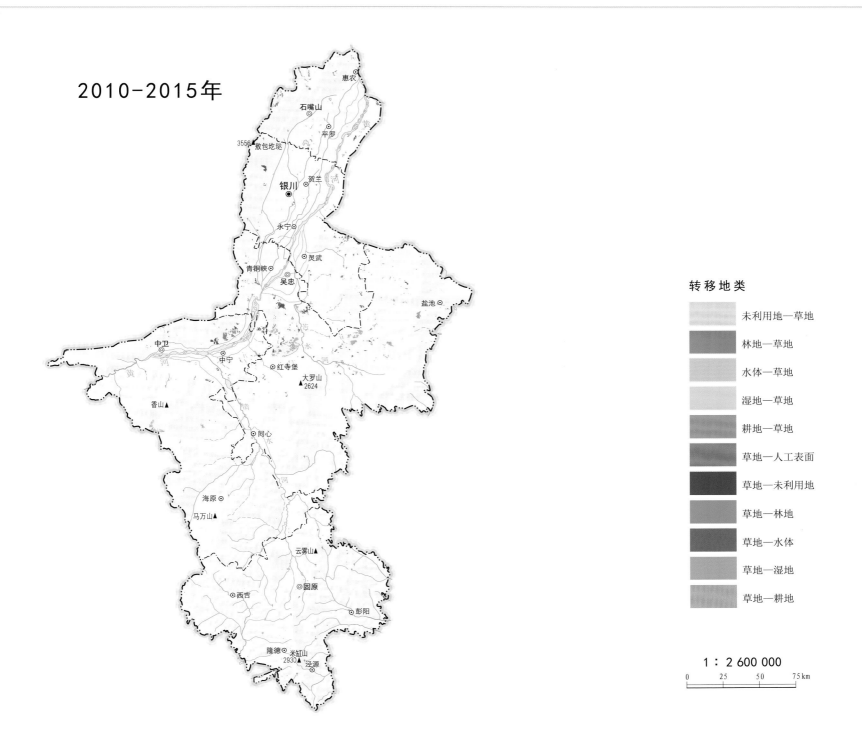

2010-2015年

转移地类

未利用地一草地
林地一草地
水体一草地
湿地一草地
耕地一草地
草地一人工表面
草地一未利用地
草地一林地
草地一水体
草地一湿地
草地一耕地

1：2 600 000

0　25　50　75 km

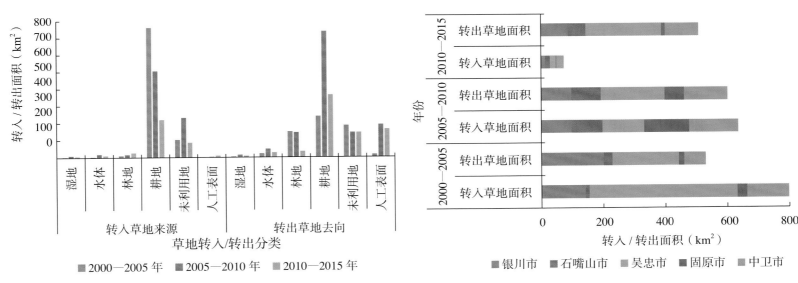

图 2　宁夏植被覆盖度在市县区及土地覆被间的变化

地市分别为吴忠市、中卫市、中卫市，分别占当年宁夏转入草地总面积的 59.85%、24.83%、32.54%，主要来源于耕地或未利用地的转入。各时段吴忠市转出草地面积最多，分别占当年宁夏转出草地面积的 40.65%、34.34%、48.08%，主要转出为耕地或林地（图 2）。

宁 夏 草 地 资 源 图 集

宁　夏　草　地　资　源　图　集

生态
服务
演变

宁夏潜在风蚀量

基于 RWEQ 模型评估宁夏土壤风蚀量的动态变化。潜在风蚀量指裸土条件下的土壤风蚀量，2000—2015 年宁夏潜在风蚀总量在 $3.01 \times 10^9 \sim 73.39 \times 10^9 kg \cdot a^{-1}$ 之间，平均单位面积潜在风蚀量为 $0.06 \sim 1.42 kg \cdot m^{-2} \cdot a^{-1}$，均呈现"下降—上升—下降"的波动变化特征。与 2000 年相比，潜在风蚀总量在 2005、2010、2015 年分别下降了 94.93%、74.59%、95.89%。整体上看，近 15 年间宁夏潜在风蚀量呈明显降低趋势。在空间分布上，潜在风蚀强度较轻的区域主要集中在风场强度较低、降水量较大的南部；潜在风蚀较剧烈的区域主要分布在比较干旱的宁夏北部和中部；随着风蚀强度的增高，其风蚀面积占全区比例逐渐减小。

在地级市层面，各年份单位面积潜在风蚀量平均值最大的地级市分别为石嘴山市、吴忠市、吴忠市、中卫市，在 $0.09 \sim 4.34 kg \cdot m^{-2} \cdot a^{-1}$ 之间，与宁夏全区单位面积潜在风蚀量的变化趋势一致，均呈现"下降—上升—下降"的波动变化趋势。潜在风蚀总量最高的地级市分别为中卫市、吴忠市、吴忠市、中卫市，在 $1.18 \times 10^9 \sim 21.84 \times 10^9 kg \cdot a^{-1}$ 之间，占宁夏全区潜在风蚀总量的 33.85% ~ 51.80%（图 3）。

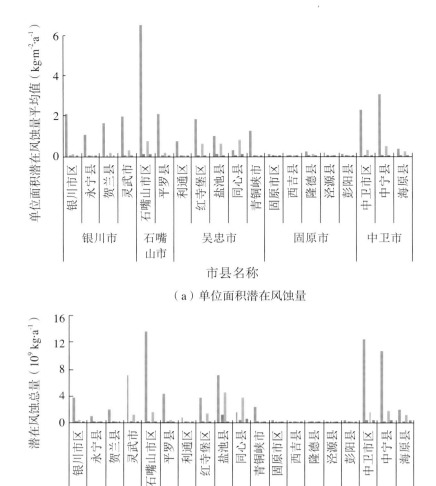

图 3　2000、2005、2010、2015 年宁夏各市县单位面积潜在风蚀量 (a) 与潜在风蚀总量 (b)

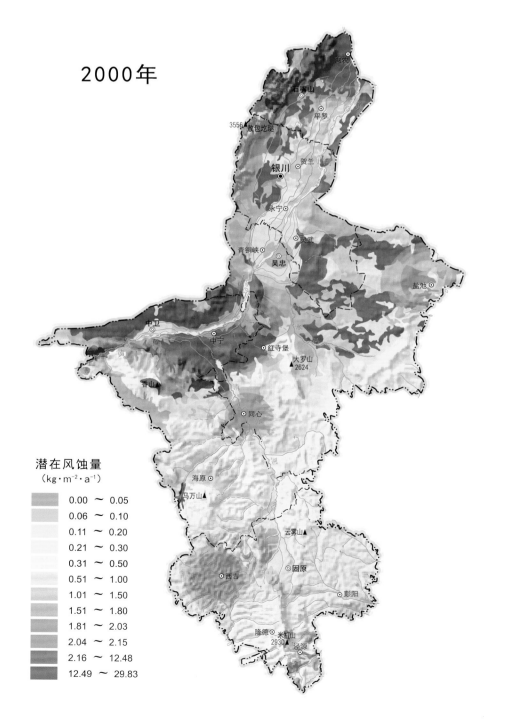

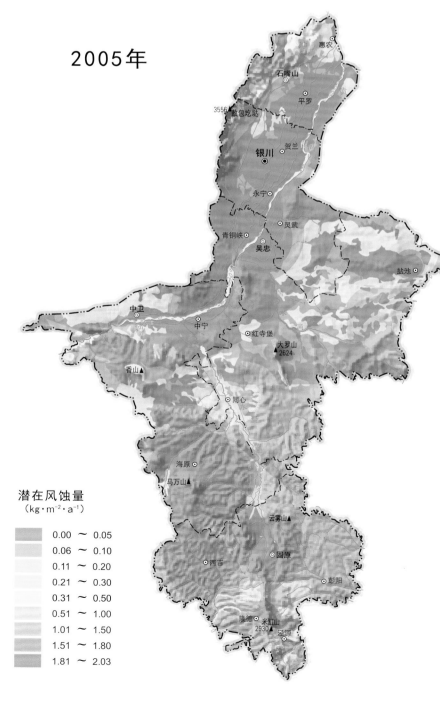

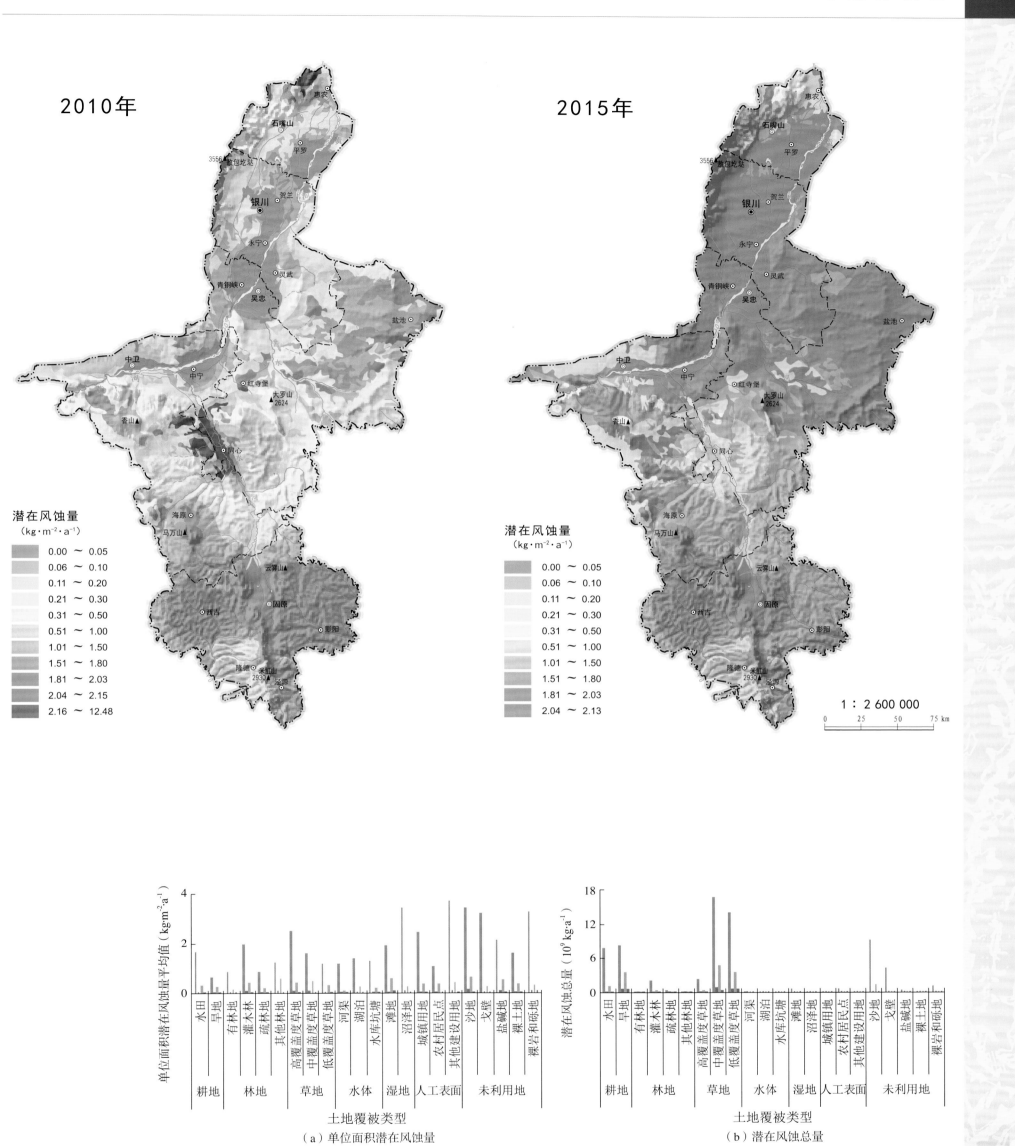

图4　2000、2005、2010、2015年宁夏不同土地覆被类型单位面积潜在风蚀量（a）与潜在风蚀总量（b）

　　潜在风蚀是气象因子与土壤、植被共同作用的结果，植被在防风固沙方面起着重要的作用。研究期间一级类型中未利用地和湿地的单位面积潜在风蚀量最大，二级类型中其他建设用地、沙地、滩地的单位面积潜在风蚀相对较大（图4）。在潜在风蚀总量上，草地的潜在风蚀总量在各年中占比最大，占当年潜在风蚀总量的46.32%～49.87%。其中2000—2010年中覆盖度草地的潜在风蚀总量在各个草地类型中占比最大，2015年低覆盖度草地占比最大，均达到草地潜在风蚀总量的50%以上。可见，宁夏草地在防风固沙方面起着重要作用。

宁夏实际风蚀量

　　实际风蚀量指现实地表植被覆盖条件下的土壤风蚀量。研究期间宁夏实际风蚀总量为 $0.73 \times 10^9 \sim 33.23 \times 10^9 kg \cdot a^{-1}$，平均单位面积实际风蚀量为 $0.01 \sim 0.64 kg \cdot m^{-2} \cdot a^{-1}$，均呈现"下降—上升—下降"波动变化特征。与 2000 年相比，2005、2010、2015 年实际风蚀总量分别下降了 96.47%、80.48%、97.81%。可见，近 15 年间宁夏实际风蚀量呈明显降低趋势。在空间分布上，实际风蚀强度较轻的区域主要分布在植被盖度较高、风场强度较低及降水量较大的南部区；实际风蚀较剧烈的区域主要分布在宁夏中部干旱带的腾格里沙漠、东部河东沙地。同时随着时间变化，宁夏草地实际风蚀强度不断降低，整体风蚀情况有了明显改善。

　　从土壤侵蚀等级来看（图 5），宁夏全区土壤风蚀以微度侵蚀为主，各年份微度侵蚀占比分别为 64.70%、98.77%、83.53%、98.95%，其次为轻度侵蚀。强烈侵蚀、极强烈侵蚀、剧烈侵蚀面积占比下降显著。2005、2015 年全区仅存在微度侵蚀和轻度侵蚀，中度以上的侵蚀消失，说明宁夏整体土壤风蚀程度有较大改善。

　　在地级市层面（图 6），除 2010 年以外单位面积实际风蚀量平均值最大的地级市为石嘴山市，为 $0.03 \sim 2.15 kg \cdot m^{-2} \cdot a^{-1}$，2010 年为中卫市，单位面积实际风蚀量为 $0.21 kg \cdot m^{-2} \cdot a^{-1}$。固原市的单位面积实际风蚀量平均值最小，为 $0.0002 \sim 0.004 kg \cdot m^{-2} \cdot a^{-1}$。在实际风蚀总量上，除 2005 年以外，其余各年份中卫市的实际风蚀总量在各地级市中最高，为 $0.34 \times 10^9 \sim 13.02 \times 10^9 kg \cdot a^{-1}$，占宁夏全区实际风蚀总量的 39.18% ~ 46.46%，2005 年吴忠市的实际风蚀总量在各地级市中最高，为 $0.44 \times 10^9 kg \cdot a^{-1}$，占宁夏全区实际风蚀总量的 40.35%。

　　固原市的实际风蚀总量最低，为 $0.002 \times 10^9 \sim 0.04 \times 10^9 kg \cdot a^{-1}$，占宁夏全区实际风蚀总量的 0.12% ~ 0.38%。

　　对研究期间不同土地覆被类型的实际风蚀量进行分析发现（图 7），各土地覆被类型单位面积实际风蚀量呈现"下降—上升—下降"的波动变化趋势。研究期间一级类型中未利用地的单位面积潜在风蚀量整体最大，二级类型中沼泽地、滩地、高覆盖度草地的单位面积实际风蚀量相对较大。在实际风蚀总量上，草地的实际风蚀总量在各年中占比最大，占当年各土地覆被类型潜在风蚀总量的 51.53% ~ 55.28%。其中中覆盖度草地的实际风蚀总量在各个草地类型中占比最大，占草地实际风蚀总量的 47.38% ~ 53.06%，其次为低覆盖度草地、高覆盖度草地。

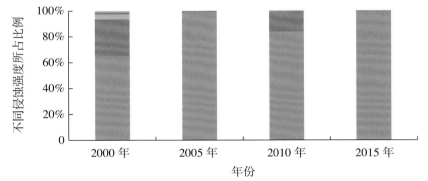

图 5　2000、2005、2010、2015 年宁夏土壤风蚀强度等级变化情况

注：土壤侵蚀强度分级标准参考土壤侵蚀分类分级标准（SL190-2007），将宁夏实际土壤风蚀模数分为 6 个等级。微度（$< 0.2 kg \cdot m^{-2} \cdot a^{-1}$）、轻度（$0.2 \sim 2.5 kg \cdot m^{-2} \cdot a^{-1}$）、中度（$2.5 \sim 5 kg \cdot m^{-2} \cdot a^{-1}$）、强烈（$5 \sim 8 kg \cdot m^{-2} \cdot a^{-1}$）、极强烈（$8 \sim 15 kg \cdot m^{-2} \cdot a^{-1}$）和剧烈（$\geqslant 15 kg \cdot m^{-2} \cdot a^{-1}$）。

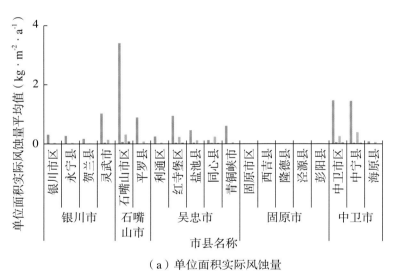

图 6　2000、2005、2010、2015 年宁夏各市县单位面积实际风蚀量(a)与实际风蚀总量(b)

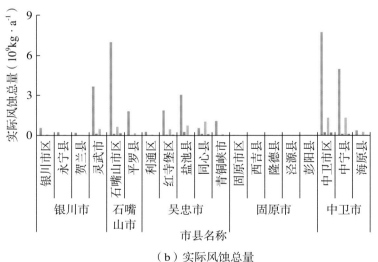
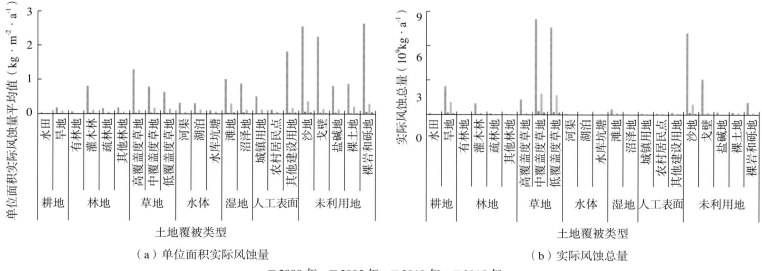

图 7　2000、2005、2010、2015 年宁夏不同土地覆被类型单位面积实际风蚀量(a)与实际风蚀总量(b)

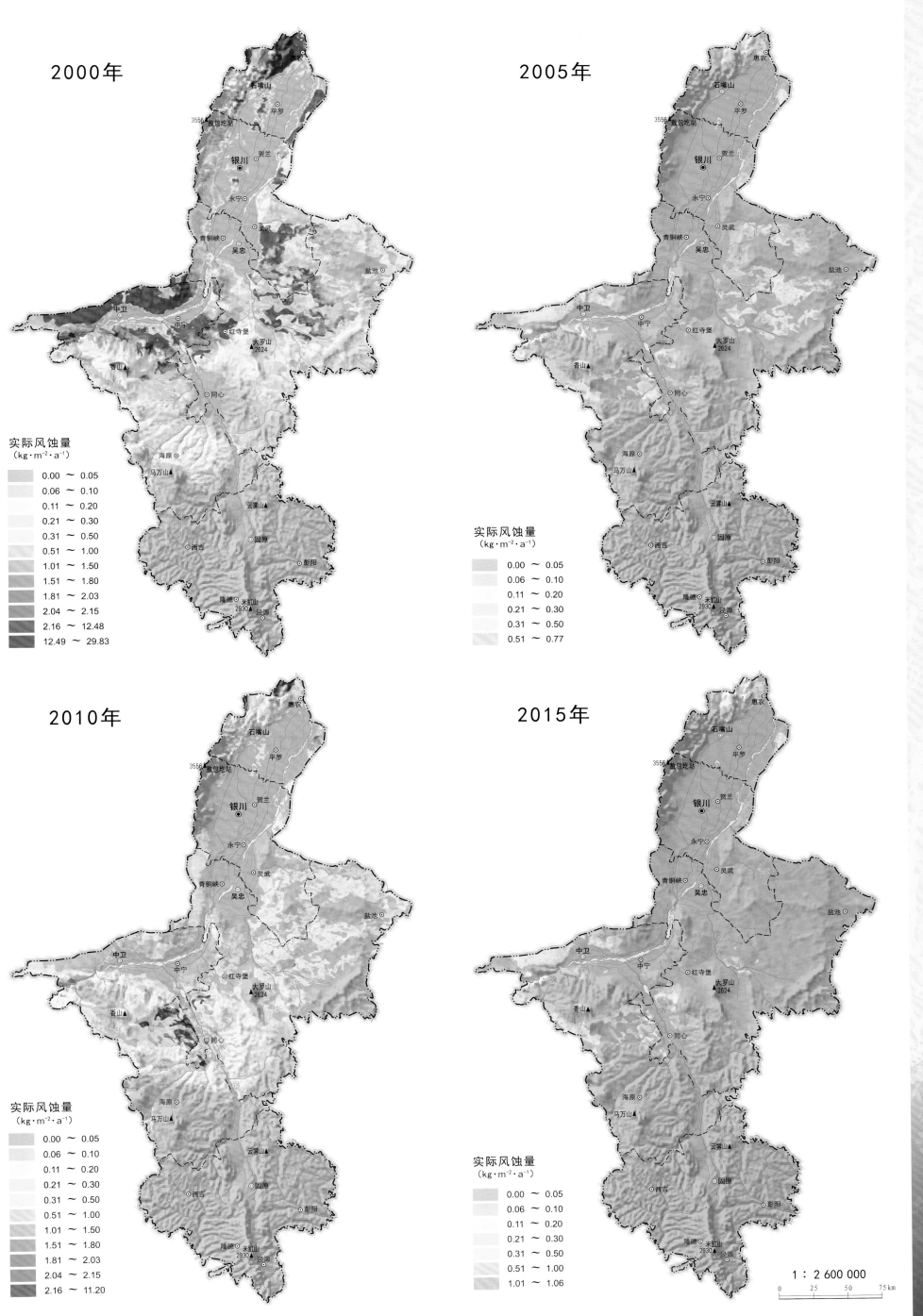

宁夏防风固沙量

由植被作用引起的风蚀减小量为防风固沙服务的功能量。研究期间宁夏防风固沙总量为 $2.28 \times 10^9 \sim 39.93 \times 10^9 kg \cdot a^{-1}$。平均单位面积防风固沙量为 $0.04 \sim 0.77 kg \cdot m^{-2} \cdot a^{-1}$，均呈现"下降—上升—下降"的波动变化特征。与2000年相比，2005、2010、2015年防风固沙总量分别下降了93.42%、68.56%、94.30%。可见，近15年间宁夏防风固沙量呈明显降低趋势。在空间分布上，2000、2010年宁夏平均防风固沙量较高的区域主要集中在北部和中部，2005、2015年高值区域集中在中部干旱带，南部山区的风蚀风险最低，防风固沙量也相应最低。研究期间宁夏生态系统平均防风固沙能力呈显著降低趋势。降低幅度最大的时间段在2000—2005年，这一时期北部灌区和中部干旱带植被因子升高，即这两个分区内植被覆盖度出现大幅度下降，导致防风固沙能力大幅度减弱。

在地级市层面（图8），各年份单位面积防风固沙量平均值最大的地级市分别为石嘴山市、吴忠市、吴忠市、中卫市，在 $0.06 \sim 2.18 kg \cdot m^{-2} \cdot a^{-1}$ 之间。单位面积防风固沙量平均值最小的地级市分别为固原市、中卫市、固原

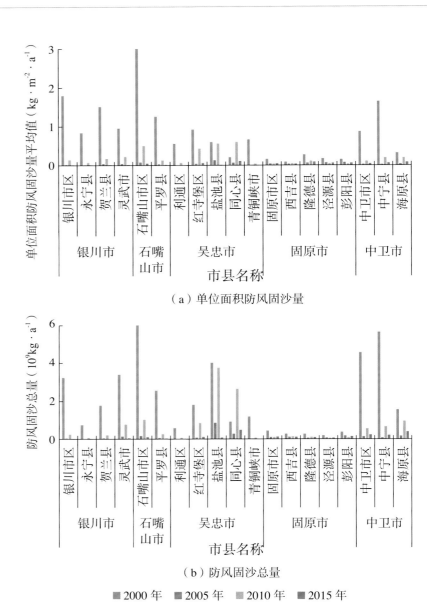

（a）单位面积防风固沙量

（b）防风固沙总量

■ 2000年　■ 2005年　□ 2010年　■ 2015年

图8　2000、2005、2010、2015年宁夏各市县单位面积防风固沙量(a)与防风固沙总量(b)

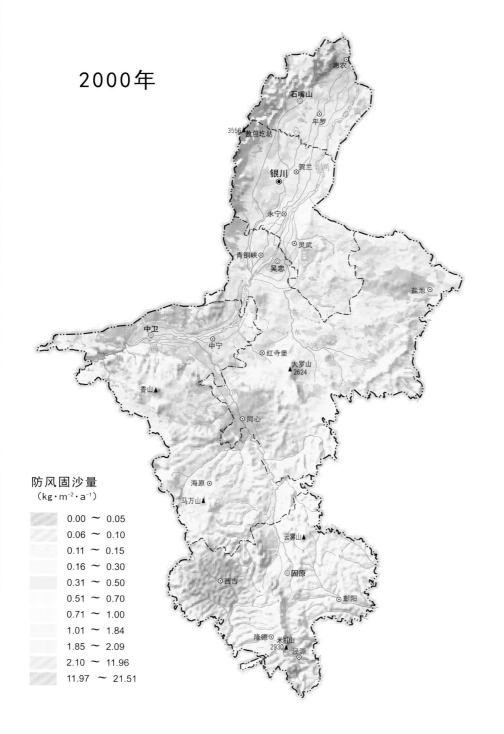

2000年

防风固沙量
（kg·m⁻²·a⁻¹）

	0.00 ～ 0.05
	0.06 ～ 0.10
	0.11 ～ 0.15
	0.16 ～ 0.30
	0.31 ～ 0.50
	0.51 ～ 0.70
	0.71 ～ 1.00
	1.01 ～ 1.84
	1.85 ～ 2.09
	2.10 ～ 11.96
	11.97 ～ 21.51

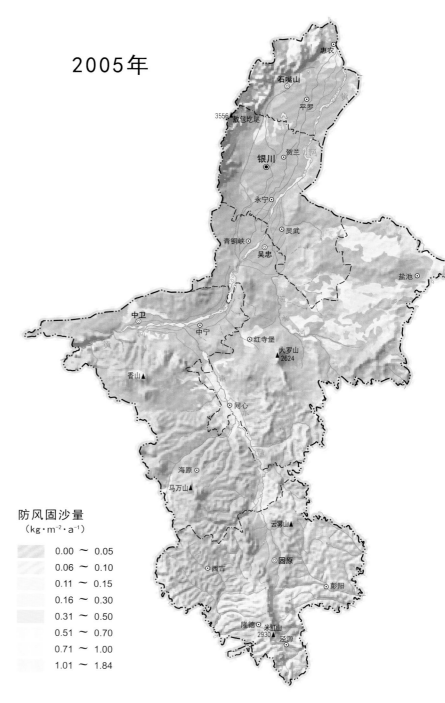

2005年

防风固沙量
（kg·m⁻²·a⁻¹）

	0.00 ～ 0.05
	0.06 ～ 0.10
	0.11 ～ 0.15
	0.16 ～ 0.30
	0.31 ～ 0.50
	0.51 ～ 0.70
	0.71 ～ 1.00
	1.01 ～ 1.84

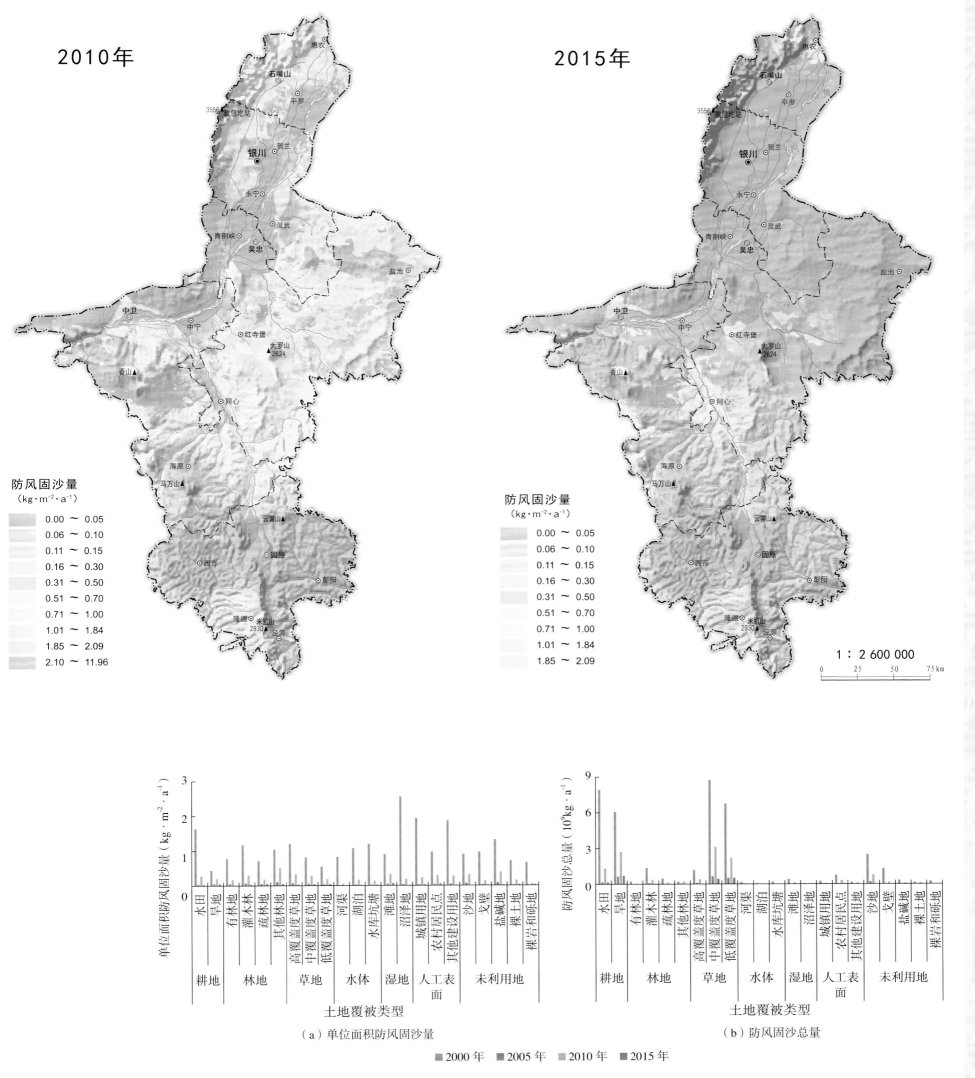

图 9　2000、2005、2010、2015 年宁夏不同土地覆被类型单位面积防风固沙量 (a) 与防风固沙总量 (b)

市、银川市，在 $0.01 \sim 0.15 \mathrm{kg} \cdot \mathrm{m}^{-2} \cdot \mathrm{a}^{-1}$ 之间。整体上宁夏中北部区县单位面积防风固沙量较高，既是风蚀频发地区，也是防风固沙服务发挥作用明显的地区。研究期间防风固沙总量最高的地级市分别为中卫市、吴忠市、吴忠市、中卫市，在 $0.84 \times 10^9 \sim 11.75 \times 10^9 \mathrm{kg} \cdot \mathrm{a}^{-1}$ 之间，占宁夏全区防风固沙总量的 $29.44\% \sim 58.68\%$。防风固沙总量最低的地级市分别为固原市、石嘴山市、固原市、银川市，在 $0.07 \times 10^9 \sim 1.56 \times 10^9 \mathrm{kg} \cdot \mathrm{a}^{-1}$ 之间，占宁夏全区防风固沙总量的 $3.17\% \sim 8.70\%$。

对研究期间不同土地覆被类型的防风固沙量进行分析发现（图 9），研究期间单位面积防风固沙量最大的一级类型分别为湿地、林地、林地、耕地。在防风固沙总量上，草地的防风固沙总量在各年中占比最大，占当年防风固沙总量的 $41.96\% \sim 48.83\%$。综合来看，低覆盖度草地多位于风蚀风险较大的干旱区域，潜在风蚀量和实际风蚀量相对较高，同时又承担着重要的防风固沙作用，其防风固沙贡献率在各土地覆被类型中最高。因此，因地制宜恢复草地植被，对于提升宁夏的防风固沙服务具有不可替代的作用。

宁夏防风固沙保有率

　　为了提高防风固沙服务年际变化的可对比性，利用防风固沙保有率（防风固沙量／潜在风蚀量）体现生态系统的防风固沙能力。研究期间宁夏平均防风固沙保有率为 70.59% ～ 80.50%，呈现"上升—下降—上升"的波动变化特征，与防风固沙量、潜在风蚀量、实际风蚀量的年际变化恰好相反，2015 年宁夏防风固沙保有率最高，2000 年最低。与防风固沙量的空间分布格局不同，防风固沙保有率较高的区域主要位于南部山区和北部灌区中部植被覆盖度较高的地区，中部干旱带，尤其是中西部腾格里沙漠附近、中东部河东沙地的防风固沙保有率较低。草地是遏制土壤风蚀最敏感的因素，在一定程度上起着削弱气候驱动力、保护表层土壤免受吹蚀，改变土壤物质组成，促进土壤团聚体形成等作用，从而达到减少土壤风蚀的目的，草地防风固沙保有率较高的区域也是草地覆盖率较好的地区。

　　不同地级市层面（图 10），各年份间固原市的平均防风固沙保有率最高，在 97.38% ～ 99.57% 之间，呈现"上升—下降—上升"的波动变化趋势，与宁夏全区防风固沙保有率的变化趋势一致。各年份平均防风固沙保有率最低的地级市分别为吴忠市、中卫市、中卫市、石嘴山市，在 51.93% ～ 69.11% 之间。各区县防风固沙保有率与 NPP、植被覆盖度的数量关系相似，说明防风固沙保有率能够凸显植被覆盖在防风固沙功能中的作用。

　　对研究期间不同土地覆被类型的防风固沙保有率进行分析发现（图 11），各土地覆被类型中，耕地、林地、草地的防风固沙保有率呈现逐年上升的趋势，水体和湿地的防风固沙保有率呈现"上升—下降—上升"的趋势，2005 年防风固沙保有率最高。一级类型中水体、耕地和林地的防风固沙保有率相对较高，二级类型中水田、有林地的防风固沙保有率相对较大。草地防风固沙保有率虽然不是各土地覆被类型中最高的，但是逐年上升的趋势明显，其中高覆盖度草地的防风固沙保有率最高，由于宁夏土地覆被类型以草地为主，草地防风固沙能力的提升有利于宁夏整体防风固沙能力的提升，与宁夏全区防风固沙保有率整体上升的趋势是一致的。

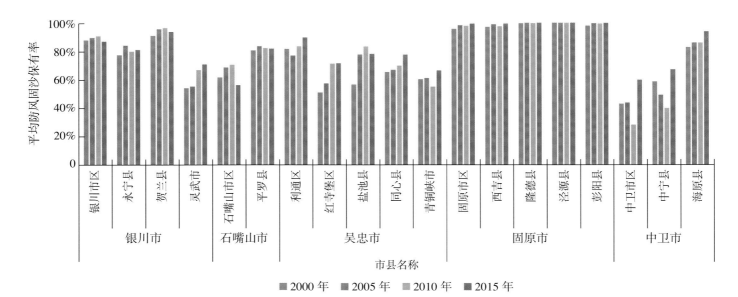

图 10　2000、2005、2010、2015 年不同市县防风固沙保有率

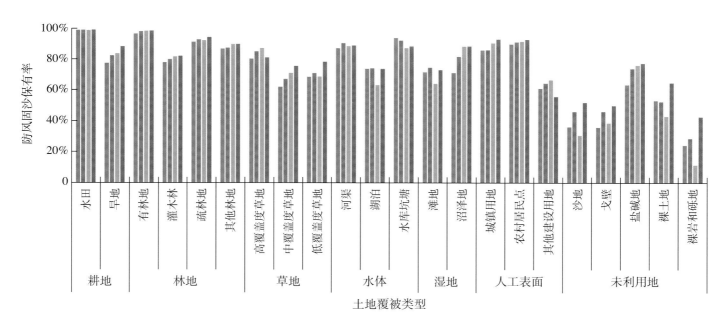

图 11　2000、2005、2010、2015 年不同土地覆被类型防风固沙保有率

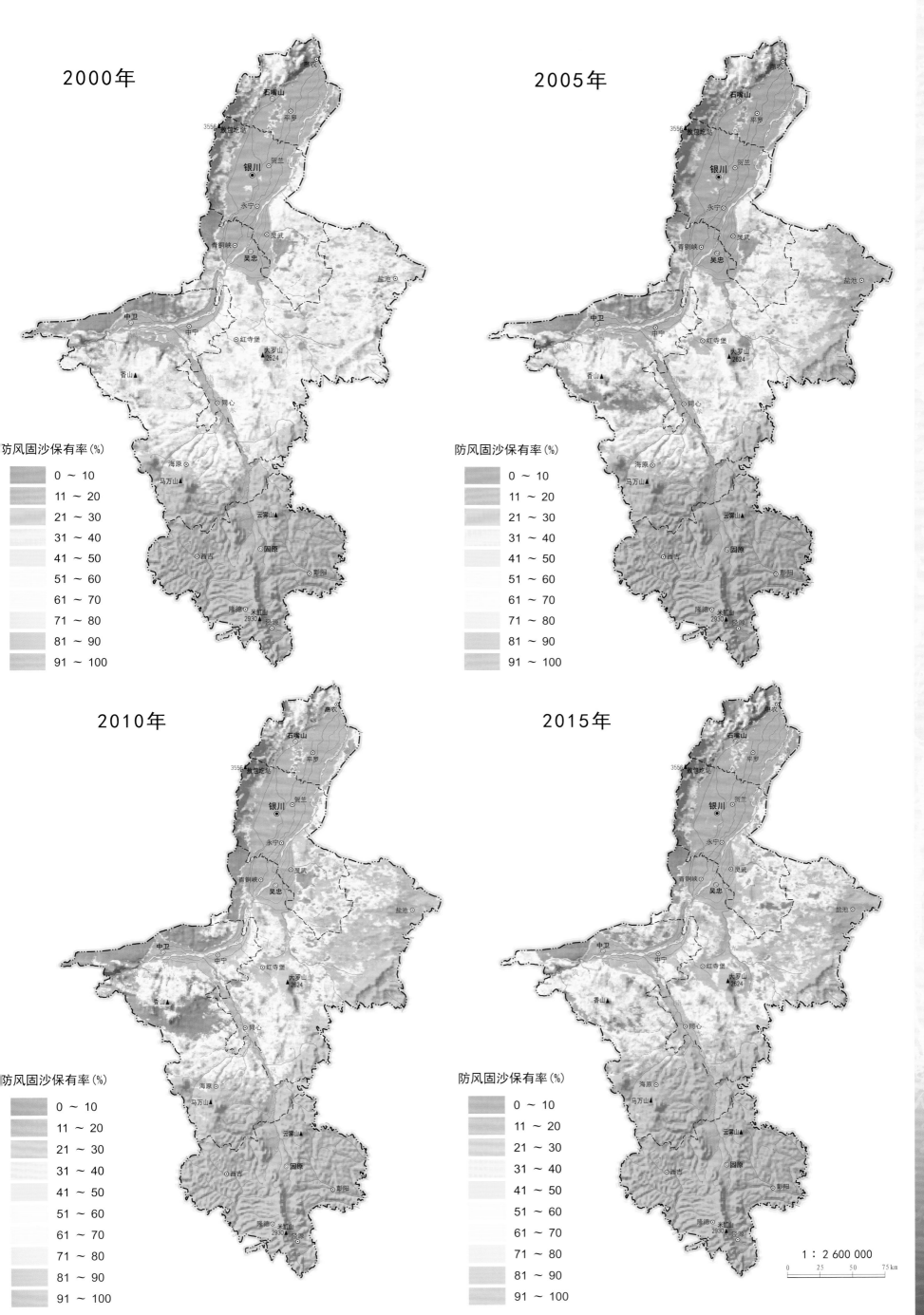

2000年

2005年

2010年

2015年

防风固沙保有率 (%)

- 0 ～ 10
- 11 ～ 20
- 21 ～ 30
- 31 ～ 40
- 41 ～ 50
- 51 ～ 60
- 61 ～ 70
- 71 ～ 80
- 81 ～ 90
- 91 ～ 100

1：2 600 000

0　25　50　75 km

宁夏草地资源图集

宁夏防风固沙价值

生态系统防风固沙服务主要通过减少表土损失量、保护土壤肥力、减轻泥沙淤积灾害等生态过程来实现经济价值。研究期间宁夏防风固沙服务价值总量为 $2.82 \times 10^8 \sim 43.08 \times 10^8$ 元·a^{-1}，平均单位面积防风固沙服务价值为 $0.01 \sim 0.08$ 元·m^{-2}·a^{-1}，均呈现"下降—上升—下降"的波动变化趋势，以保护土壤肥力价值为主。15 年间整体呈现降低的趋势。在空间分布上与防风固沙服务相同，高值区由北部灌区向中部干旱带转移。

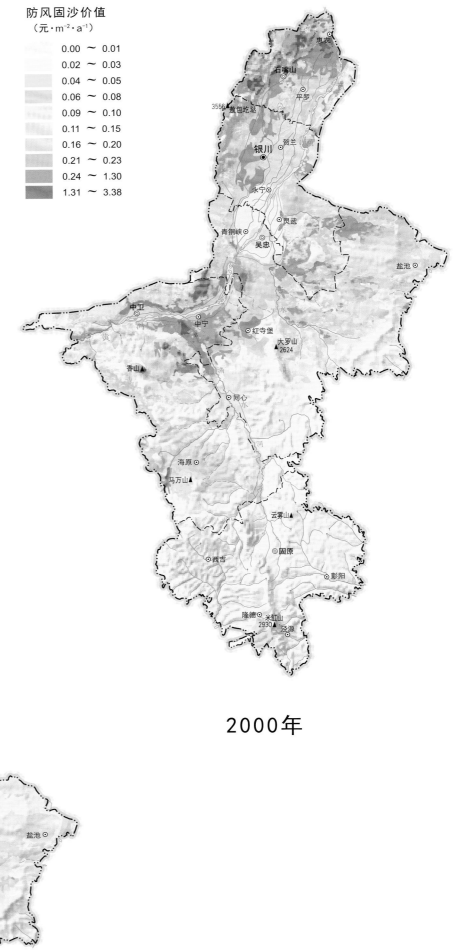

防风固沙价值
（元·m^{-2}·a^{-1}）

	0.00 ～ 0.01
	0.02 ～ 0.03
	0.04 ～ 0.05
	0.06 ～ 0.08
	0.09 ～ 0.10
	0.11 ～ 0.15
	0.16 ～ 0.20
	0.21 ～ 0.23
	0.24 ～ 1.30
	1.31 ～ 3.38

2000年

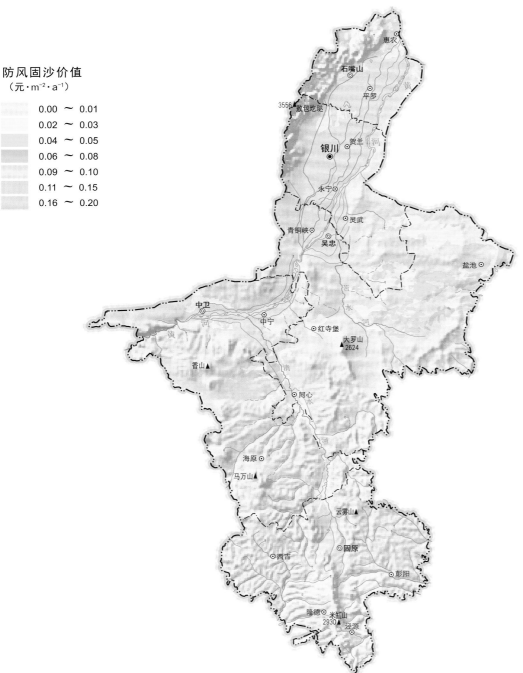

防风固沙价值
（元·m^{-2}·a^{-1}）

	0.00 ～ 0.01
	0.02 ～ 0.03
	0.04 ～ 0.05
	0.06 ～ 0.08
	0.09 ～ 0.10
	0.11 ～ 0.15
	0.16 ～ 0.20

2005年

1：2 600 000

0　25　50　75 km

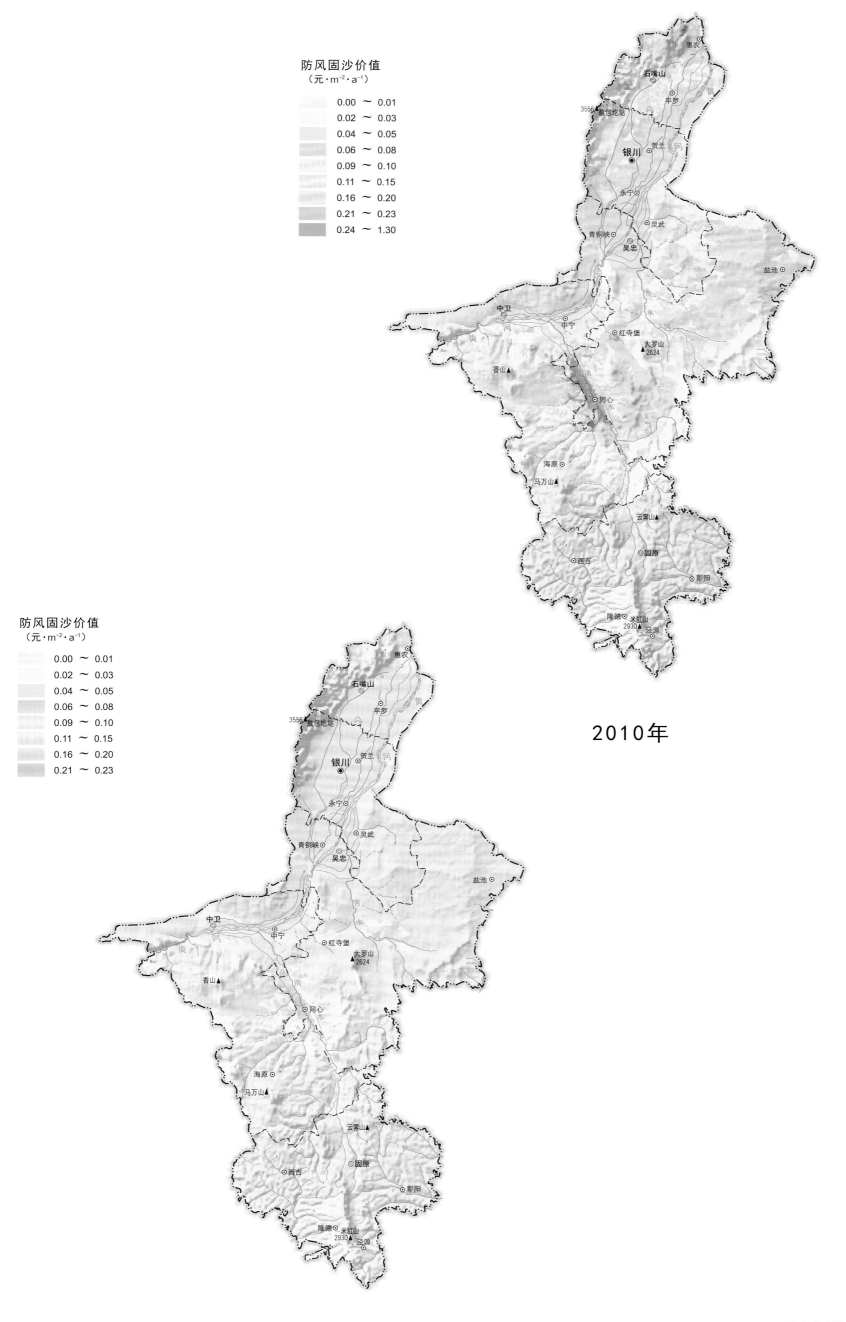

防风固沙价值
（元·m⁻²·a⁻¹）
0.00 ～ 0.01
0.02 ～ 0.03
0.04 ～ 0.05
0.06 ～ 0.08
0.09 ～ 0.10
0.11 ～ 0.15
0.16 ～ 0.20
0.21 ～ 0.23
0.24 ～ 1.30

2010年

防风固沙价值
（元·m⁻²·a⁻¹）
0.00 ～ 0.01
0.02 ～ 0.03
0.04 ～ 0.05
0.06 ～ 0.08
0.09 ～ 0.10
0.11 ～ 0.15
0.16 ～ 0.20
0.21 ～ 0.23

2015年

1：2 600 000
0   25   50   75 km

宁夏草地潜在风蚀量

研究期间宁夏草地潜在风蚀总量为 $1.44 \times 10^9 \sim 34.00 \times 10^9 kg \cdot a^{-1}$，平均单位面积潜在风蚀量为 $0.06 \sim 1.76 kg \cdot m^{-2} \cdot a^{-1}$，均呈现"下降—上升—下降"波动变化特征。与2000年相比，2005、2010、2015年草地潜在风蚀总量分别下降了94.53%、72.85%、95.76%。整体上看，近15年间宁夏草地单位面积潜在风蚀量呈明显降低趋势。在空间分布上，草地潜在风蚀强度较轻的区域主要集中在风场强度较低及降水量较大的南部；较剧烈的区域主要分布在比较干旱的宁夏北部和中部；随着风蚀强度增高，其风蚀面积占全区比例逐渐减小。整体上看，研究期间宁夏草地潜在风蚀强度呈现不断降低的趋势，草地潜在风蚀强度较高的区域随着气候因子的变化呈现出由西北向中部及南部转移的趋势。

在地级市层面（图12），各年份石嘴山市草地的单位面积潜在风蚀量平均值最大，在 $0.76 \sim 5.83 kg \cdot m^{-2} \cdot a^{-1}$ 之间，与宁夏全区单位面积潜在风蚀量的变化趋势一致。各年份草地单位面积潜在风蚀量平均值最低的地级市分别为固原市、中卫市、银川市、银川市，在 $0.02 \sim 0.32 kg \cdot m^{-2} \cdot a^{-1}$ 之间。研究期间草地潜在风蚀总量较高的地级市为中卫市和吴忠市，在 $0.60 \times 10^9 \sim 11.63 \times 10^9 kg \cdot a^{-1}$ 之间，占宁夏全

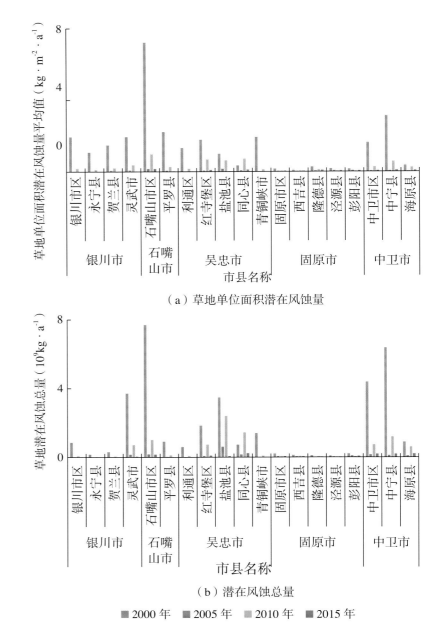

（a）草地单位面积潜在风蚀量

（b）潜在风蚀总量

■ 2000年　■ 2005年　□ 2010年　■ 2015年

图12　2000、2005、2010、2015年宁夏各市县草地单位面积潜在风蚀量(a)与潜在风蚀总量(b)

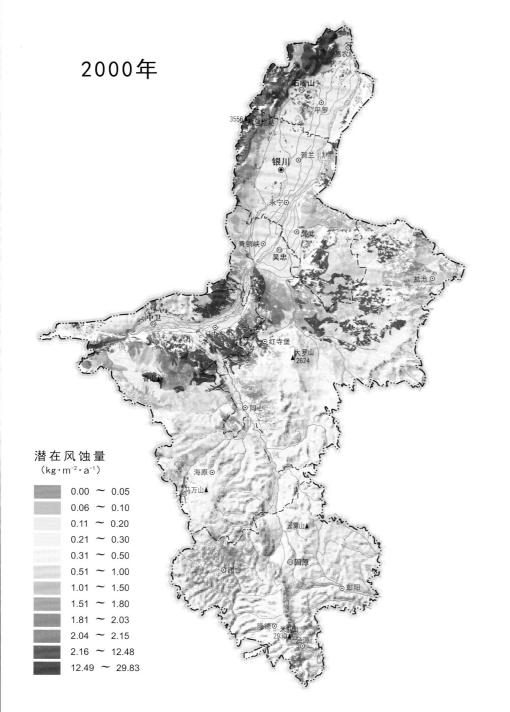

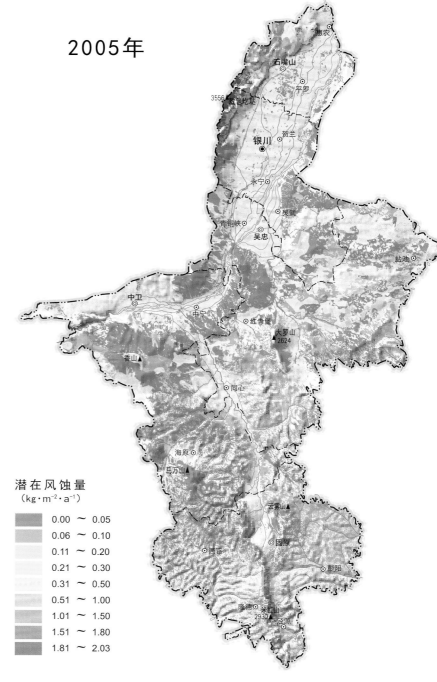

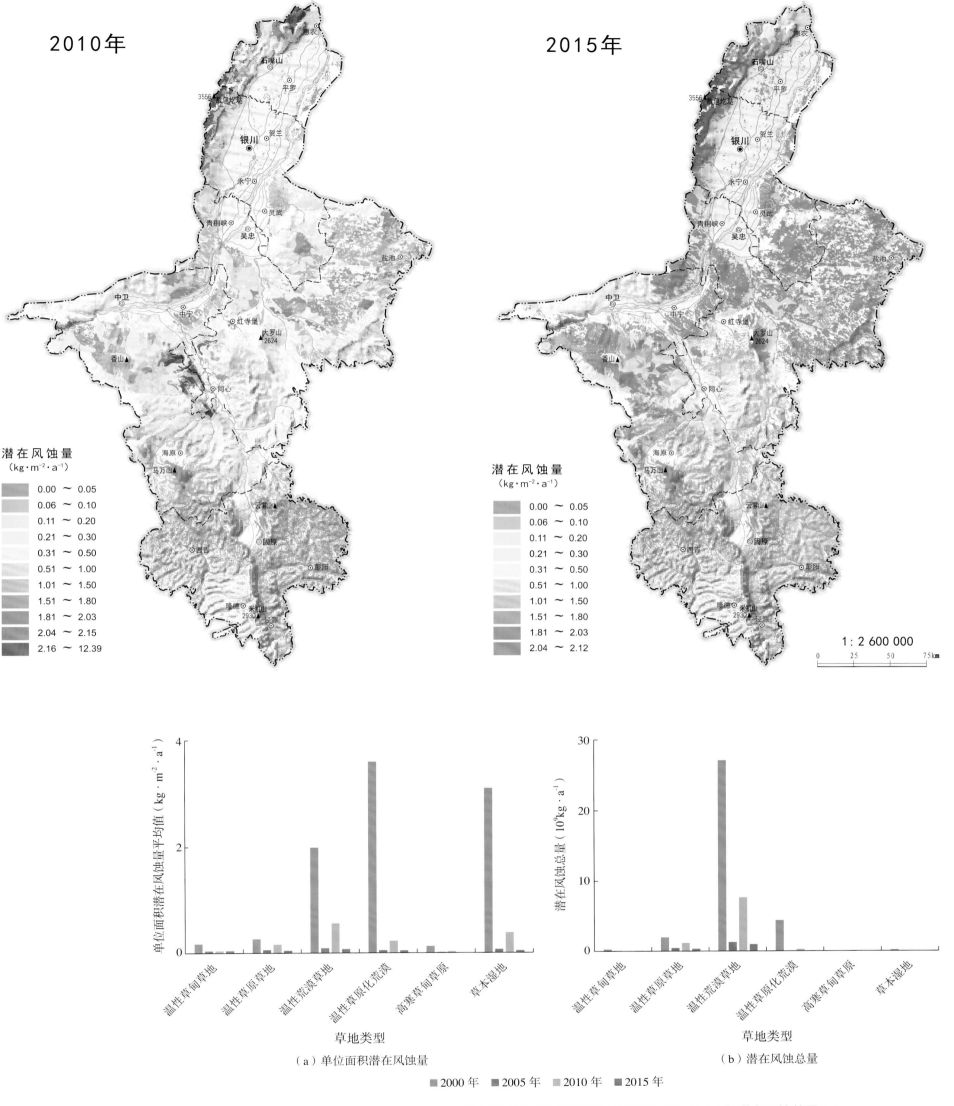

图 13　2000、2005、2010、2015 年宁夏不同草地类型单位面积潜在风蚀量 (a) 与潜在风蚀总量 (b)

区潜在风蚀总量的 15.84% ~ 25.15%。固原市和银川市的草地潜在风蚀总量较低，在 0.05×10⁹ ~ 0.21×10⁹kg · a⁻¹ 之间，占宁夏全区潜在风蚀总量的 0.97% ~ 4.88%。草地潜在风蚀在各区县间的数量关系与各区县整体的潜在风蚀量变化趋势一致，草地是各区县潜在风蚀总量的指示性土地覆被类型。

对研究期间不同草地类型的潜在风蚀量进行分析发现，各草地类型单位面积潜在风蚀量呈现 "下降—上升—下降"的波动变化趋势。除 2000 年以外，温性荒漠草地的单位面积潜在风蚀量整体最大，潜在风蚀总量在各年占比最大，在 0.07×10⁹ ~ 3.60×10⁹kg · a⁻¹ 之间，占当年宁夏全区潜在风蚀总量的 32.16% ~ 79.91%。高寒草原草甸的单位面积潜在风蚀量在各年份中均为最低，潜在风蚀总量在各年中占比最低，均低于 0.001%。可见，在宁夏各草地类型中，温性荒漠草地在防风固沙方面起着重要作用。

宁夏草地实际风蚀量

研究期间宁夏草地实际风蚀总量为 $0.39 \times 10^9 \sim 17.13 \times 10^9 kg \cdot a^{-1}$，平均单位面积实际风蚀为 $0.02 \sim 0.90 kg \cdot m^{-2} \cdot a^{-1}$，均呈现"下降—上升—下降"波动变化特征。与2000年相比，2005、2010、2015年宁夏草地实际风蚀总量分别下降了96.67%、79.04%、97.72%。可见，近15年间宁夏草地实际风蚀量呈明显降低趋势。在空间分布上，草地实际风蚀强度较轻的区域主要集中分布在草地植被盖度较高、风场强度较低及降水量较大的南部广大区域；草地实际风蚀较剧烈的区域主要分布在宁夏中部干旱带的腾格里沙漠、东部河东沙地附近。同时，随着时间变化，宁夏草地实际风蚀强度不断降低，草地的整体风蚀情况有了明显的改善。

从土壤侵蚀等级来看（图14），宁夏全区草地土壤风蚀以微度侵蚀为主，各年份微度侵蚀占比分别为57.24%、98.69%、81.38%、98.38%。强烈侵蚀、极强烈侵蚀、剧烈侵蚀面积占比下降显著。2005、2015年全区仅存在微度侵蚀和轻度侵蚀，说明宁夏草地土壤风蚀程度有较大改善。

从各地级市来看（图15），各年份间石嘴山市的草地单位面积实际风蚀量平均值最大，在 $0.06 \sim 3.46 kg \cdot m^{-2} \cdot a^{-1}$ 之间，与宁夏全区单位面积实际风蚀量的变化趋势一致。固原市草地的单位面积实际风蚀量平均值在各地级市中最小，为 $0.0002 \sim 0.004 kg \cdot m^{-2} \cdot a^{-1}$。在草地实际风蚀总量上，除2005年以外，其余各年份中中卫市的草地实际风蚀总量在各地级市中最高，在 $0.16 \times 10^9 \sim 6.00 \times 10^9 kg \cdot a^{-1}$ 之间，占宁夏全区实际风蚀总量的18.07%～24.57%。2005年吴忠市草地的实际风蚀总量在各地级市中最高，为 $0.24 \times 10^9 kg \cdot a^{-1}$，

占宁夏全区实际风蚀总量的22.57%。实际风蚀总量最低的地级市均为固原市，在 $0.001 \times 10^9 \sim 0.02 \times 10^9 kg \cdot a^{-1}$ 之间，占宁夏全区实际风蚀总量的0.05%～0.18%。

对研究期间不同草地类型的实际风蚀量进行分析发现（图16），各草地类型单位面积实际风蚀量呈现"下降—上升—下降"的波动变化趋势。研究期间高寒草甸草原的单位面积实际风蚀量整体最小，温性草原化荒漠和温性荒漠草地的单位面积实际风蚀量量较高，为 $0.03 \sim 2.36 kg \cdot m^{-2} \cdot a^{-1}$。在实际风蚀总量上，温性荒漠草地的实际风蚀总量最高，为 $0.35 \times 10^9 \sim 13.78 \times 10^9 kg \cdot a^{-1}$，占当年宁夏全区实际风蚀总量的41.45%～49.58%。

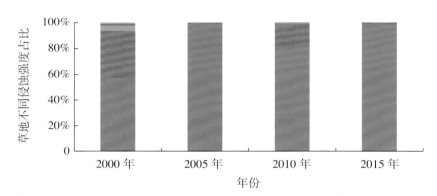

图14　2000、2005、2010、2015年宁夏草地土壤风蚀强度等级变化情况

注：土壤侵蚀强度分级标准参考土壤侵蚀分类分级标准（SL190-2007），将宁夏实际土壤风蚀模数分为6个等级。微度（$< 0.2 kg \cdot m^{-2} \cdot a^{-1}$）、轻度（$0.2 \sim 2.5 kg \cdot m^{-2} \cdot a^{-1}$）、中度（$2.5 \sim 5 kg \cdot m^{-2} \cdot a^{-1}$）、强烈（$5 \sim 8 kg \cdot m^{-2} \cdot a^{-1}$）、极强烈（$8 \sim 15 kg \cdot m^{-2} \cdot a^{-1}$）和剧烈（$\geq 15 kg \cdot m^{-2} \cdot a^{-1}$）。

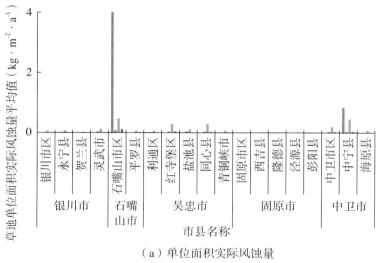

（a）单位面积实际风蚀量

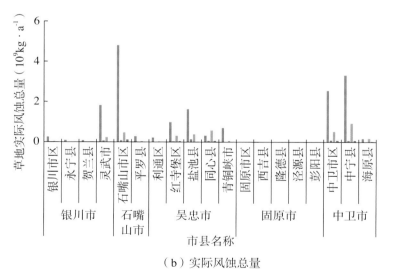

（b）实际风蚀总量

图15　2000、2005、2010、2015年宁夏各市县草地单位面积实际风蚀量(a)与实际风蚀总量(b)

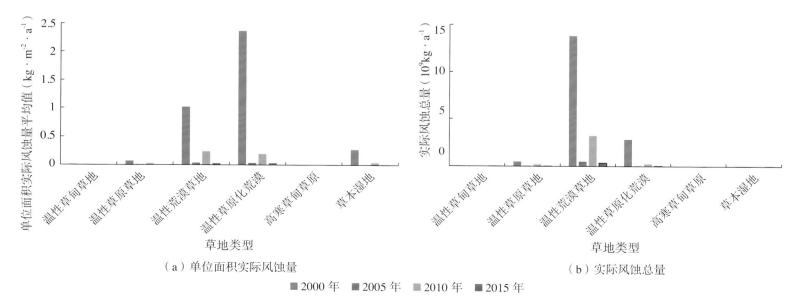

（a）单位面积实际风蚀量　　　　（b）实际风蚀总量

图16　2000、2005、2010、2015年宁夏不同草地类型单位面积实际风蚀量(a)与实际风蚀总量(b)

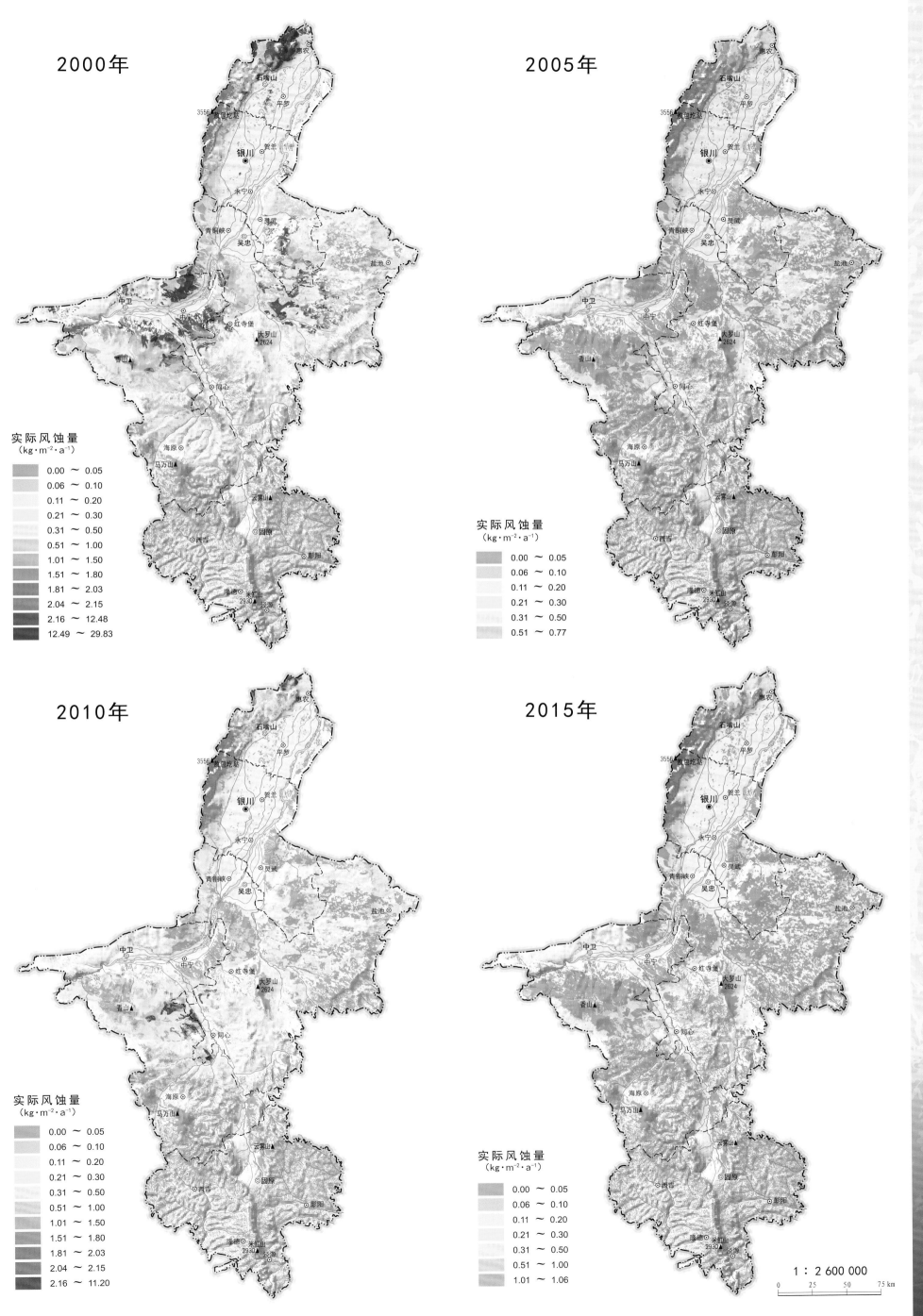

2000年

2005年

实际风蚀量
(kg·m⁻²·a⁻¹)

实际风蚀量
(kg·m⁻²·a⁻¹)

2010年

2015年

实际风蚀量
(kg·m⁻²·a⁻¹)

实际风蚀量
(kg·m⁻²·a⁻¹)

1：2 600 000

宁夏草地防风固沙量

研究期间宁夏草地防风固沙总量为 $1.04 \times 10^9 \sim 16.75 \times 10^9 kg \cdot a^{-1}$，平均单位面积防风固沙量为 $0.04 \sim 0.86 kg \cdot m^{-2} \cdot a^{-1}$，均呈现"下降—上升—下降"的波动变化特征。与 2000 年相比，2005、2010、2015 年草地防风固沙总量分别下降了 92.36%、65.43%、93.79%。可见，近 15 年间宁夏草地防风固沙量呈明显降低趋势。在空间分布上，2000、2010 年宁夏草地平均防风固沙量较高的区域主要集中在北部和中部，2005、2015 年高值区域集中在中部干旱带，南部山区草地的风蚀风险最低，草地防风固沙量也相应最低。研究期间宁夏草地生态系统平均防风固沙能力呈显著降低趋势。降低幅度最大的时间段在 2000—2005 年，这一时期北部灌区和中部干旱带植被因子升高，即这两个分区内草地的植被覆盖度出现大幅度下降，导致草地防风固沙能力大幅度减弱。

在地级市层面（图 17），除 2015 年以外，其余地级市中草地单位面积防风固沙量平均值最大的为石嘴山市，在 $0.08 \sim 2.36 kg \cdot m^{-2} \cdot a^{-1}$ 之间，2015 年中卫市草地的单位面积防风固沙量平均值最大，为 $0.06 kg \cdot m^{-2} \cdot a^{-1}$。各年份草地单位面积防风固沙量平均值最小的地级市分别为固原市、中卫市、固原市、银川市，在 $0.01 \sim 0.15 kg \cdot m^{-2} \cdot a^{-1}$

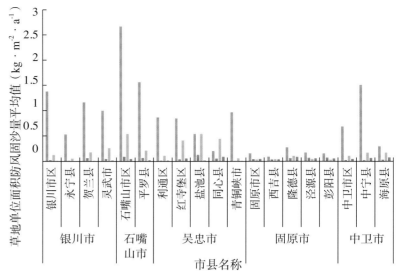

（a）草地单位面积防风固沙量

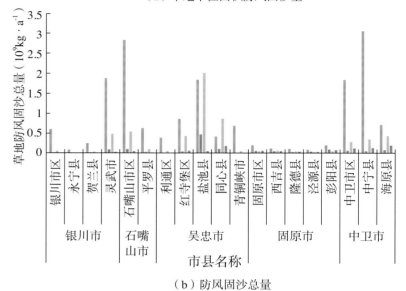

（b）防风固沙总量

■ 2000 年　■ 2005 年　■ 2010 年　■ 2015 年

图 17　2000、2005、2010、2015 年宁夏各市县草地单位面积防风固沙量 (a) 与防风固沙总量 (b)

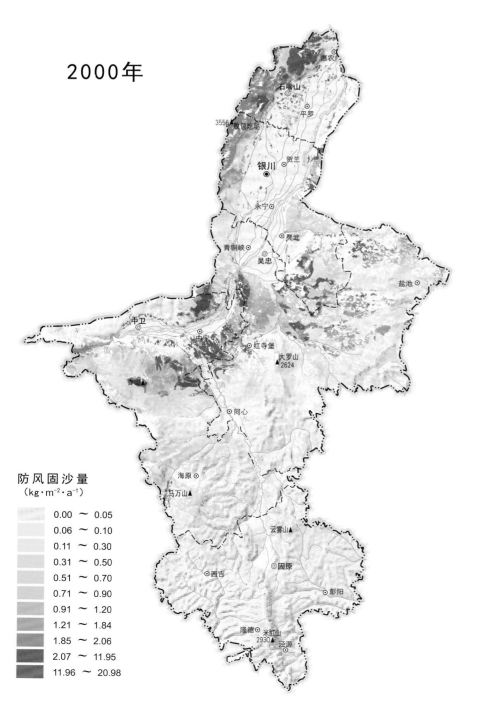

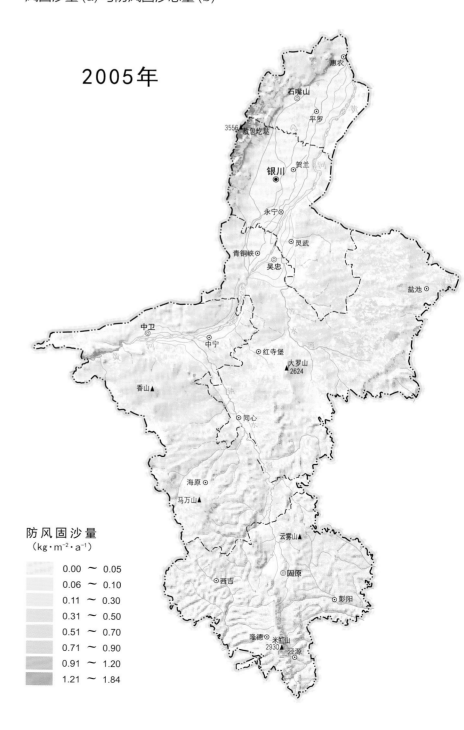

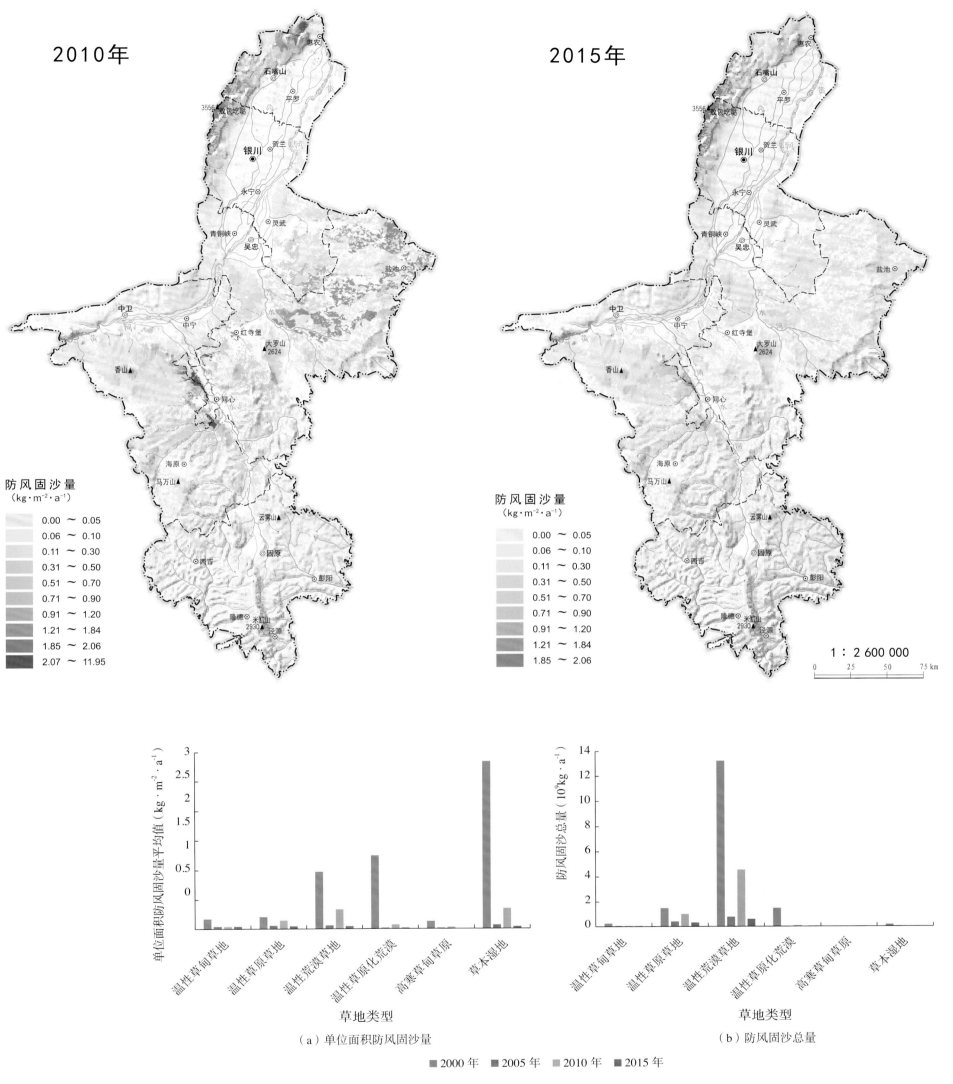

图 18　2000、2005、2010、2015 年宁夏不同草地类型单位面积防风固沙量 (a) 与防风固沙总量 (b)

之间。在草地防风固沙总量上，中卫市和吴忠市最高，为 $0.44 \times 10^9 \sim 5.60 \times 10^9 \mathrm{kg} \cdot \mathrm{a}^{-1}$，占宁夏全区防风固沙总量的 $14.04\% \sim 26.99\%$。固原市和银川市最低，为 $0.03 \times 10^9 \sim 0.69 \times 10^9 \mathrm{kg} \cdot \mathrm{a}^{-1}$，占宁夏全区防风固沙总量的 $1.37\% \sim 4.19\%$。

　　研究期间草本湿地和温性草原草地的单位面积防风固沙量最高，为 $0.04 \sim 2.85 \mathrm{kg} \cdot \mathrm{m}^{-2} \cdot \mathrm{a}^{-1}$，草甸草地的最低，为 $0.001 \sim 0.13 \mathrm{kg} \cdot \mathrm{m}^{-2} \cdot \mathrm{a}^{-1}$（图18）。在防风固沙总量上，各年份温性荒漠草地的防风固沙总量均为最高，为 $0.62 \times 10^9 \sim 13.27 \times 10^9 \mathrm{kg} \cdot \mathrm{a}^{-1}$，占宁夏全区防风固沙总量

的 $27.03\% \sim 36.41\%$。高寒草甸草地的防风固沙总量最低，不足宁夏全区防风固沙总量的 0.0002%。综合来看，温性荒漠草地和温性草原化荒漠多位于风蚀风险较大的干旱区域，潜在风蚀量和实际风蚀量相对较高，同时又承担着重要的防风固沙作用，其防风固沙贡献率在各土地覆被类型中最高。因此，因地制宜恢复草地植被，对于提升宁夏的防风固沙服务具有不可替代的作用。

宁夏草地防风固沙保有率

　　为了提高草地防风固沙服务年际变化的可对比性，利用防风固沙保有率体现防风固沙能力。研究期间宁夏草地平均防风固沙保有率为 69.85% ～ 78.01%，与全区防风固沙保有率变化趋势不同，呈现逐年上升趋势，与草地防风固沙量、潜在风蚀量、实际风蚀量的年际变化恰好相反。与草地防风固沙量的空间分布格局不同，草地防风固沙保有率较高的区域主要位于南部山区和北部灌区中部植被覆盖度较高的草地区域，中部干旱带的草地，尤其是中西部腾格里沙漠附近、中东部河东沙地的草地防风固沙保有率较低。草地是遏制土壤风蚀最敏感的因素，在一定程度上起着削弱气候驱动力、保护表层土壤免受吹蚀，改变土壤物质组成，促进土壤团聚体形成等作用，从而达到减少土壤风蚀的目的，因此，草地防风固沙保有率较高的区域也是草地覆盖率较好的地区。

　　不同地级市层面（图19），各年份间固原市草地的防风固沙保有率最高，在 97.36% ～ 99.58% 之间，与宁夏全区防风固沙保有率的变化趋势一致。各年份草地防风固沙保有率最低的地级市分别为吴忠市、中卫市、中卫市、石嘴山市，在 49.46% ～ 57.16% 之间。各区县防风固沙保有率与 NPP、植被覆盖度的数量关系相似，说明防风固沙保有率能够凸显植被覆盖在防风固沙功能中的作用。

　　各草地类型中，高寒草甸草地的平均防风固沙保有率在各年中最高，在 99.88% ～ 99.95% 之间（图20）。温性草原化荒漠的最低，在 29.69% ～ 49.63% 之间。草地防风固沙保有率逐年上升的趋势明显，由于宁夏土地覆被类型以草地为主，草地防风固沙能力的提升有利于宁夏整体防风固沙能力的提升，与宁夏全区防风固沙保有率整体上升的趋势是一致的。

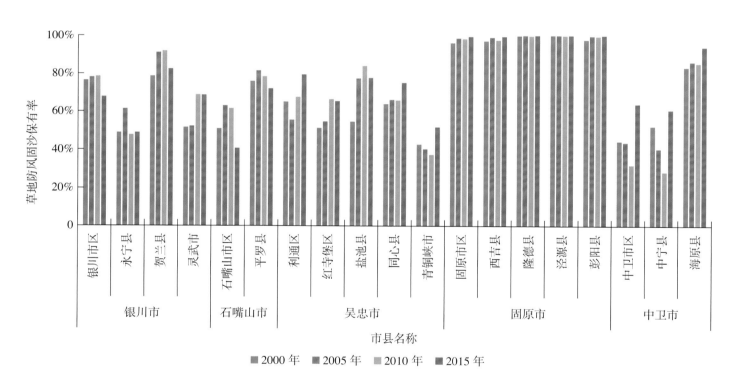

图 19　2000、2005、2010、2015 年不同市县草地防风固沙保有率

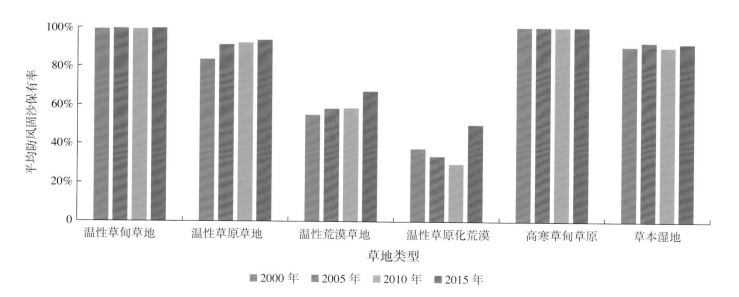

图 20　2000、2005、2010、2015 年不同草地类型防风固沙保有率

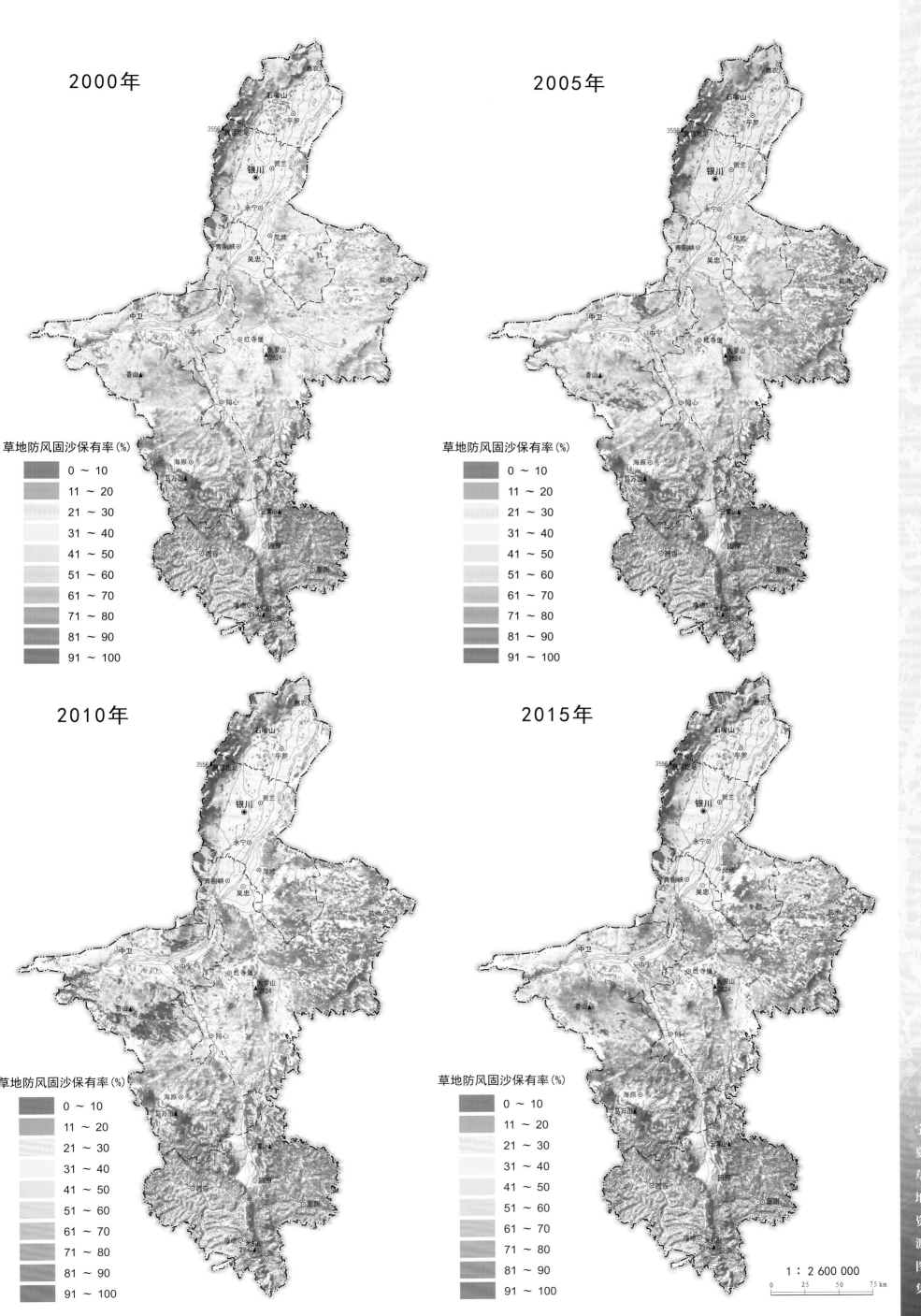

2000年

2005年

2010年

2015年

草地防风固沙保有率（%）

0 ～ 10
11 ～ 20
21 ～ 30
31 ～ 40
41 ～ 50
51 ～ 60
61 ～ 70
71 ～ 80
81 ～ 90
91 ～ 100

1：2 600 000

0　25　50　75 km

宁夏草地防风固沙价值

研究期间宁夏草地防风固沙服务价值总量为 $1.12×10^8 \sim 18.08×10^8$ 元·a^{-1}，平均单位面积防风固沙服务价值为 $0.01 \sim 0.09$ 元·m^{-2}·a^{-1}，以保护土壤肥力价值为主，15 年间整体呈现降低趋势。在空间分布上与草地防风固沙服务相同，高值区由北部灌区的草地向中部干旱带草地转移。

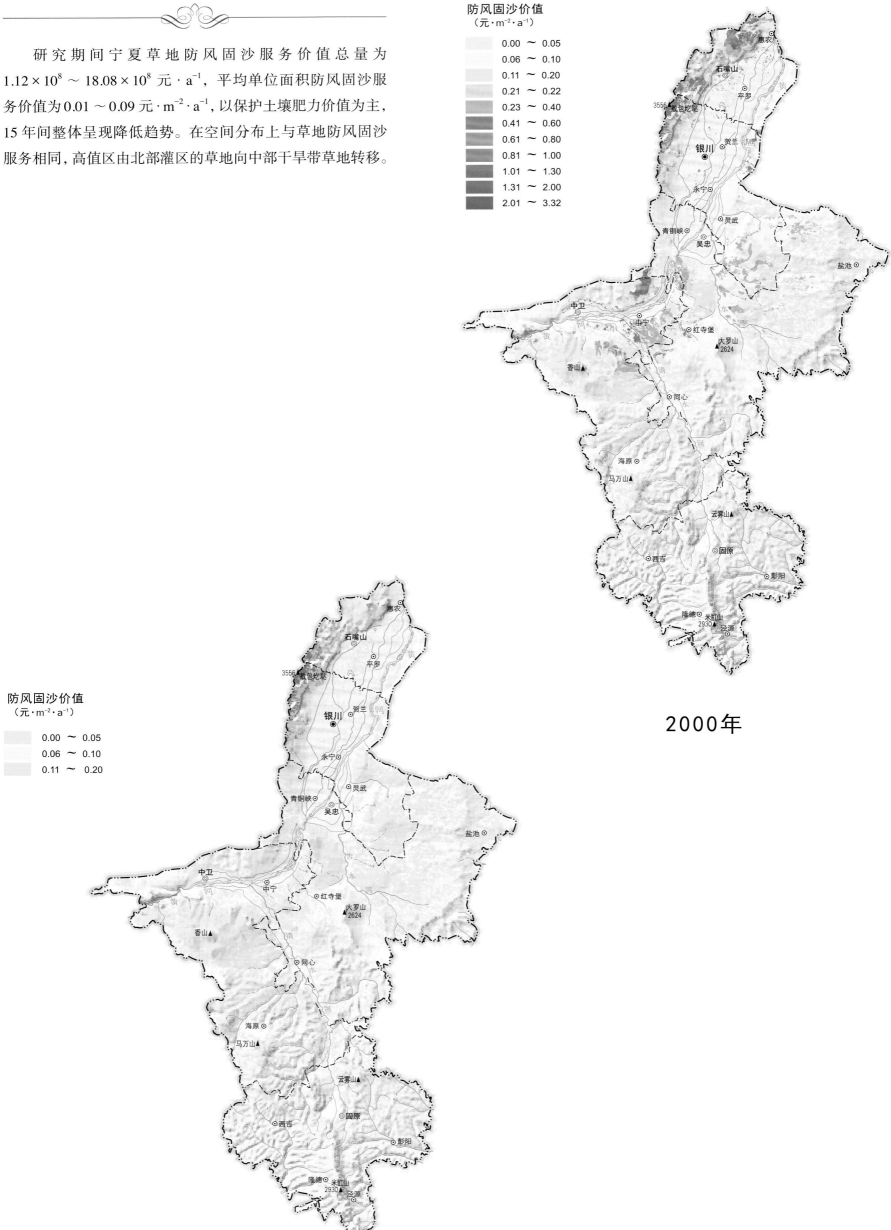

防风固沙价值
（元·m^{-2}·a^{-1}）

	0.00 ～ 0.05
	0.06 ～ 0.10
	0.11 ～ 0.20
	0.21 ～ 0.22
	0.23 ～ 0.40
	0.41 ～ 0.60
	0.61 ～ 0.80
	0.81 ～ 1.00
	1.01 ～ 1.30
	1.31 ～ 2.00
	2.01 ～ 3.32

2000年

防风固沙价值
（元·m^{-2}·a^{-1}）

	0.00 ～ 0.05
	0.06 ～ 0.10
	0.11 ～ 0.20

2005年

1 ： 2 600 000

0   25   50   75 km

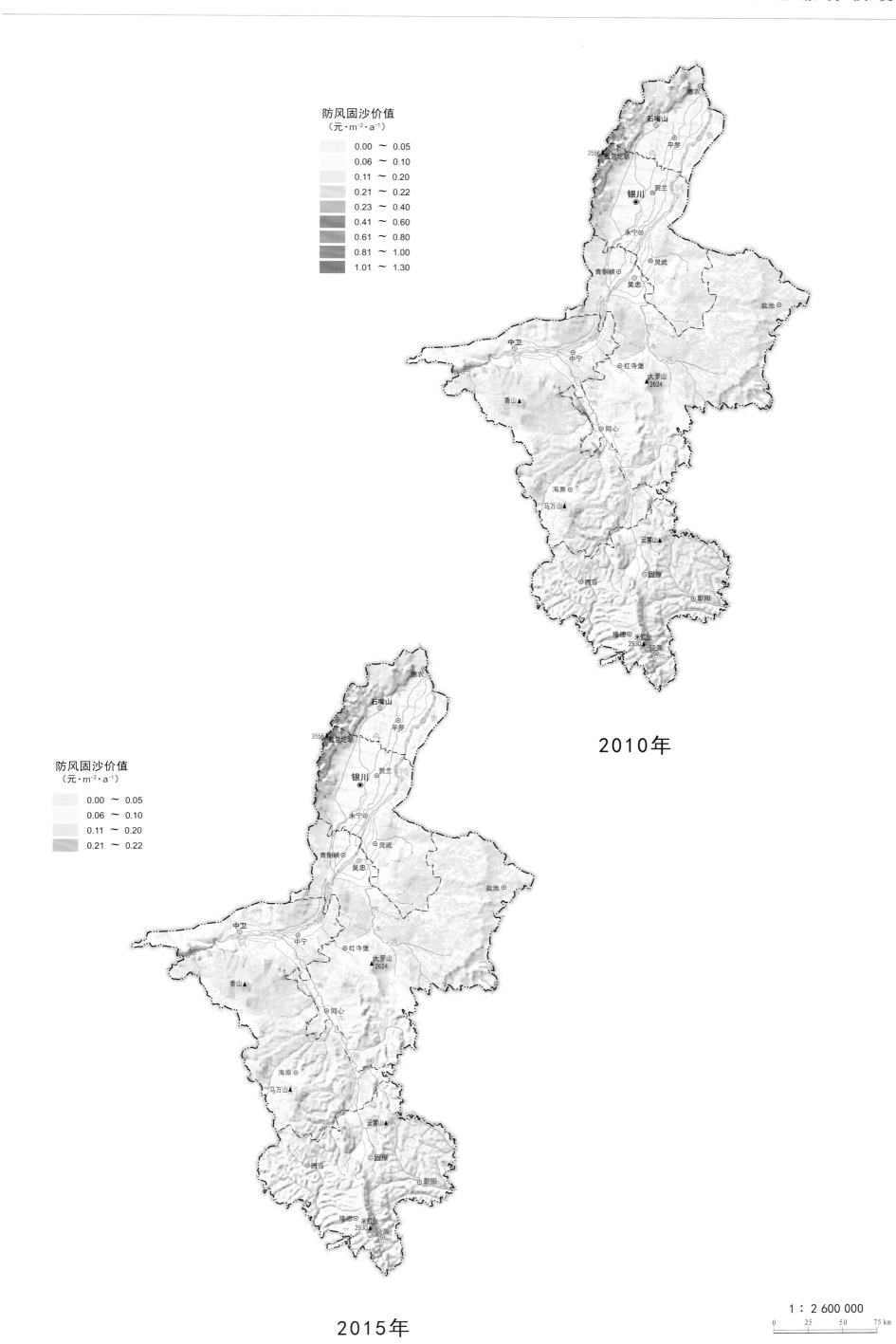

防风固沙价值
（元·m⁻²·a⁻¹）

	0.00 ～ 0.05
	0.06 ～ 0.10
	0.11 ～ 0.20
	0.21 ～ 0.22
	0.23 ～ 0.40
	0.41 ～ 0.60
	0.61 ～ 0.80
	0.81 ～ 1.00
	1.01 ～ 1.30

2010年

防风固沙价值
（元·m⁻²·a⁻¹）

	0.00 ～ 0.05
	0.06 ～ 0.10
	0.11 ～ 0.20
	0.21 ～ 0.22

2015年

1 : 2 600 000

0　25　50　75 km

宁夏防风固沙服务流动路径

防风固沙服务的流动可以通过沙尘的移动进行追踪，即沙尘在大于等于起沙风速的条件下由源区向下风向的移动和沉降过程，其位置和范围大小由起沙条件和影响沙尘传输的气象条件共同决定。本研究利用 HYSPLIT（Hybrid Single-Particle Langrangian Integrated Trajectory，混合单颗粒拉格朗日整合轨迹）模型的前向轨迹模拟防风固沙服务的流动路径。首先对宁夏各个代表气象站点（陶乐、中卫、盐池、固原）的风速数据进行筛选，模拟各个站点的防风固沙服务空间流动路径。综合四个站点的风速数据，2010 年和 2015 年分别有 307、198 条风速记录超过各站点沙地起沙风速，对应 307、198 条沙尘传输路径，各站点的起沙发生时间均主要集中在春季（3～5 月），分别为 138、76 条，占当年总路径数的比例分别为 44.95%、38.38%，且均在 4 月份分布最多，源地主要集中在中卫和盐池地区（图 21）。

从防风固沙服务流动路径的流经范围来看，2010、2015 年模拟的沙尘传输路径（防风固沙服务流动路径）主要通过中国的东部和中部地区、朝鲜、韩国、日本、蒙古、俄罗斯东部、老挝、越南，2010 年传输路径在距离和密度分布上均显著高于 2015 年，2015 年只有少部分路径才会越过国界，对境外的影响明显缩减。在中国境内，2010、2015 年沙尘传输路径均主要流经陕西、山西、河北、河南、山东、甘肃东部、内蒙古西南部、重庆、湖北北部、四川北部、江苏北部、安徽北部地区，2010 年在以上省份分布密度均有所升高，还会涉及湖南、贵州、广西、黑龙江和吉林等地。整体上看，宁夏防风固沙服务流动的扩散远远超出中国，随着传输距离的增加沙尘传输路径的密集度在不断降低，防风固沙服务流动具有空间临近性的特征。

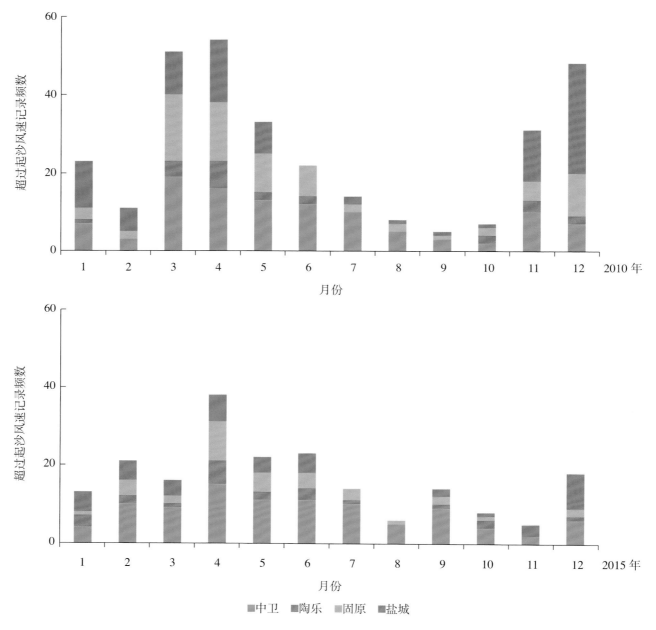

图 21　2010、2015 年宁夏超过起沙风速记录频数

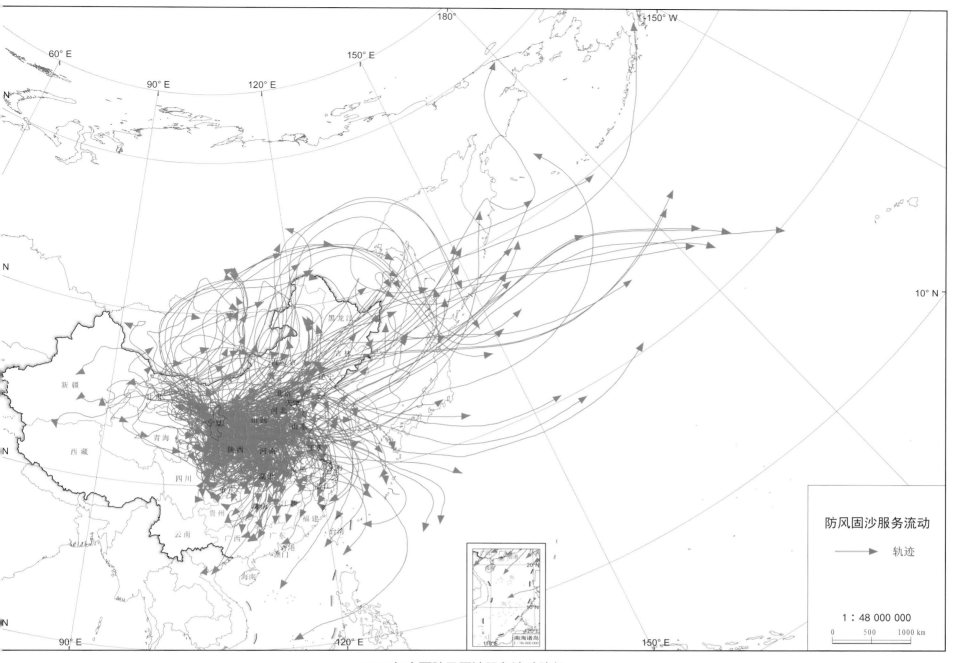

2010 年宁夏防风固沙服务流动路径

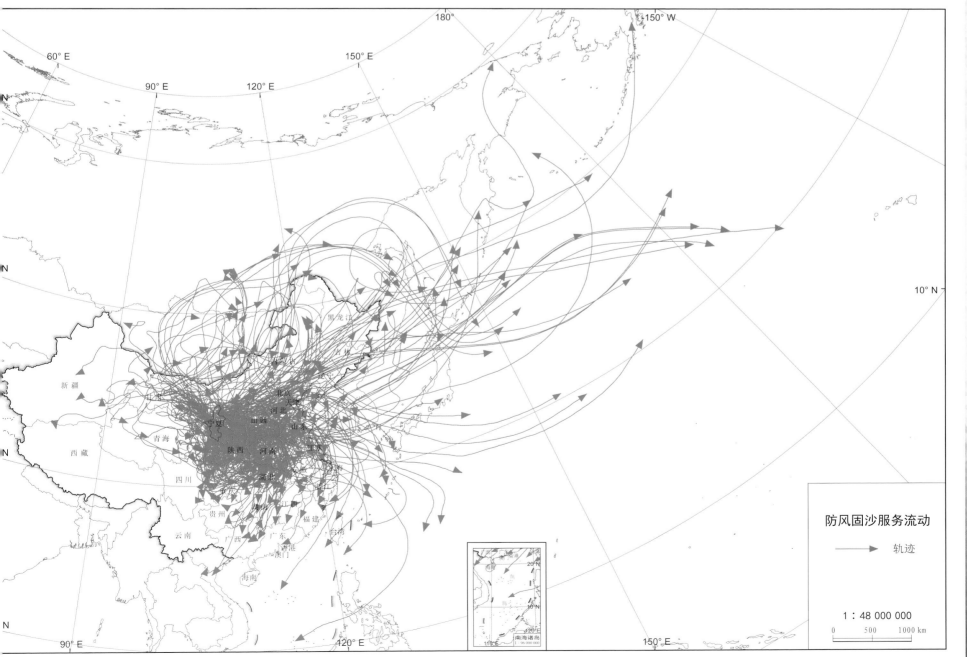

2015 年宁夏防风固沙服务流动路径

宁夏防风固沙服务受益区

    2010、2015 年宁夏防风固沙服务的受益区面积分别为 $1788.3 \times 10^4 km^2$、$861.6 \times 10^4 km^2$，其中中国境内的受益区面积分别为 $576.0 \times 10^4 km^2$、$437.8 \times 10^4 km^2$，分别占当年受益区总面积的 32.21%、50.8%，中国总面积的 60.0%、45.6%。说明 2015 年宁夏防风固沙服务的受益区面积明显降低，其中境外地区的影响面积降低更为显著。宁夏防风固沙服务受益区主要分布在中国的东部和中部地区、朝鲜、韩国、日本、蒙古、俄罗斯东部、老挝、越南。2015 年相对于 2010 年防风固沙服务流动的广度有所降低，但是在中国境内的分布频率更为集中，高频区域有所增加。

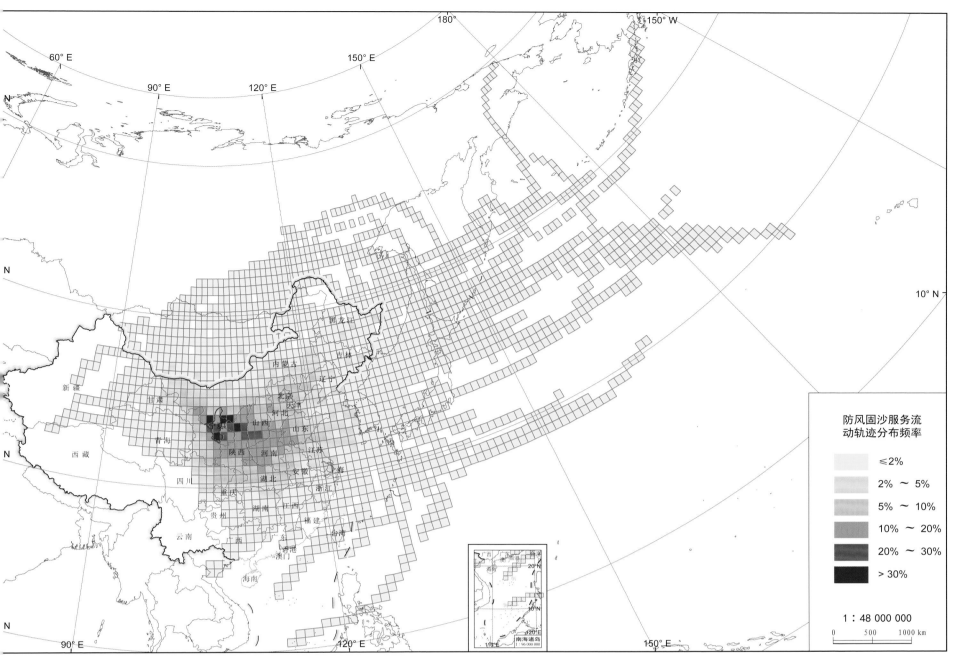

2010 年宁夏防风固沙服务受益区

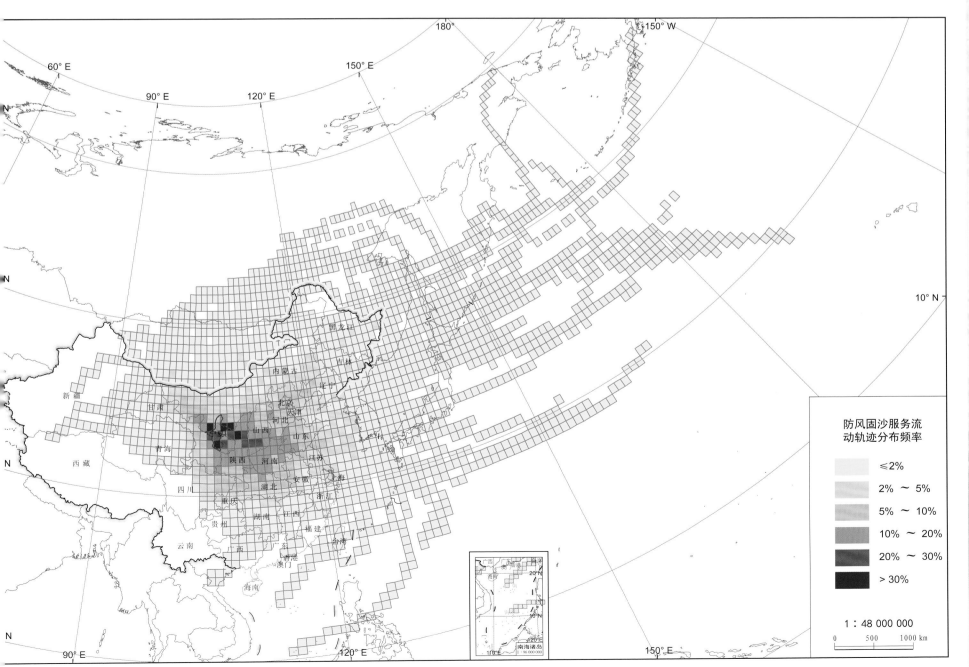

2015 年宁夏防风固沙服务受益区

宁夏防风固沙服务物质流

　　沙尘流动路径在防风固沙服务供给区（宁夏生态系统）与受益区之间建立了时空联系，沙尘传输过程中的沉降量与路径分布频率密切相关，路径分布频率较高的地区沙尘通过量和沉降量较多，得到的防风固沙服务效益相应提升。2010、2015 年受益区内防风固沙服务物质流流量即为各年防风固沙量，分别为 12.55×10^9kg、2.28×10^9kg，平均物质流密度分别为 681.39kg · km^{-2}、256.27kg · km^{-2}。其中，中国境内受益区获得的防风固沙服务物质流流量分别为 9.19×10^9kg、2.00×10^9kg，各占受益区年物质流动总量的 73.23%、87.73%。基于宁夏沙尘流动路径分布频率和防风固沙量，可以得到受益区内防风固沙服务物质流的空间分布，与沙尘路径分布频率、下游传输路径经过地区一致，物质流流量以宁夏东南部的陕西北部、山西南部、河南南部地区为中心呈圈层状递减。

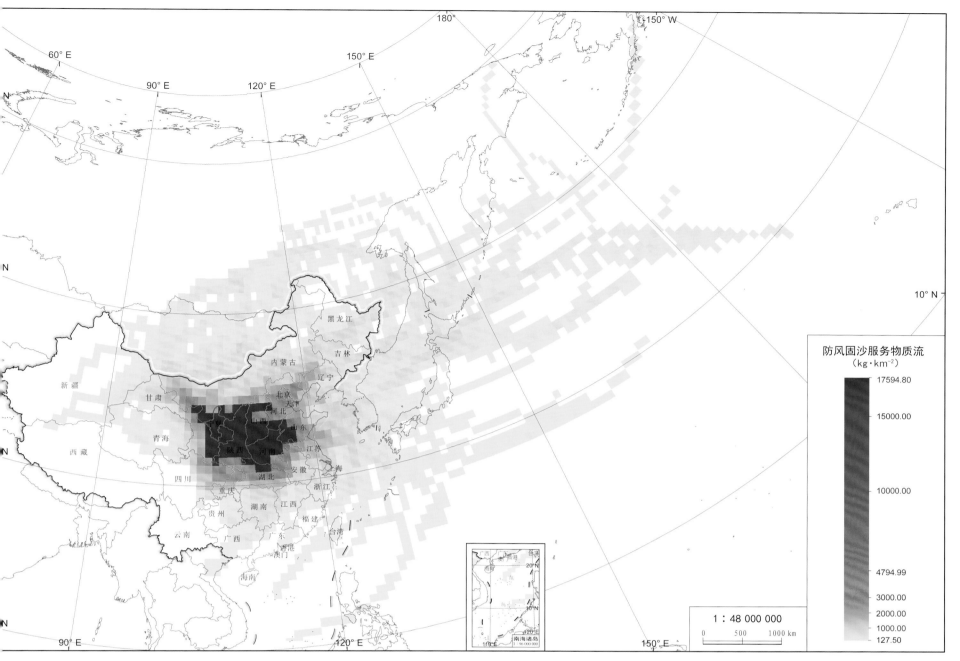

2010 年宁夏防风固沙服务物质流

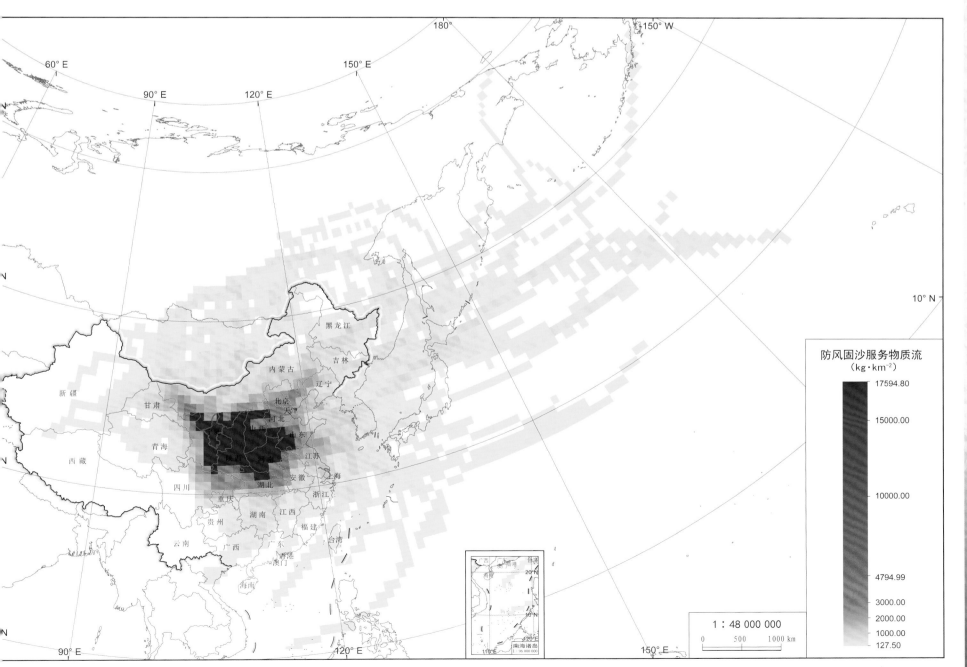

2015 年宁夏防风固沙服务物质流

宁 夏 草 地 资 源 图 集

宁夏防风固沙服务价值流

　　防风固沙服务价值流是指防风固沙服务价值向受益区的传输流动过程，能够用于度量所减少风蚀的经济效益与发展机会成本的转移。防风固沙服务物质量的空间流动过程同时也是防风固沙服务价值量的空间转移过程，物质量是价值量的载体，其数量和位置决定了价值量的大小与流转。因此，基于宁夏防风固沙服务的物质流，结合生态系统服务价值核算，可以得到宁夏生态系统防风固沙服务的价值流，为受益区对供给区的生态补偿政策制定提供直接的科学依据。

　　生态系统防风固沙服务主要通过减少表土损失量，保护土壤肥力，减轻泥沙淤积灾害等生态过程来实现其经济价值，通过替代成本法计算得到2010、2015 年宁夏生态系统防风固沙服务的价值流分别为 13.62×10^8 元、2.47×10^8 元，其中，中国境内受益区获得的防风固沙服务流动的价值量分别为 9.98×10^8 元、2.16×10^8 元，分别占各年受益区价值流动总量的 73.23%、87.43%，平均价值流密度分别为 174.93元·km^{-2}、49.66元·km^{-2}，其空间分布格局与物质流相同，以宁夏东南部的陕西北部、山西南部、河南南部地区为中心呈圈层状递减。

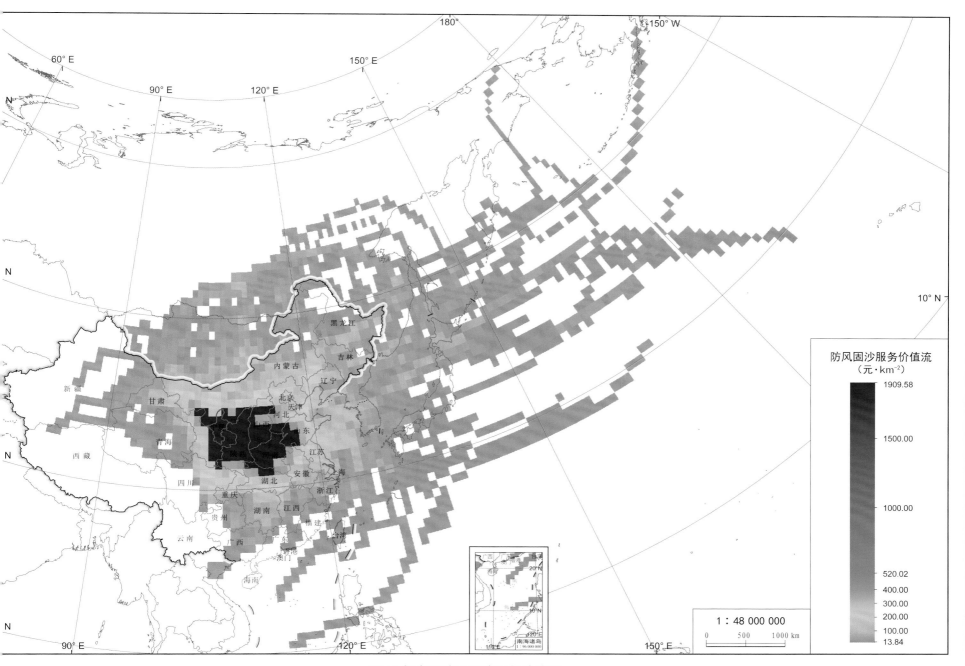

2010 年宁夏防风固沙服务价值流

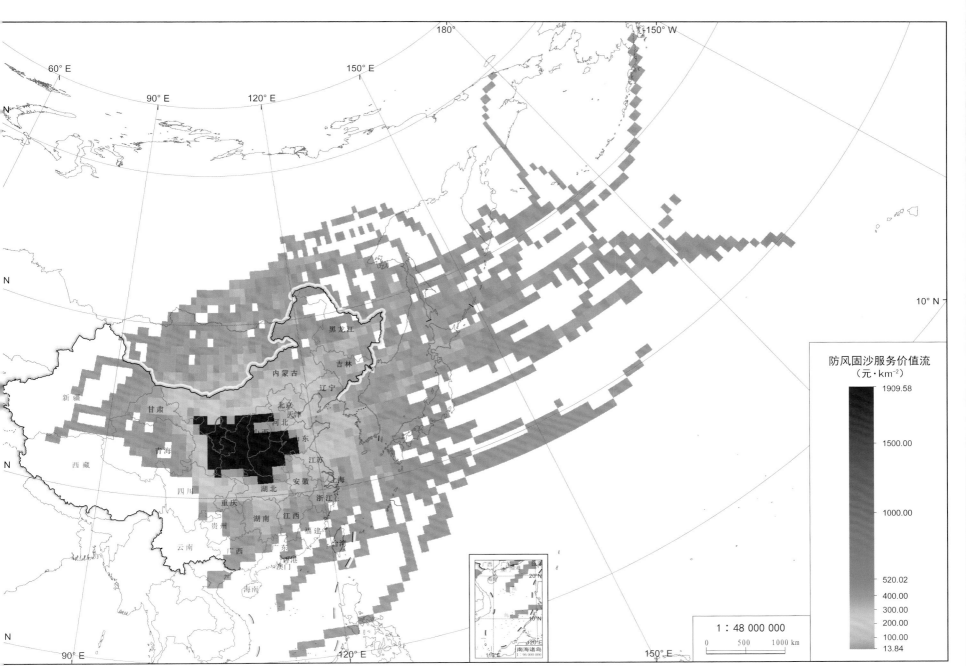

2015 年宁夏防风固沙服务价值流

宁夏草地防风固沙物质流

　　2010、2015 年草地防风固沙服务受益区内的防风固沙服务物质流流量即为各年份草地防风固沙量，分别为 $5.79 \times 10^9 kg$、$1.04 \times 10^9 kg$，平均物质流密度分别为 $314.04kg \cdot km^{-2}$、$116.66kg \cdot km^{-2}$。其中，中国境内受益区获得的防风固沙服务物质流流量分别为 $4.24 \times 10^9 kg$、$0.91 \times 10^9 kg$，各占受益区年物质流动总量的 73.23%、87.73%。基于宁夏沙尘流动路径分布频率和草地防风固沙量，可以得到受益区内草地防风固沙服务物质流的空间分布，与宁夏沙尘路径分布频率、下游传输路径经过地区一致，草地防风固沙服务物质流流量以宁夏东南部的陕西北部、山西南部、河南南部地区为中心呈圈层状递减。

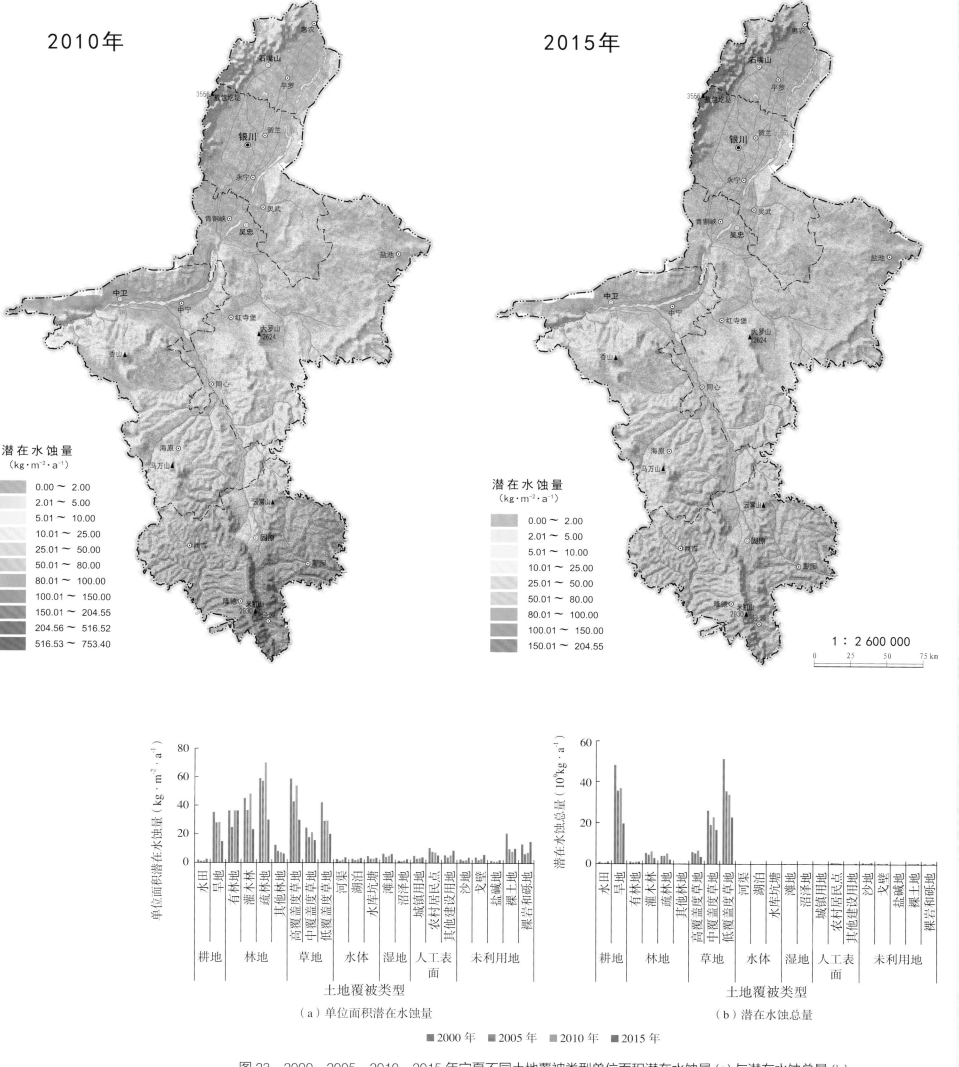

图 23　2000、2005、2010、2015 年宁夏不同土地覆被类型单位面积潜在水蚀量 (a) 与潜在水蚀总量 (b)

总量最低的地级市在各年份也有所不同，除 2000 年以外，其余年份银川市的潜在水蚀总量在各地级市中最低，为 $2.15 \times 10^{10} \sim 5.74 \times 10^{10} kg \cdot a^{-1}$，占宁夏全区潜在水蚀总量的 1.99% ~ 7.64%，2000 年石嘴山市的潜在水蚀总量在各地级市中最低，为 $3.53 \times 10^{10} kg \cdot a^{-1}$，占宁夏全区潜在水蚀总量的 2.40%（图 22）。

潜在水蚀是气象因子与土壤、植被共同作用的结果，植被在土壤保持方面起着至关重要的作用，对研究期间不同土地覆被类型的潜在水蚀量进行分析发现（图 23），一级类

型中草地和林地的单位面积潜在水蚀量整体最大，二级类型中疏林地的单位面积潜在水蚀量最大，其次为高覆盖度草地、低覆盖度草地、灌木林地和旱地。在潜在水蚀总量上，草地的潜在水蚀总量在各年中占比最大，在 54.32% ~ 57.43% 之间，其中低覆盖度草地的潜在水蚀总量占比最大，占宁夏全区潜在水蚀总量的 29.03% ~ 34.97%。主要是因为宁夏高覆盖度草地和疏林地多位于南部山区的温性草原草甸，水土流失风险较高，低覆盖度草地抵御水蚀的能力较强，导致较高的潜在水蚀，旱地的单位面积潜在水蚀较高是其耕作特性决定的。

宁夏实际水蚀量

实际水蚀量为考虑地表植被覆盖和水土保持措施下的土壤水蚀量。研究期间宁夏实际水蚀总量为 $3.77 \times 10^{10} \sim 12.93 \times 10^{10} kg \cdot a^{-1}$。与2000年相比，2005、2010、2015年实际水蚀总量分别下降了38.79%、70.82%、66.08%。平均单位面积实际水蚀量为 $0.73 \sim 2.51 kg \cdot m^{-2} \cdot a^{-1}$，整体呈现下降的趋势。在空间分布上，实际水蚀强度较轻的区域包括两种类型：一类位于银川平原水蚀风险较低的区域，一类位于中部和南部植被覆盖度相对较高的区域。实际水蚀较剧烈的区域主要分布在南部植被覆盖度相对较低的山地地区。

从土壤侵蚀等级来看（图24），宁夏全区土壤水蚀以微度侵蚀为主，占比72.00% ~ 81.31%，其次为轻度侵蚀、中度侵蚀，轻度侵蚀呈现逐年上升的趋势。相比较2000年，2005、2010、2015年强烈侵蚀面积占比分别下降了5.43%、38.8%、42.97%，极强烈侵蚀面积占比分别下降了22.31%、77.97%、80.27%，剧烈侵蚀面积占比分别下降了60.63%、97.94%、95.42%，说明宁夏整体土壤水蚀程度有所改善。

在地级市层面（图25），各年份单位面积实际水蚀量平均值最高的为固原市，在 $0.69 \sim 4.65 kg \cdot m^{-2} \cdot a^{-1}$ 之间，银川市最低，在 $0.25 \sim 0.64 kg \cdot m^{-2} \cdot a^{-1}$ 之间。在实际水蚀总量上，中卫市和固原市较高，为 $1.31 \times 10^{10} \sim 4.86 \times 10^{10} kg \cdot a^{-1}$，占宁夏全区实际水蚀总量的19.81% ~ 37.58%，银川市最低，为 $0.18 \times 10^{10} \sim 0.47 \times 10^{10} kg \cdot a^{-1}$，占宁夏全区实际水蚀总量的3.36% ~ 9.06%。

不同土地覆被类型层面，一级类型中草地的单位面积实际水蚀量整体最大，其次为林地与人工表面，二级类型中低覆盖度草地、高覆盖草地、灌木林的单位面积实际水蚀相对较大（图26）。在实际水蚀总量上，草地的实际水蚀总量在各年中占比最大，占当年潜在水蚀总量的79.72% ~ 91.93%。其中低覆盖度草地的实际水蚀总量在各个草地类型中占比最大，分别占宁夏实际水蚀总量的38.02% ~ 56.57%，其次为中覆盖度草地、高覆盖度草地。因此，提高草地的水土保持能力，尤其是低覆盖度草地，对于提升宁夏水土保持能力具有重要的作用。

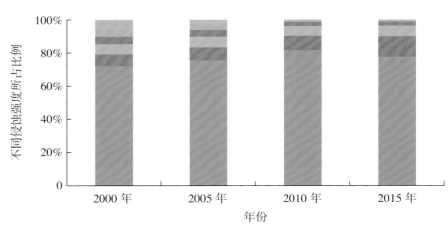

图24　2000、2005、2010、2015年宁夏土壤水蚀强度等级变化情况

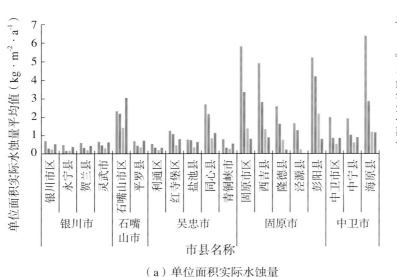

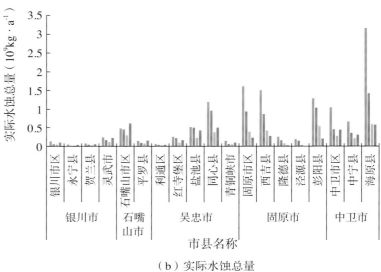

图25　2000、2005、2010、2015年宁夏各市县单位面积实际水蚀量 (a) 与实际水蚀总量 (b)

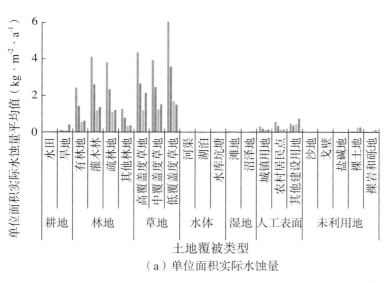

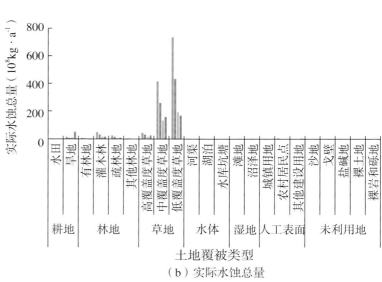

图26　2000、2005、2010、2015年宁夏不同土地覆被类型单位面积实际水蚀量 (a) 与实际水蚀总量 (b)

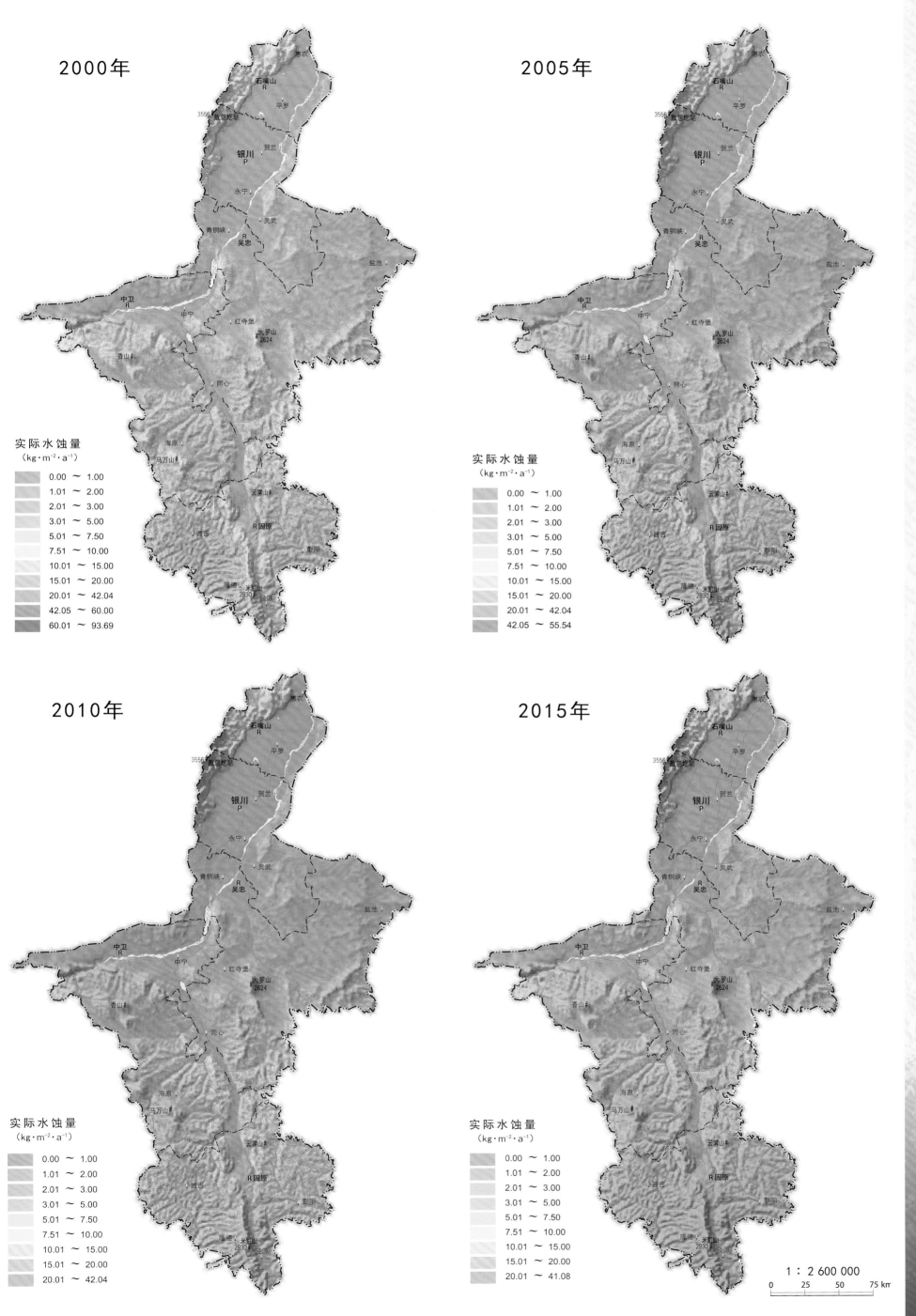

2000年

实际水蚀量
（kg·m⁻²·a⁻¹）
- 0.00 ～ 1.00
- 1.01 ～ 2.00
- 2.01 ～ 3.00
- 3.01 ～ 5.00
- 5.01 ～ 7.50
- 7.51 ～ 10.00
- 10.01 ～ 15.00
- 15.01 ～ 20.00
- 20.01 ～ 42.04
- 42.05 ～ 60.00
- 60.01 ～ 93.69

2005年

实际水蚀量
（kg·m⁻²·a⁻¹）
- 0.00 ～ 1.00
- 1.01 ～ 2.00
- 2.01 ～ 3.00
- 3.01 ～ 5.00
- 5.01 ～ 7.50
- 7.51 ～ 10.00
- 10.01 ～ 15.00
- 15.01 ～ 20.00
- 20.01 ～ 42.04
- 42.05 ～ 55.54

2010年

实际水蚀量
（kg·m⁻²·a⁻¹）
- 0.00 ～ 1.00
- 1.01 ～ 2.00
- 2.01 ～ 3.00
- 3.01 ～ 5.00
- 5.01 ～ 7.50
- 7.51 ～ 10.00
- 10.01 ～ 15.00
- 15.01 ～ 20.00
- 20.01 ～ 42.04

2015年

实际水蚀量
（kg·m⁻²·a⁻¹）
- 0.00 ～ 1.00
- 1.01 ～ 2.00
- 2.01 ～ 3.00
- 3.01 ～ 5.00
- 5.01 ～ 7.50
- 7.51 ～ 10.00
- 10.01 ～ 15.00
- 15.01 ～ 20.00
- 20.01 ～ 41.08

1：2 600 000
0　25　50　75 km

宁夏土壤保持量

土壤保持量为潜在土壤水蚀量与实际土壤水蚀量之差。研究期间宁夏土壤保持总量为 $70.73 \times 10^{10} \sim 133.79 \times 10^{10} \mathrm{kg \cdot a^{-1}}$，平均单位面积土壤保持量为 $13.82 \sim 26.01 \mathrm{kg \cdot m^{-2} \cdot a^{-1}}$，均呈现"下降—上升—下降"的波动变化特征。与 2000 年相比，2005、2010、2015 年土壤保持总量分别下降了 25.17%、15.82%、47.14%。整体来看，近 15 年间宁夏平均单位面积土壤保持量呈明显降低趋势。在空间分布上，宁夏单位面积土壤保持量较高的区域主要位于中南部地区和北部贺兰山山地，且年际变化明显，在 2000—2005、2010—2015 年间明显下降。整体来看，研究期间宁夏地区单位面积土壤保持能力呈现降低趋势。降低幅度最大的时间段在 2010—2015 年，这一时期潜在水蚀量降低，实际水蚀量有所增加。

在地级市层面（图 27），各年份固原市的单位面积土壤保持量平均值最高，在 $31.49 \sim 80.52 \mathrm{kg \cdot m^{-2} \cdot a^{-1}}$ 之间，与宁夏全区单位面积土壤保持量的变化趋势一致，整体上呈现下降的趋势。银川市最低，在 $2.54 \sim 7.22 \mathrm{kg \cdot m^{-2} \cdot a^{-1}}$ 之间，呈现先下降后上升的趋势。在土壤保持总量上，各年份固原市的土壤保持总量最高，在 $32.50 \times 10^{10} \sim 83.80 \times 10^{10} \mathrm{kg \cdot a^{-1}}$ 之间，占宁夏全区土壤保持总量的 45.96% ~ 74.40%。除 2005 年以外其余年份石嘴山市的土壤保持总量在各地级市

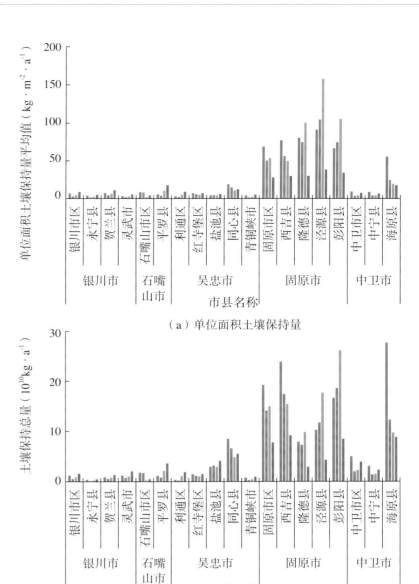

（a）单位面积土壤保持量

（b）土壤保持总量

■ 2000 年　■ 2005 年　■ 2010 年　■ 2015 年

图 27　2000、2005、2010、2015 年宁夏各市县单位面积土壤保持量(a)与土壤保持总量(b)

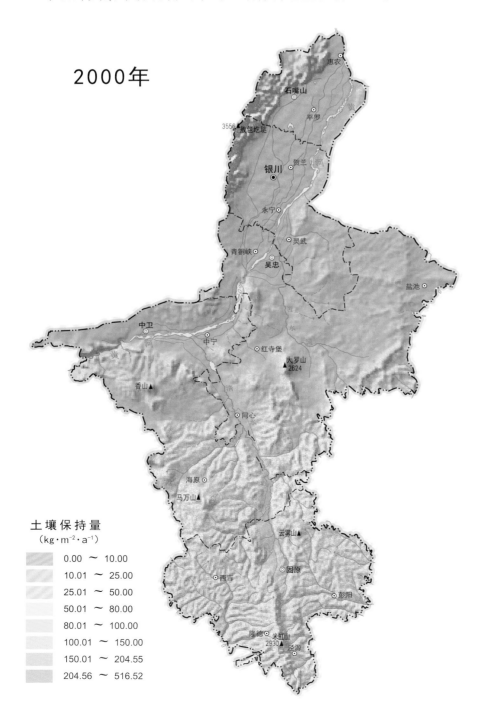

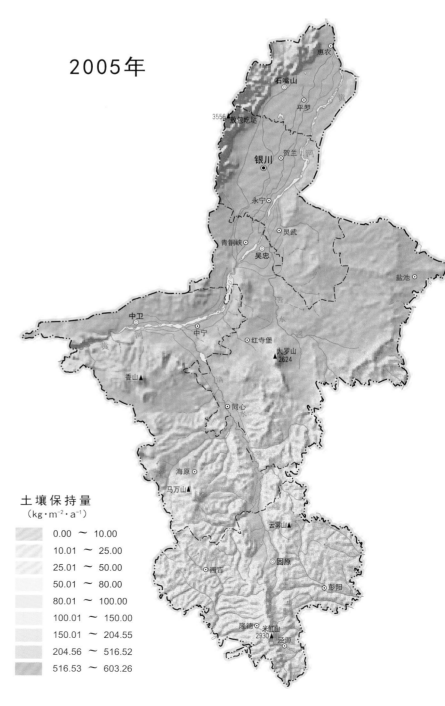

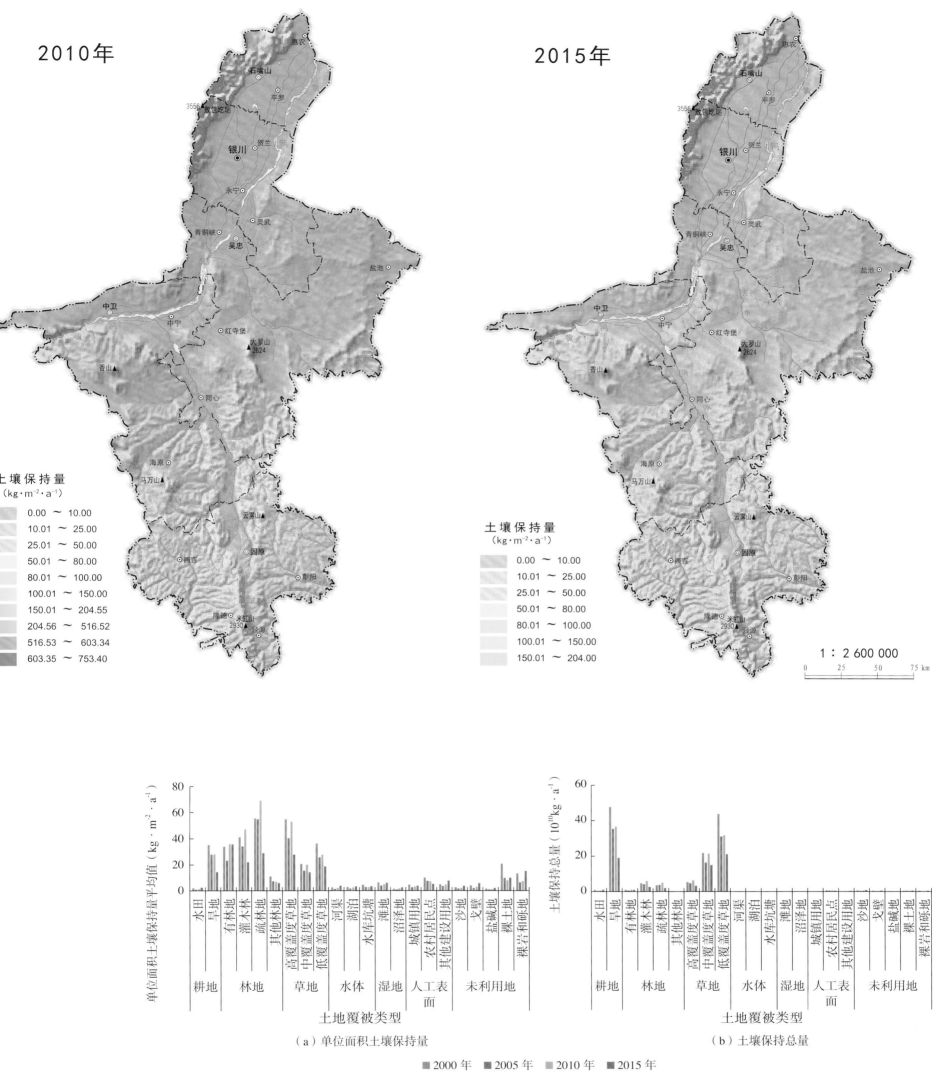

图 28　2000、2005、2010、2015 年宁夏不同土地覆被类型单位面积土壤保持量(a)与土壤保持总量(b)

中最低，在 $2.37 \times 10^{10} \sim 4.07 \times 10^{10} kg \cdot a^{-1}$ 之间，占宁夏全区土壤保持总量的 2.10% ～ 5.76%。2005 年银川市最低，为 $1.88 \times 10^{10} kg \cdot a^{-1}$，占宁夏全区土壤保持总量的 1.88%。

　　研究期间大多数土地覆被类型的单位面积土壤保持量均呈现"下降—上升—下降"的波动变化趋势（图 28）。一级类型中草地和林地的单位面积土壤保持量较大。二级类型中疏林地的最大，其次为高覆盖度草地、灌木林与低覆盖度草地。在土壤保持总量上，草地的土壤保持总量在各年中占比

最大，占当年宁夏土壤保持总量的 53.16% ～ 56.05%。其中低覆盖度草地的土壤保持总量在各个草地类型中占比最大，占宁夏土壤保持总量的 28.31% ～ 32.89%。综合来看，位于南部山区的低覆盖度草地水蚀风险较大，潜在水蚀量和实际水蚀量相对较高，同时又承担着重要的土壤保持作用，其土壤保持贡献率在各土地覆被类型中最高。因此，因地制宜恢复草地植被，对于提升宁夏的土壤保持服务具有不可替代的作用。

宁夏土壤保持量保有率

　　为了提高土壤保持服务年际变化的可对比性，利用土壤保持保有率（土壤保持量与实际水蚀量的比值）体现生态系统的土壤保持能力。研究期间宁夏平均土壤保持保有率为89.40%～94.18%，呈现"下降—上升—下降"的波动变化特征，整体呈现上升的趋势，与土壤保持量、潜在水蚀量、实际水蚀量的年际变化相同，但是整体变化趋势恰好相反。土壤保持保有率与植被覆盖度的空间分布格局相似，保有率较高的区域主要位于南部山区和北部植被覆盖度较高的地区，中部干旱带，尤其是中西部腾格里沙漠附近、中东部河东沙地的土壤保持保有率较低。

　　不同地级市层面（图29），各年份固原市的土壤保持保有率最高，在94.65%～98.04%之间，石嘴山市最低，在86.84%～92.30%之间。各区县土壤保持保有率与NPP、植被覆盖度的数量关系相似，说明土壤保持保有率能够凸显植被覆盖在土壤保持功能中的作用。

　　各土地覆被类型中，水体的土壤保持保有率最高，在99.75%～99.95%之间，其次为耕地、湿地，二级类型中河渠、水田的土壤保持保有率相对较大（图30）。草地土壤保持保有率虽然不是各土地覆被类型中最高，但是上升的趋势最为明显，其中高覆盖度草地的土壤保持保有率最高，在84.60%～92.12%之间。由于宁夏土地覆被类型以草地为主，草地土壤保持能力的提升有利于宁夏整体土壤保持能力的提升。

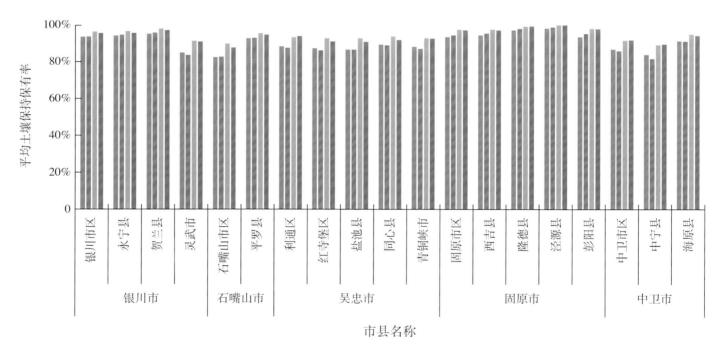

图29　2000、2005、2010、2015年宁夏各市县土壤保持保有率

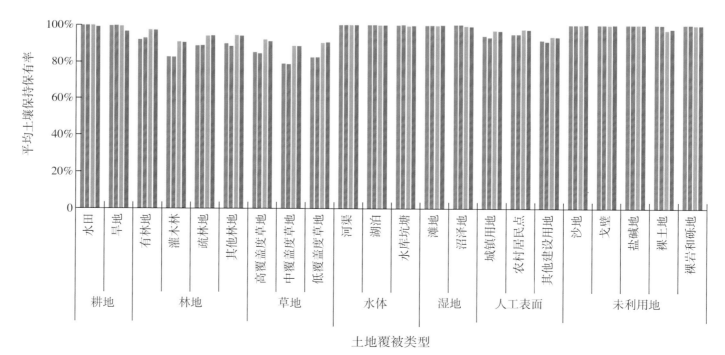

图30　2000、2005、2010、2015年宁夏不同土地覆被类型土壤保持保有率

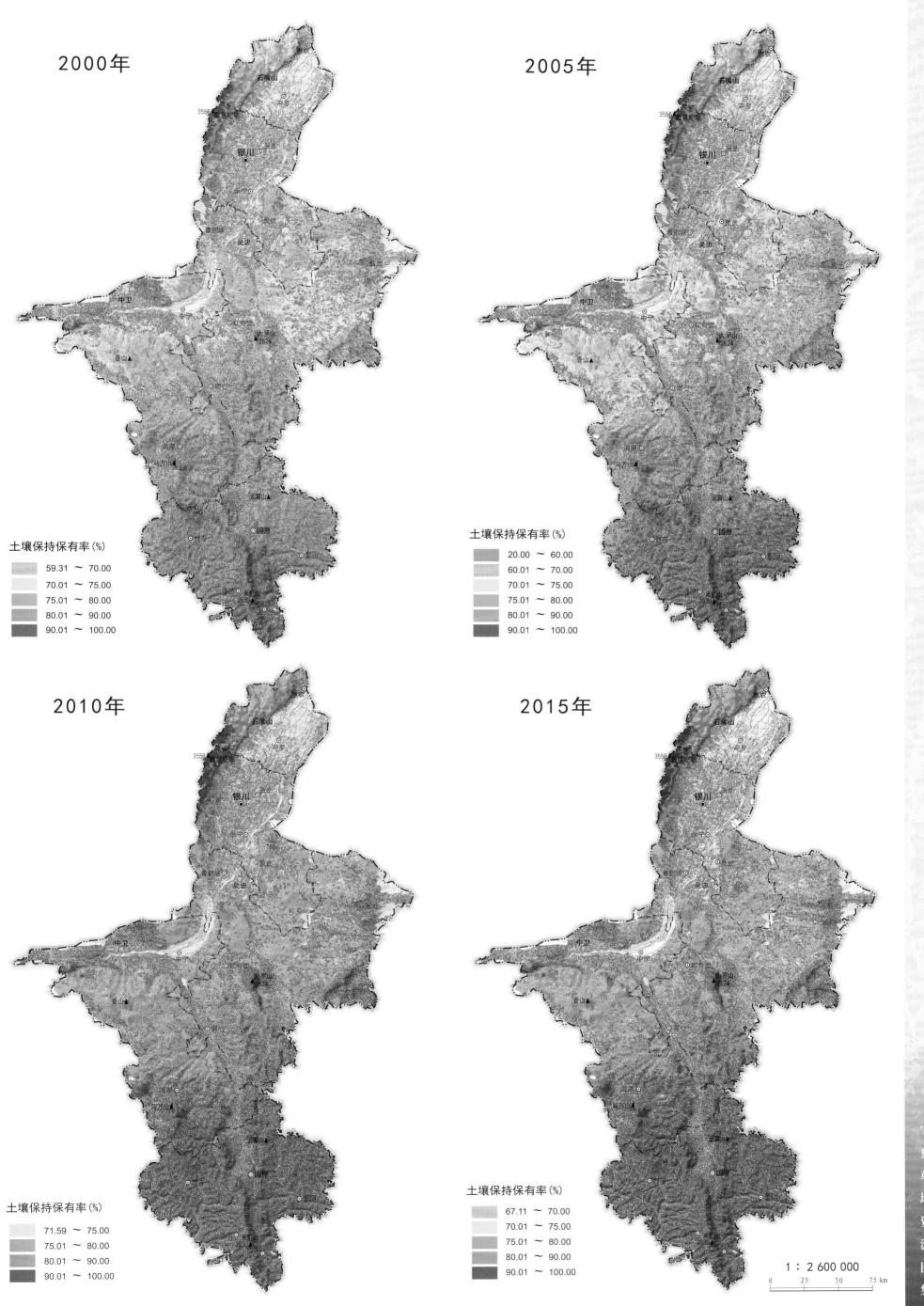

2000年

土壤保持保有率(%)
- 59.31 ～ 70.00
- 70.01 ～ 75.00
- 75.01 ～ 80.00
- 80.01 ～ 90.00
- 90.01 ～ 100.00

2005年

土壤保持保有率(%)
- 20.00 ～ 60.00
- 60.01 ～ 70.00
- 70.01 ～ 75.00
- 75.01 ～ 80.00
- 80.01 ～ 90.00
- 90.01 ～ 100.00

2010年

土壤保持保有率(%)
- 71.59 ～ 75.00
- 75.01 ～ 80.00
- 80.01 ～ 90.00
- 90.01 ～ 100.00

2015年

土壤保持保有率(%)
- 67.11 ～ 70.00
- 70.01 ～ 75.00
- 75.01 ～ 80.00
- 80.01 ～ 90.00
- 90.01 ～ 100.00

1：2 600 000

0　25　50　75 km

宁夏草地潜在水蚀量

研究期间宁夏草地潜在水蚀总量为 43.21×10^{10} ～ 83.39×10^{10} kg·a⁻¹，单位面积潜在水蚀量平均值为 22.07 ～ 42.02 kg·m⁻²·a⁻¹，均呈现"下降—上升—下降"的波动变化特征。与 2000 年相比，2005、2010、2015 年草地潜在水蚀总量分别下降了 28.11%、23.92%、48.18%。可见，研究期间宁夏草地潜在水蚀量呈明显降低趋势。在空间分布上，草地潜在水蚀强度整体呈现由南向北递减的趋势，由于宁夏南部山区草地属于黄土高原地区，地表相对破碎，土壤流失严重，草地潜在水蚀强度较大，北部贺兰山地草地的潜在水蚀强度高于银川平原与中部干旱区。

在地级市层面（图 31），各年份固原市草地的单位面积潜在水蚀量平均值最高，在 37.14 ～ 92.90kg·m⁻²·a⁻¹ 之间，银川市最低，在 4.17 ～ 11.27kg·m⁻²·a⁻¹ 之间。在潜在水蚀总量上，各年份固原市草地的潜在水蚀总量最高，在 17.57×10^{10} ～ 44.47×10^{10} kg·a⁻¹ 之间，占宁夏全区潜在水蚀总量的 23.35% ～ 38.08%，银川市最低，在 1.10×10^{10} ～ 2.87×10^{10} kg·a⁻¹ 之间，占宁夏全区潜在水蚀总量的 1.01% ～ 3.81%。

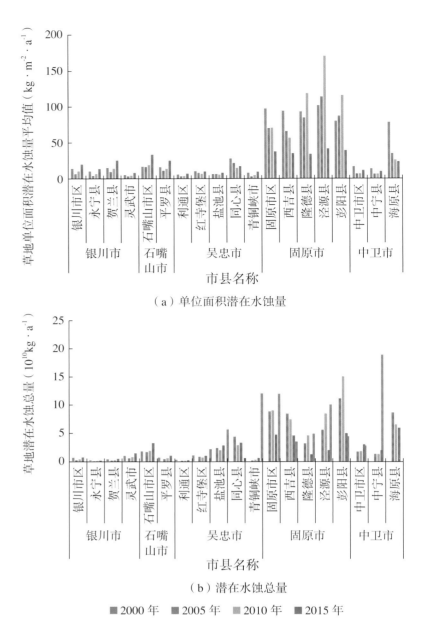

图 31　2000、2005、2010、2015 年宁夏各市县草地单位面积潜在水蚀量 (a) 与潜在水蚀总量 (b)

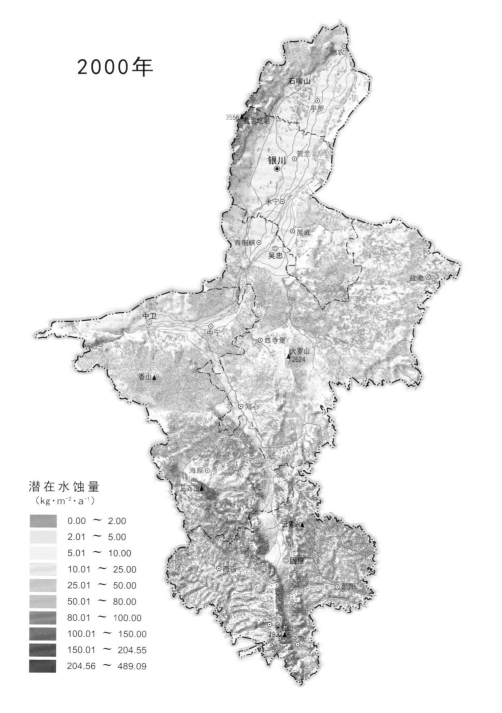

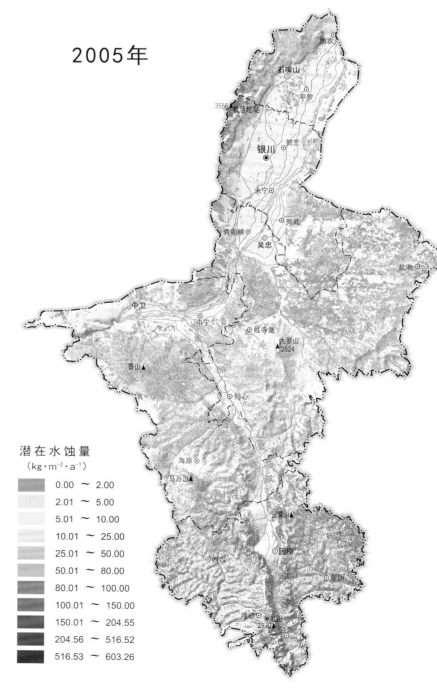

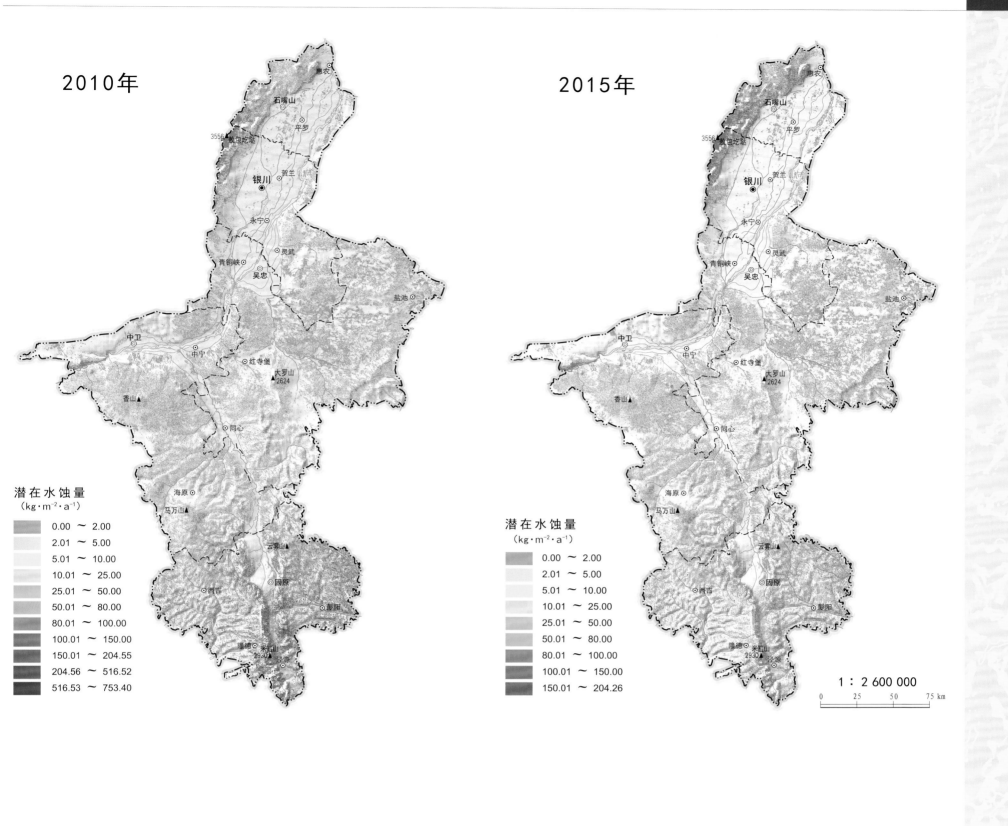

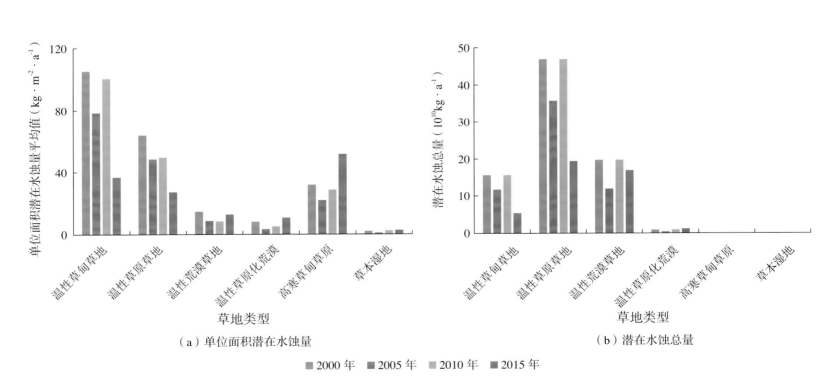

图 32　2000、2005、2010、2015 年宁夏不同草地类型单位面积潜在水蚀量 (a) 与潜在水蚀总量 (b)

　　研究期间温性草甸草地的单位面积潜在水蚀量平均值最高，在 36.70 ～ 105.24kg · m⁻² · a⁻¹ 之间，草本湿地最低，在 0.90 ～ 2.67kg · m⁻² · a⁻¹ 之间（图 32）。在潜在水蚀总量上，各年份温性草原草地最高，在 19.50×10¹⁰ ～ 46.94×10¹⁰ kg · a⁻¹ 之间，占宁夏全区潜在水蚀总量的 25.92% ～ 40.19%。高寒草甸草地的潜在水蚀总量最低，在 0.0009×10¹⁰ ～ 0.002×10¹⁰kg · a⁻¹ 之间，占宁夏全区潜在水蚀总量的 0.001% ～ 0.002%。

宁夏草地实际水蚀量

研究期间宁夏草地实际水蚀总量在 $3.35 \times 10^9 \sim 11.88 \times 10^{10} kg \cdot a^{-1}$ 之间，草地平均单位面积实际水蚀量在 $1.35 \sim 4.77 kg \cdot m^{-2} \cdot a^{-1}$ 之间，整体均呈现下降的趋势，与 2000 年相比，2005、2010、2015 年宁夏草地实际水蚀总量分别下降了 39.06%、71.08%、70.54%。在空间分布上，草地实际水蚀强度较轻的区域主要位于银川平原水蚀风险较低的区域、中部和南部植被覆盖度相对较高的区域。实际水蚀较剧烈的草地区域主要分布在南部植被覆盖度相对较低的山地地区。同时，随着时间变化，宁夏草地实际水蚀强度不断降低，水蚀情况整体有了明显的改善。

从土壤侵蚀等级来看（图 33），宁夏全区草地土壤水蚀以微度侵蚀为主，占比 44.43% ~ 63.10%，其次为轻度侵蚀、中度侵蚀，轻度侵蚀呈现逐年上升的趋势。相比较 2000 年，2005、2010、2015 年草地强烈侵蚀面积占比分别下降了 6.59%、39.33%、42.92%，极强烈侵蚀面积占比分别下降了 23.03%、78.29%、80.84%，草地剧烈侵蚀面积占比分别下降了 61.24%、98.03%、95.50%，可见随着侵蚀等级的增加面积占比下降的比例更大，说明宁夏草地整体土壤水蚀程度得到很大改善。

在地级市层面（图 34），除 2015 年以外，草地单位面积实际水蚀量平均值最高的为固原市，在 $2.72 \sim 9.32 kg \cdot m^{-2} \cdot a^{-1}$ 之间，2015 年石嘴山市最高，为 $4.64 kg \cdot m^{-2} \cdot a^{-1}$。除 2015 年以外，银川市草地的单位面积实际水蚀量的平均值最低，在 $0.60 \sim 1.48 kg \cdot m^{-2} \cdot a^{-1}$ 之间，2015 年固原市最低，为 $1.05 kg \cdot m^{-2} \cdot a^{-1}$。在草地实际水蚀总量上，中卫市和固原市的最高，在 $1.13 \times 10^{10} \sim 4.62 \times 10^{10} kg \cdot a^{-1}$ 之间，占宁夏全区草地实际水蚀总量的 25.82% ~ 35.75%。银川市最低，

在 $0.16 \times 10^{10} \sim 0.40 \times 10^{10} kg \cdot a^{-1}$ 之间，占宁夏全区实际水蚀总量的 2.82% ~ 7.56%。

除 2015 年以外，各年份温性草原草地的单位面积实际水蚀量最大，在 $2.40 \sim 8.79 kg \cdot m^{-2} \cdot a^{-1}$ 之间，2015 年温性荒漠草地最大，为 $1.69 kg \cdot m^{-2} \cdot a^{-1}$（图 35）。各年份草本湿地的单位面积实际水蚀量最小，在 $0.16 \sim 0.29 kg \cdot m^{-2} \cdot a^{-1}$ 之间。在实际水蚀总量上，除 2015 年以外，其余年份温性草原草地的实际水蚀总量最大，在 $1.73 \times 10^{10} \sim 6.44 \times 10^{10} kg \cdot a^{-1}$ 之间，占宁夏全区实际水蚀总量的 45.88% ~ 49.91%。2015 年温性荒漠草地的实际水蚀总量最大，为 $2.22 \times 10^{10} kg \cdot a^{-1}$，占宁夏全区实际水蚀总量的 50.68%。各年份高寒草甸草原的实际水蚀总量最小，在 $2.10 \times 10^5 \sim 7.14 \times 10^5 kg \cdot a^{-1}$ 之间，占宁夏全区实际水蚀总量的比例不足 0.001%。

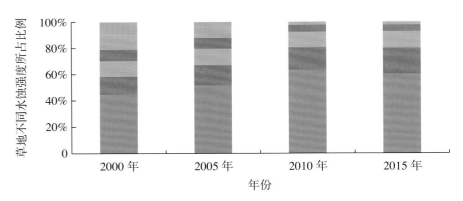

图 33 2000、2005、2010、2015 年宁夏草地土壤水蚀强度等级变化情况

注：土壤侵蚀强度分级标准参考土壤侵蚀分类分级标准（SL190-2007），将宁夏实际土壤侵蚀模数分为 6 个等级。微度（$< 1 kg \cdot m^{-2} \cdot a^{-1}$）、轻度（$1 \sim 2.5 kg \cdot m^{-2} \cdot a^{-1}$）、中度（$2.5 \sim 5 kg \cdot m^{-2} \cdot a^{-1}$）、强烈（$5 \sim 8 kg \cdot m^{-2} \cdot a^{-1}$）、极强烈（$8 \sim 15 kg \cdot m^{-2} \cdot a^{-1}$）和剧烈（$> 15 kg \cdot m^{-2} \cdot a^{-1}$）。

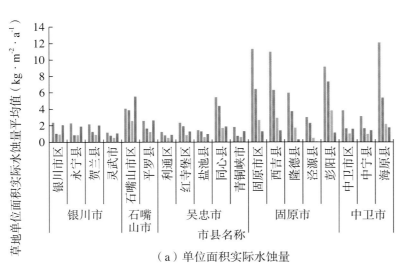
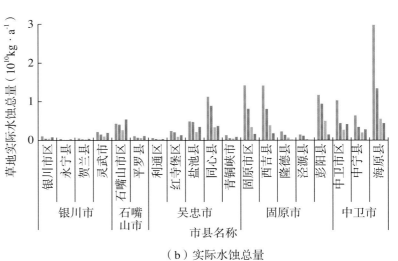

图 34 2000、2005、2010、2015 年宁夏各市县草地单位面积实际水蚀量 (a) 与实际水蚀总量 (b)

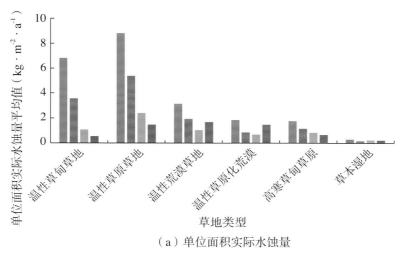
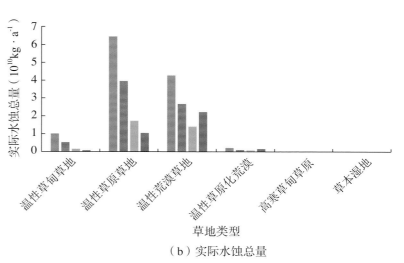

图 35 2000、2005、2010、2015 年宁夏不同草地类型单位面积实际水蚀量 (a) 与实际水蚀总量 (b)

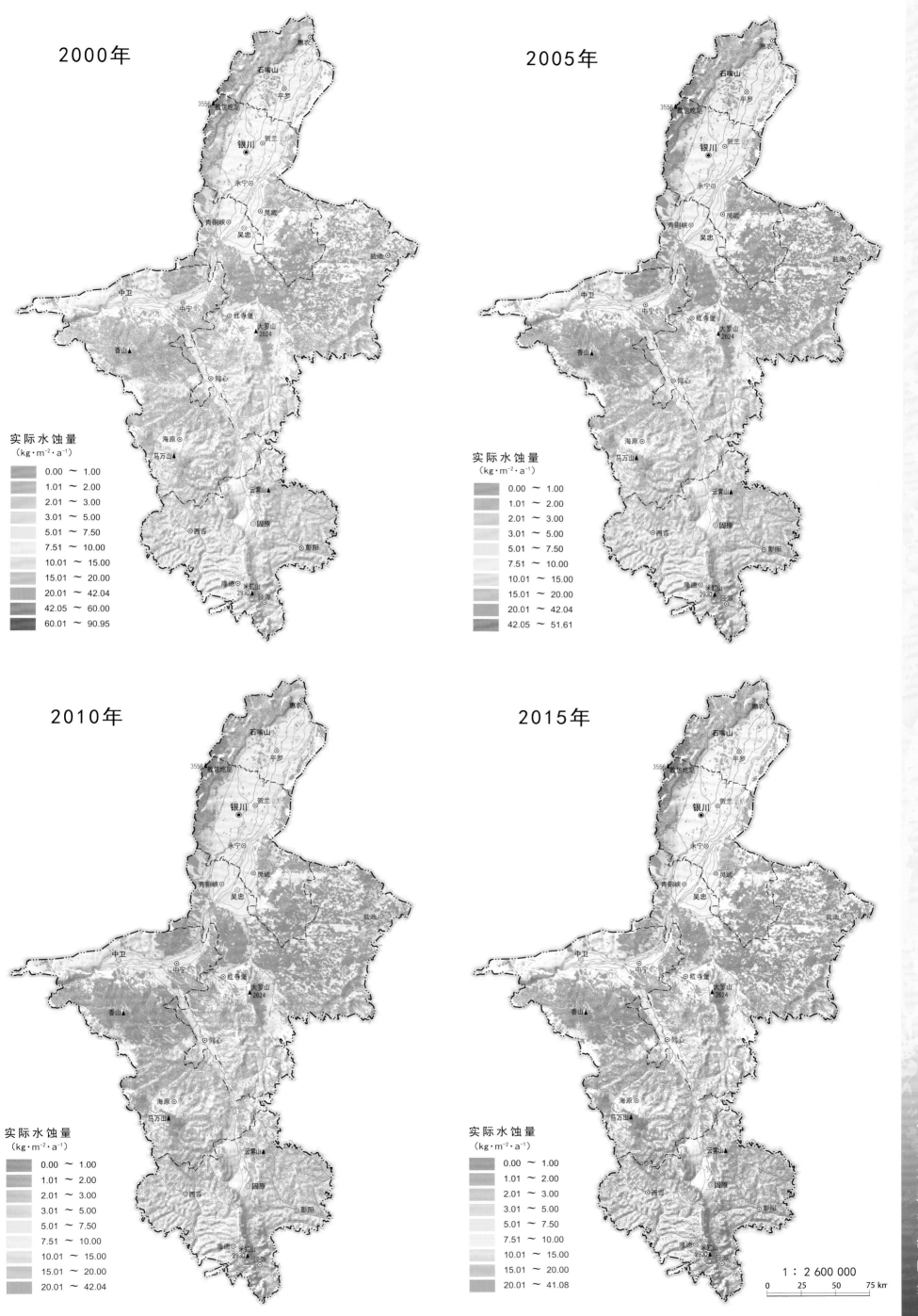

2000年

实际水蚀量
（kg·m⁻²·a⁻¹）
0.00 ～ 1.00
1.01 ～ 2.00
2.01 ～ 3.00
3.01 ～ 5.00
5.01 ～ 7.50
7.51 ～ 10.00
10.01 ～ 15.00
15.01 ～ 20.00
20.01 ～ 42.04
42.05 ～ 60.00
60.01 ～ 90.95

2005年

实际水蚀量
（kg·m⁻²·a⁻¹）
0.00 ～ 1.00
1.01 ～ 2.00
2.01 ～ 3.00
3.01 ～ 5.00
5.01 ～ 7.50
7.51 ～ 10.00
10.01 ～ 15.00
15.01 ～ 20.00
20.01 ～ 42.04
42.05 ～ 51.61

2010年

实际水蚀量
（kg·m⁻²·a⁻¹）
0.00 ～ 1.00
1.01 ～ 2.00
2.01 ～ 3.00
3.01 ～ 5.00
5.01 ～ 7.50
7.51 ～ 10.00
10.01 ～ 15.00
15.01 ～ 20.00
20.01 ～ 42.04

2015年

实际水蚀量
（kg·m⁻²·a⁻¹）
0.00 ～ 1.00
1.01 ～ 2.00
2.01 ～ 3.00
3.01 ～ 5.00
5.01 ～ 7.50
7.51 ～ 10.00
10.01 ～ 15.00
15.01 ～ 20.00
20.01 ～ 41.08

1：2 600 000
0　25　50　75 km

宁夏草地土壤保持量

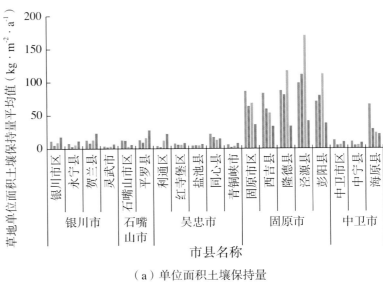

（a）单位面积土壤保持量

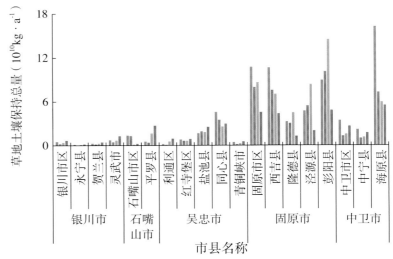

（b）土壤保持总量

■ 2000 年　■ 2005 年　□ 2010 年　■ 2015 年

图 36　2000、2005、2010、2015 年宁夏各市县草地单位面积土壤保持量 (a) 与土壤保持总量 (b)

　　研究期间宁夏草地土壤保持总量为 $39.65 \times 10^{10} \sim 71.32 \times 10^{10} kg \cdot a^{-1}$，平均单位面积土壤保持量为 $20.37 \sim 37.27 kg \cdot m^{-2} \cdot a^{-1}$，均呈现"下降—上升—下降"的波动变化特征，且高于全区平均水平。与 2000 年相比，2005、2010、2015 年宁夏草地土壤保持总量分别下降了 26.37%、16.05%、44.41%。整体来看，近 15 年间宁夏草地平均单位面积土壤保持量呈明显降低趋势。在空间分布上，宁夏草地单位面积土壤保持量较高的区域主要位于中南部地区和北部贺兰山山地，且年际变化明显，在 2000—2005、2010—2015 年间明显下降。整体来看，研究期间宁夏地区草地单位面积土壤保持能力呈现降低趋势。降低幅度最大的时间段在 2010—2015 年，这一时期草地潜在水蚀量降低，草地实际水蚀量有所增加。

　　在地级市层面（图 36），各年份固原市草地的单位面积土壤保持量平均值最高，在 $36.07 \sim 90.14 kg \cdot m^{-2} \cdot a^{-1}$ 之间，银川市最低，在 $3.32 \sim 9.96 kg \cdot m^{-2} \cdot a^{-1}$ 之间。在土壤保持总量上，各年份固原市草地的土壤保持总量最高，在 $17.03 \times 10^{10} \sim 38.39 \times 10^{10} kg \cdot a^{-1}$ 之间，占宁夏

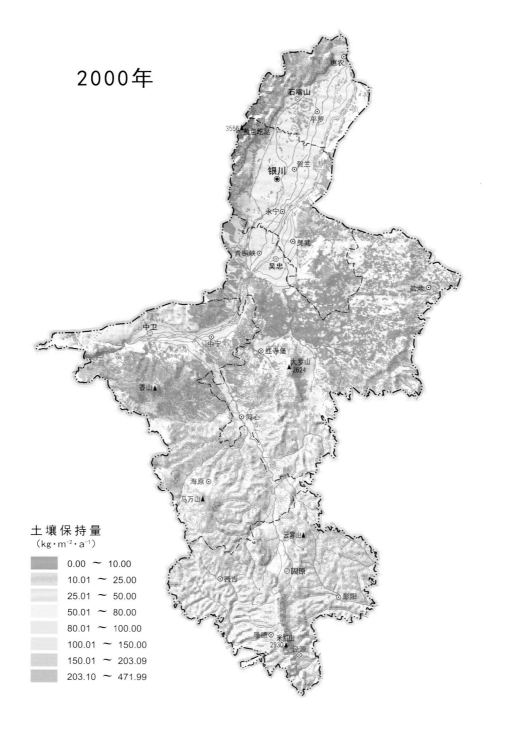

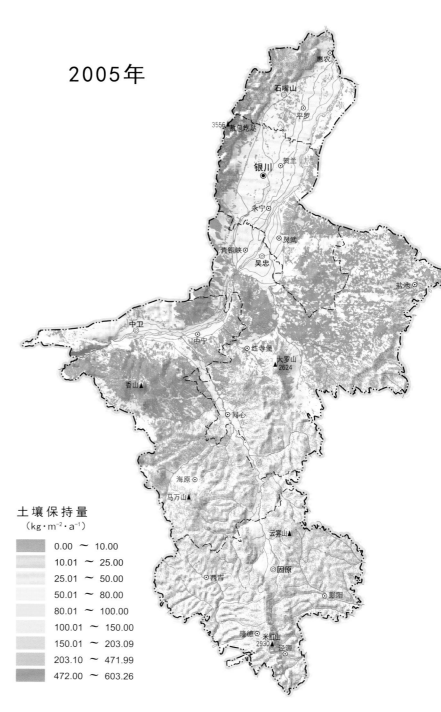

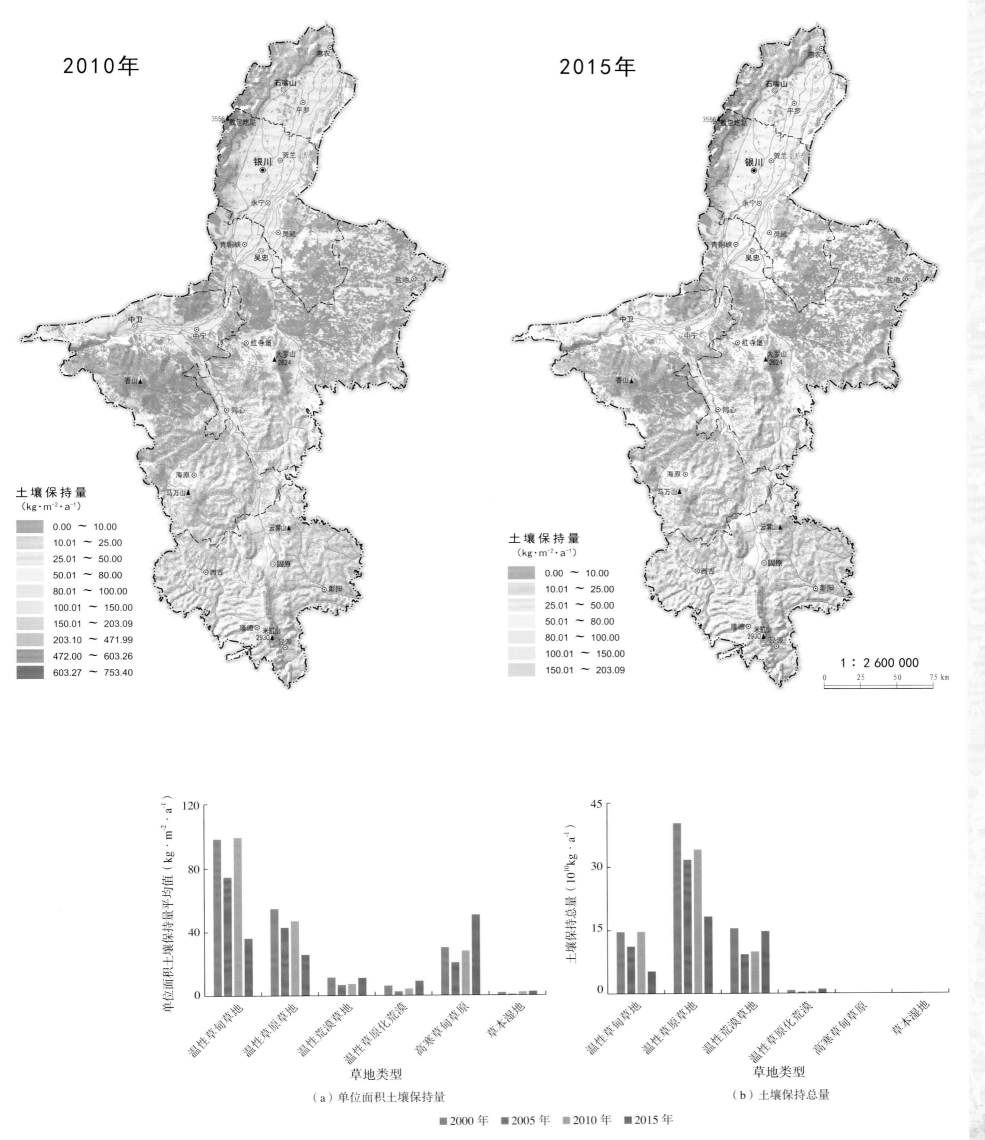

图 37　2000、2005、2010、2015 年宁夏不同草地类型单位面积土壤保持量 (a) 与土壤保持总量 (b)

全区土壤保持总量的 34.08% ～ 38.18%，银川市最低，在 0.87×10¹⁰ ～ 2.53×10¹⁰kg·a⁻¹ 之间，占宁夏全区土壤保持总量的 0.87% ～ 3.58%。

对研究期间不同草地类型的土壤保持量进行分析发现（图 37），温性草甸草地的单位面积土壤保持量最高，在 36.14 ～ 99.31kg·m⁻²·a⁻¹ 之间，草本湿地的单位面积土壤

保持量最低，在 0.73 ～ 2.46kg·m⁻²·a⁻¹ 之间。在土壤保持总量上，各年份温性草原草地的土壤保持总量在各年中占比最大，为 18.41×10¹⁰ ～ 40.35×10¹⁰kg·a⁻¹，占当年宁夏土壤保持总量的 26.03% ～ 31.64%。高寒草甸草原的土壤保持总量最低，为 0.001×10¹⁰ ～ 0.002×10¹⁰kg·a⁻¹，占当年宁夏土壤保持总量的 0.001% ～ 0.002%。

宁夏草地土壤保持保有率

为了提高草地土壤保持服务年际变化的可对比性,利用草地土壤保持保有率体现生态系统的土壤保持能力。研究期间宁夏草地平均土壤保持保有率为81.80% ~ 90.36%,呈现"下降—上升—下降"的波动变化特征,与草地土壤保持量、潜在水蚀量、实际水蚀量的年际变化相同,但是整体变化趋势恰好相反,研究期间草地土壤保持保有率平均值整体呈现上升的趋势。草地土壤保持保有率与植被覆盖度的空间分布格局相似,草地保有率较高的区域主要位于南部山区和北部植被覆盖度较高的草地地区,中部干旱带,尤其是中西部腾格里沙漠附近、中东部河东沙地的草地土壤保持保有率较低。

不同地级市层面(图38),各年份固原市草地的土壤保持保有率最高,在89.49% ~ 97.00%之间,最低的地市分别为吴忠市、银川市、中卫市、银川市,在77.32% ~ 87.31%之间。各区县草地土壤保持保有率与NPP、植被覆盖度的数量关系相似,说明草地土壤保持保有率能够凸显植被覆盖在土壤保持功能中的作用。同时,较高的潜在水蚀风险并不意味着较低的土壤保持保有率。

对研究期间不同草地类型的土壤保持保有率进行分析发现(图39),在各草地类型中,温性草甸草地与高寒草甸草原的平均土壤保持保有率较高,在93.75% ~ 98.73%之间,其次为温性草原草地和草本湿地。温性荒漠草地和温性草原化荒漠的较低,其中温性草原化荒漠的平均土壤保持保有率最低,在74.24% ~ 85.72%之间。

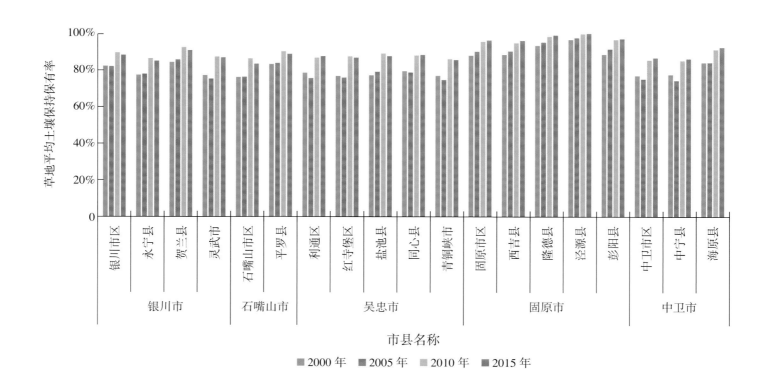

图38　2000、2005、2010、2015年宁夏各市县草地土壤保持保有率

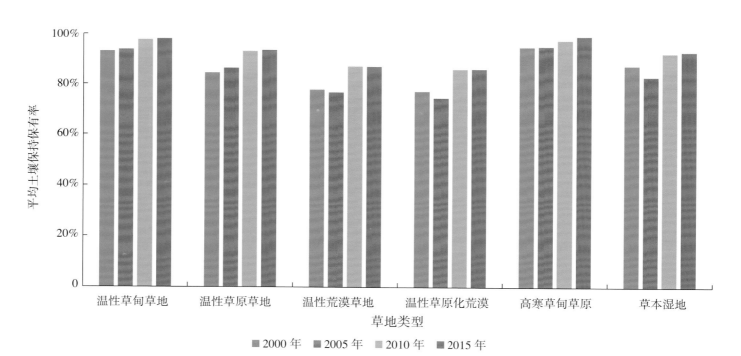

图39　2000、2005、2010、2015年宁夏不同草地类型土壤保持保有率

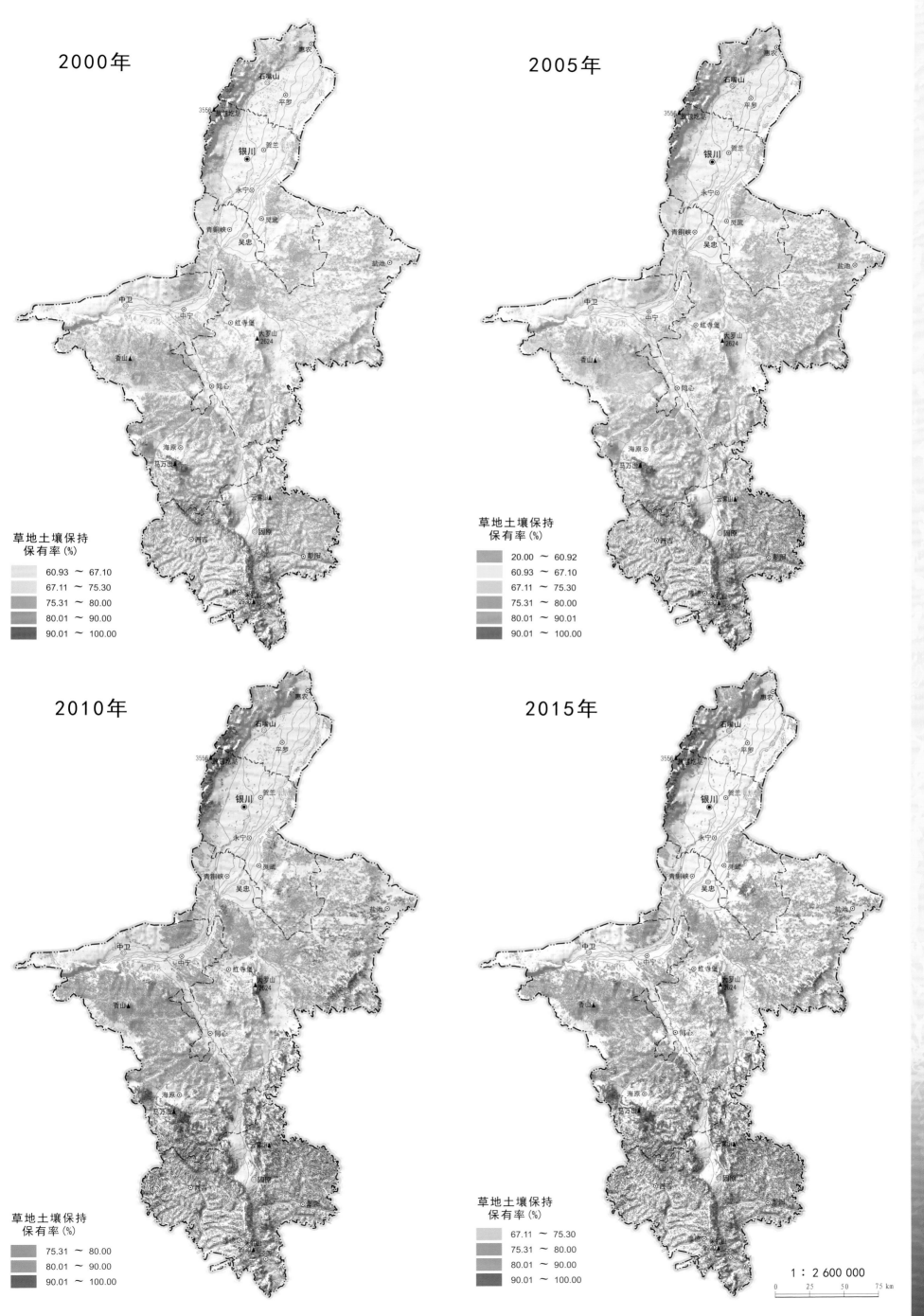

2000年

草地土壤保持
保有率(%)
- 60.93 ～ 67.10
- 67.11 ～ 75.30
- 75.31 ～ 80.00
- 80.01 ～ 90.00
- 90.01 ～ 100.00

2005年

草地土壤保持
保有率(%)
- 20.00 ～ 60.92
- 60.93 ～ 67.10
- 67.11 ～ 75.30
- 75.31 ～ 80.00
- 80.01 ～ 90.01
- 90.01 ～ 100.00

2010年

草地土壤保持
保有率(%)
- 75.31 ～ 80.00
- 80.01 ～ 90.00
- 90.01 ～ 100.00

2015年

草地土壤保持
保有率(%)
- 67.11 ～ 75.30
- 75.31 ～ 80.00
- 80.01 ～ 90.00
- 90.01 ～ 100.00

1：2 600 000

0   25   50   75 km

宁夏土壤保持价值

　　生态系统土壤保持主要通过减少表土损失量、减轻泥沙淤积灾害等生态过程来实现其经济价值。研究期间宁夏土壤保持服务价值总量在 $15.33 \times 10^8 \sim 27.97 \times 10^8$ 元·a^{-1} 之间，平均单位面积土壤保持服务价值在 $0.039 \sim 0.05$ 元·$m^{-2} \cdot a^{-1}$ 之间，均呈现"下降—上升—下降"的波动变化趋势，以减少泥沙淤积价值为主，15 年间整体呈现降低的趋势。在空间分布上与土壤保持服务相同，南部山区的单位面积土壤保持服务价值量相对较高，整体呈现由南向北递减的趋势。

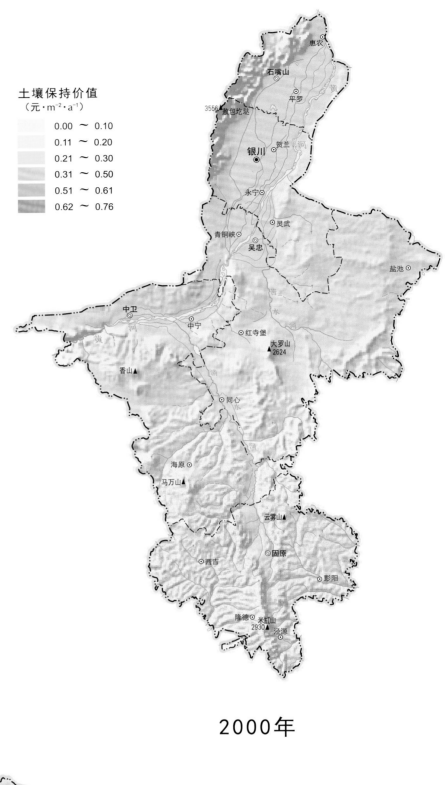

土壤保持价值
（元·$m^{-2} \cdot a^{-1}$）

	0.00 ～ 0.10
	0.11 ～ 0.20
	0.21 ～ 0.30
	0.31 ～ 0.50
	0.51 ～ 0.61
	0.62 ～ 0.76

2000年

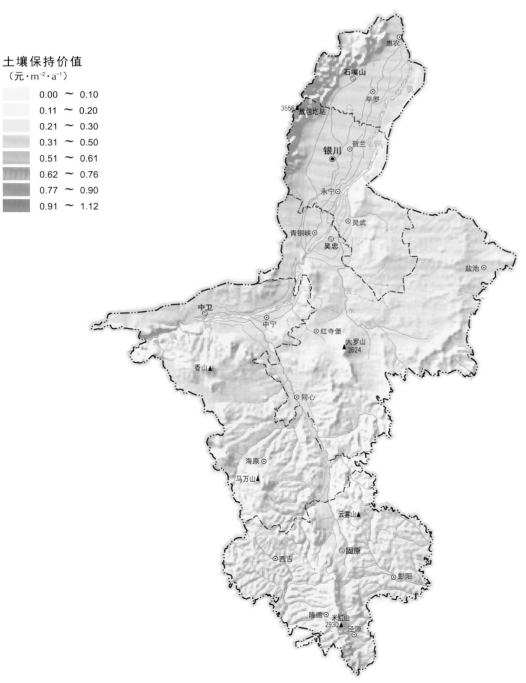

土壤保持价值
（元·$m^{-2} \cdot a^{-1}$）

	0.00 ～ 0.10
	0.11 ～ 0.20
	0.21 ～ 0.30
	0.31 ～ 0.50
	0.51 ～ 0.61
	0.62 ～ 0.76
	0.77 ～ 0.90
	0.91 ～ 1.12

2005年

1 : 2 600 000

0　25　50　75 km

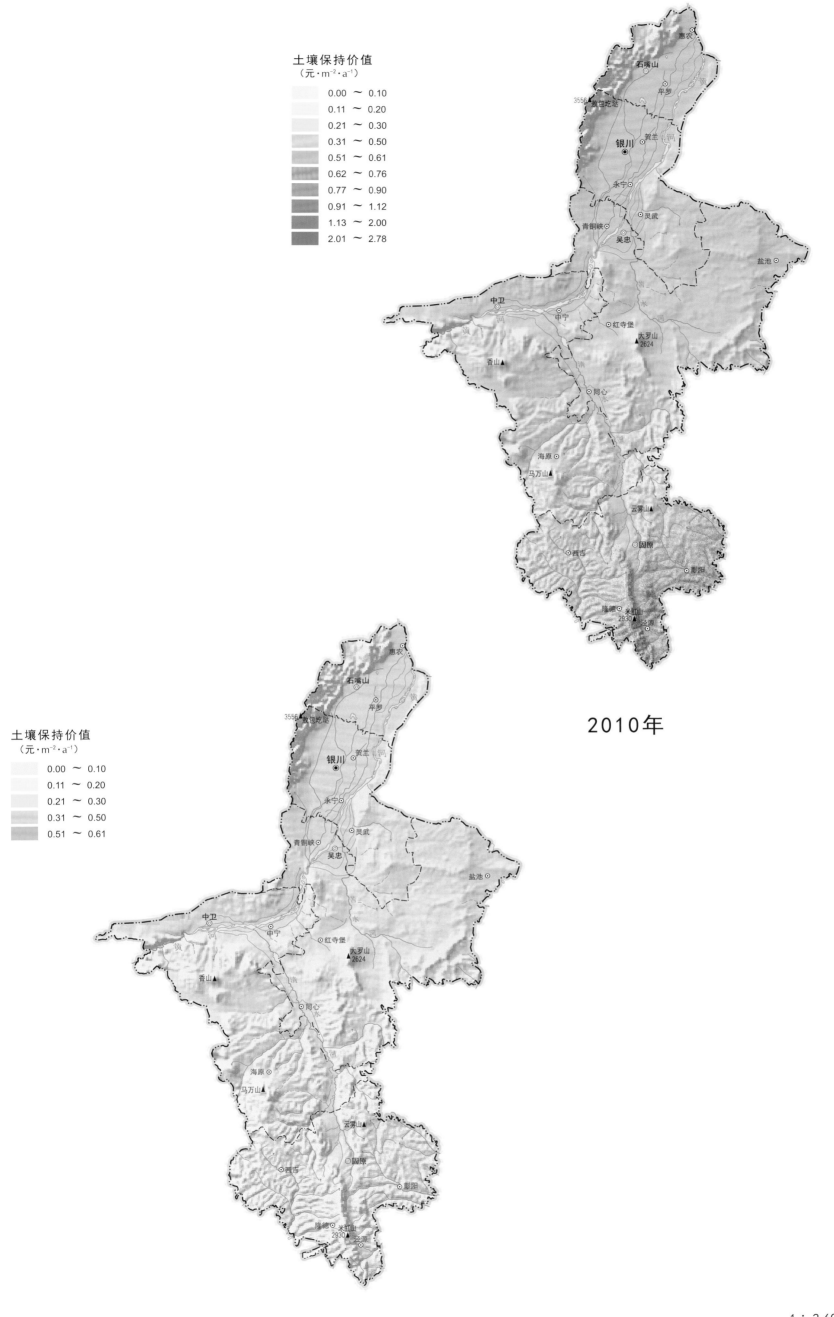

土壤保持价值
（元·m⁻²·a⁻¹）
0.00 ～ 0.10
0.11 ～ 0.20
0.21 ～ 0.30
0.31 ～ 0.50
0.51 ～ 0.61
0.62 ～ 0.76
0.77 ～ 0.90
0.91 ～ 1.12
1.13 ～ 2.00
2.01 ～ 2.78

2010年

土壤保持价值
（元·m⁻²·a⁻¹）
0.00 ～ 0.10
0.11 ～ 0.20
0.21 ～ 0.30
0.31 ～ 0.50
0.51 ～ 0.61

2015年

1：2 600 000
0   25   50   75 km

宁夏草地资源图集

宁夏草地土壤保持价值

　　研究期间宁夏草地土壤保持服务价值总量为 $8.59×10^8$ ～ $14.87×10^8$ 元·a^{-1}，平均单位面积土壤保持服务价值为 0.03 ～ 0.06 元·m^{-2}·a^{-1}，其中以减少泥沙淤积价值为主，均呈现"下降—上升—下降"的波动变化趋势，15 年间整体呈现降低的趋势。在空间分布上与土壤保持服务相同，南部山区的单位面积土壤保持服务价值量相对较高，整体呈现由南向北递减的趋势。

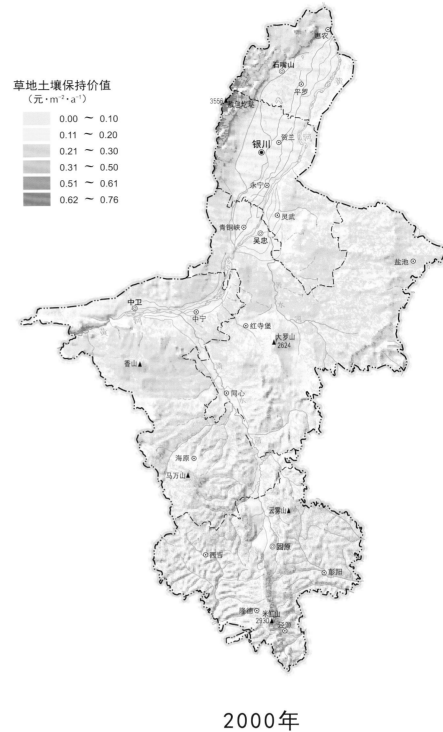

草地土壤保持价值
（元·m^{-2}·a^{-1}）

	0.00 ～ 0.10
	0.11 ～ 0.20
	0.21 ～ 0.30
	0.31 ～ 0.50
	0.51 ～ 0.61
	0.62 ～ 0.76

2000年

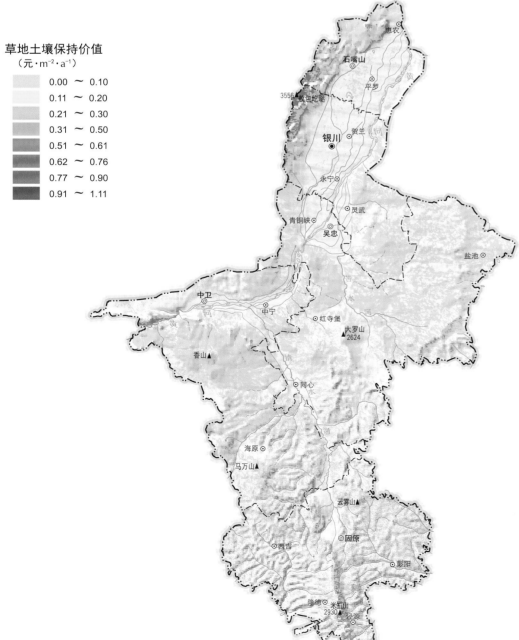

草地土壤保持价值
（元·m^{-2}·a^{-1}）

	0.00 ～ 0.10
	0.11 ～ 0.20
	0.21 ～ 0.30
	0.31 ～ 0.50
	0.51 ～ 0.61
	0.62 ～ 0.76
	0.77 ～ 0.90
	0.91 ～ 1.11

2005年

1 : 2 600 000

0   25   50   75 km

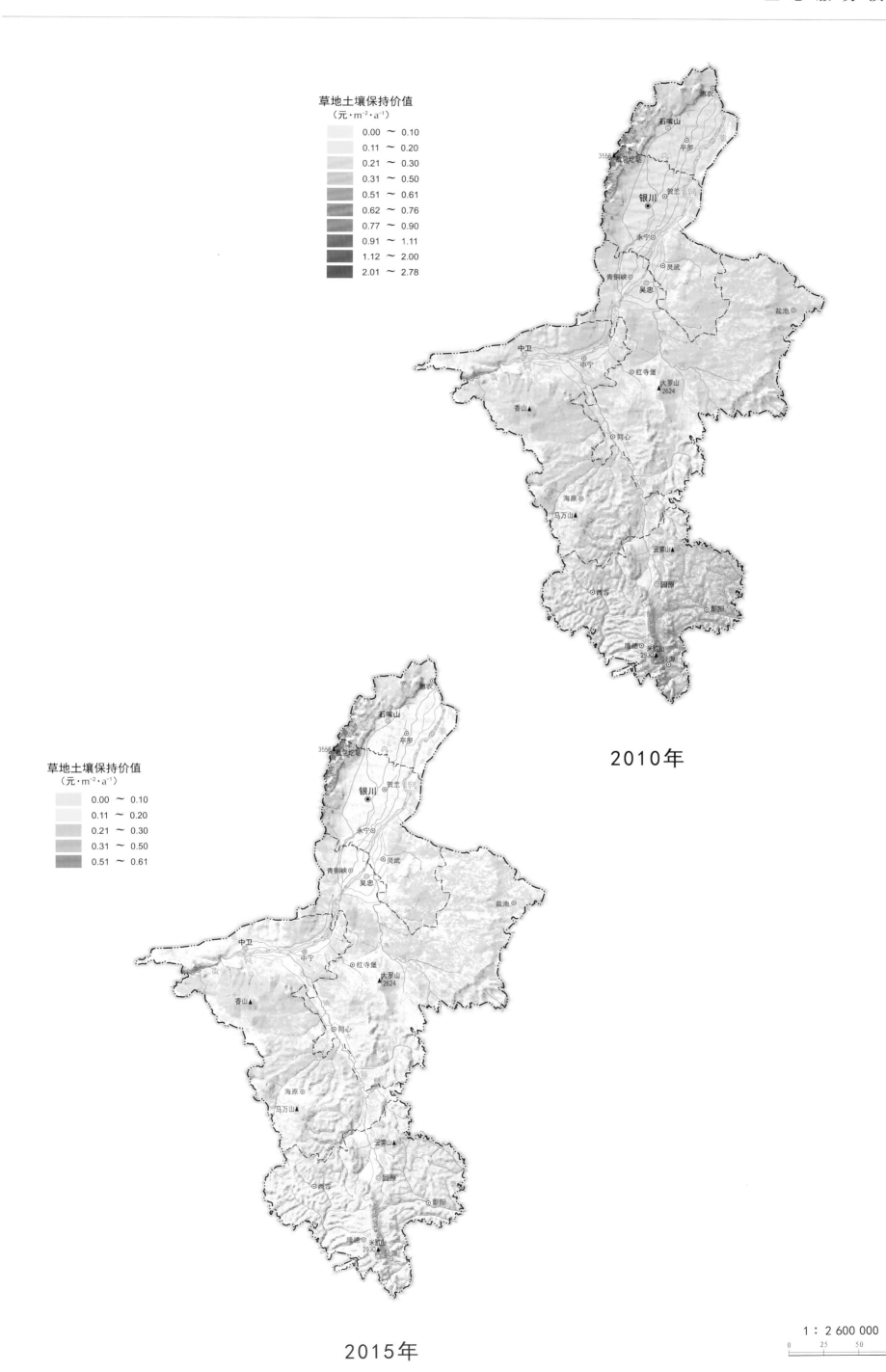

草地土壤保持价值
（元·m⁻²·a⁻¹）

2010年

2015年

1：2 600 000

宁夏潜在蒸散发

　　利用彭曼公式计算宁夏潜在蒸散发。由于宁夏位于西北内陆干旱半干旱地区的过渡地带，潜在蒸散发显著高于降水量。各年份潜在蒸散发总量为 $511.62 \times 10^8 \sim 557.22 \times 10^8 m^3 \cdot a^{-1}$，单位面积潜在蒸散发平均值为 $992.65 \sim 1081.12 mm \cdot a^{-1}$，均呈现先下降后上升的趋势，与 2000 年相比，2005、2010、2015 年潜在蒸散发总量分别下降了 2.59%、8.18%、5.35%。在空间分布上，单位面积潜在蒸散发平均值较小的区域主要集中在气候较为湿润及降水量较大的南部山区；较高的区域主要分布在比较干旱的宁夏北部灌区和中部干旱带，自南向北出现了明显的梯度差异。

　　在地级市层面（图 40），各年份石嘴山市的单位面积潜在蒸散发量平均值最高，在 $1042.94 \sim 1178.04 mm \cdot a^{-1}$ 之间，与宁夏全区单位面积潜在蒸散发量的变化趋势一致，固原市的最低，在 $835.59 \sim 944.06 mm \cdot a^{-1}$ 之间。在潜在蒸散发总量上，各年份吴忠市的潜在蒸散发总量在各地级市中最高，为 $165.88 \times 10^8 \sim 177.70 \times 10^8 m^3 \cdot a^{-1}$，占宁夏全区潜在蒸散发总量的 31.89% ～ 32.42%。石嘴山市的最低，为 $42.61 \times 10^8 \sim 48.13 \times 10^8 m^3 \cdot a^{-1}$，占宁夏全区潜在蒸散发总量的 8.26% ～ 8.64%。

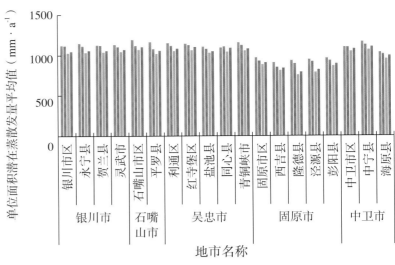

（a）单位面积潜在蒸散发量

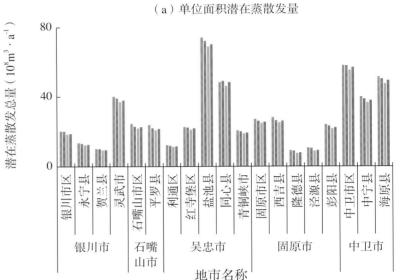

（b）潜在蒸散发总量

■ 2000 年　■ 2005 年　■ 2010 年　■ 2015 年

图 40　2000、2005、2010、2015 年宁夏各市县单位面积潜在蒸散发量 (a) 与潜在蒸散发总量 (b)

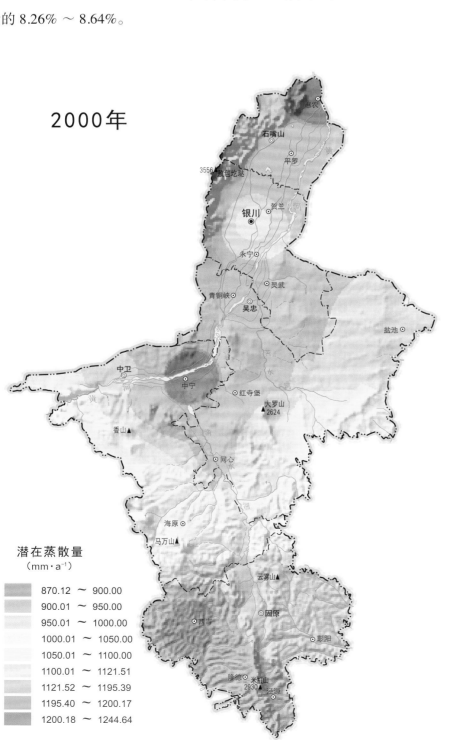

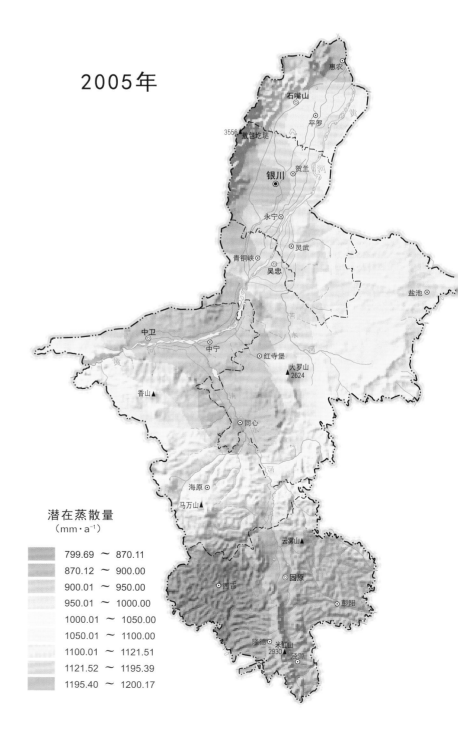

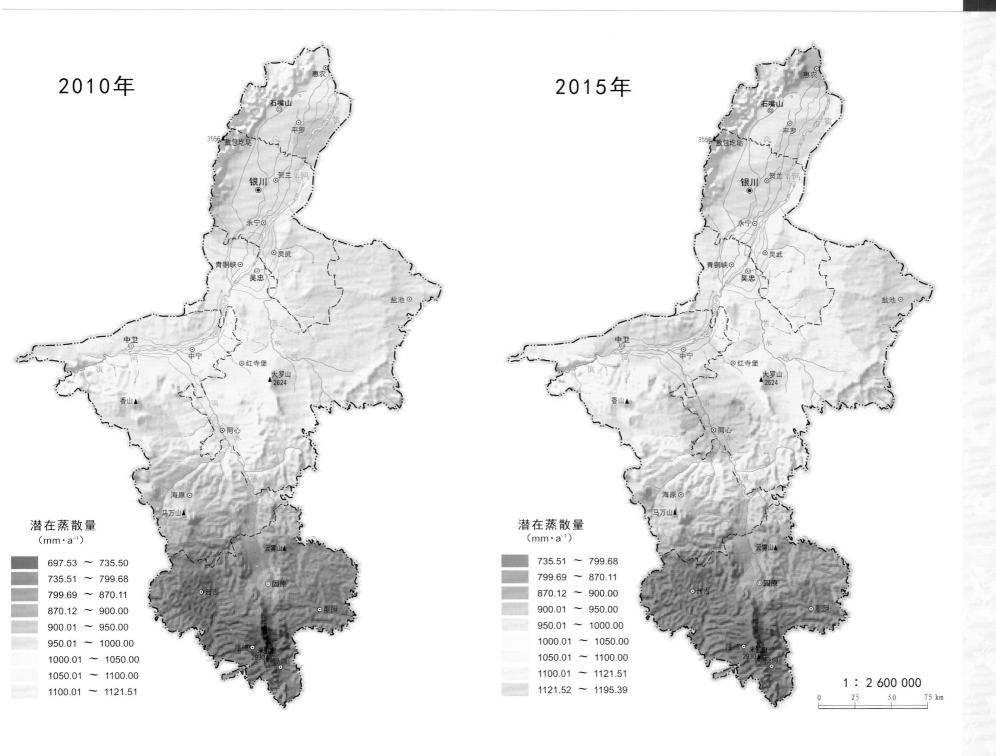

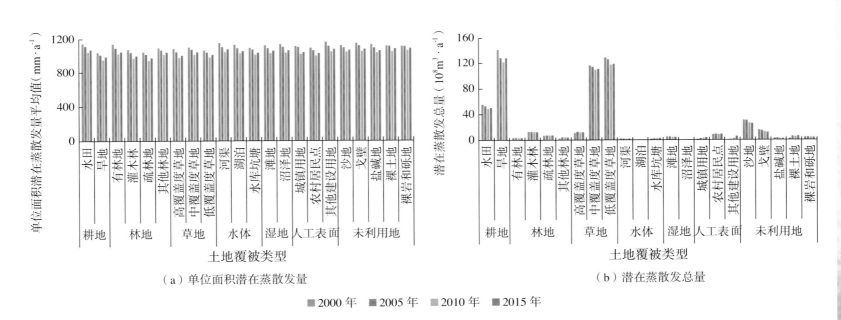

（a）单位面积潜在蒸散发量　　　　　　　（b）潜在蒸散发总量

■2000年　■2005年　■2010年　■2015年

图41　2000、2005、2010、2015年宁夏不同土地覆被类型单位面积潜在蒸散发量（a）与潜在蒸散发总量（b）

在不同土地覆被类型层面（图41），一级类型中耕地和林地的单位面积潜在蒸散发量最大，在1047.54～1131.60mm·a⁻¹之间。二级类型中其他建设用地、戈壁、裸岩和砾地的最大。在潜在蒸散发总量上，草地的潜在蒸散发总量最大，为 $238.65 \times 10^8 \sim 256.13 \times 10^8 m^3 \cdot a^{-1}$，占宁夏当年潜在蒸散发总量的45.78%～46.65%。水体和湿地的潜在蒸散发总量最小，为 $4.91 \times 10^8 \sim 5.19 \times 10^8 m^3 \cdot a^{-1}$，占宁夏当年潜在蒸散发总量的0.92%～0.96%。

宁夏实际蒸散发

　　研究期间宁夏实际蒸散发总量为 104.81×10^8 ～ 133.31×10^8 m^3·a^{-1}，年均实际蒸散发量为 203.41 ～ 258.71mm·a^{-1}，均呈现"下降—上升—下降"的波动变化趋势，与降水量的变化趋势相同。与 2000 年相比，2005、2010、2015 年实际蒸散发总量分别下降了 14.65%、上升了 8.55%、下降了 7.56%。在空间分布上，宁夏年均实际蒸散发量与潜在蒸散发量相同。年均实际蒸散发量较低的区域主要集中在覆盖度较高、降水量小且气候比较干旱的宁夏北部和中部；年均实际蒸散发量较高的区域主要分布在覆盖度较低、气候较为湿润及降水量较大的南部，且自南向北出现了明显的梯度差。由此可见，研究期间宁夏年均实际蒸散发量呈现出南高北低的特征且随时间变化略有降低。

　　在地级市层面（图 42），各年份固原市的单位面积实际蒸散发平均值最大，在 320.28 ～ 378.34mm·a^{-1} 之间，呈现先上升后下降的趋势。各年份单位面积实际蒸散发量平均值最小的地级市分别为石嘴山市、银川市、石嘴山市、中卫市，在 113.06 ～ 187.64mm·a^{-1} 之间。在实际蒸散发总量上，除 2010 年以外各年份固原市的实际蒸散发总量在各地级市中最高，为 33.41×10^8 ～ 39.47×10^{8}m^3·a^{-1}，占宁夏全区实际蒸

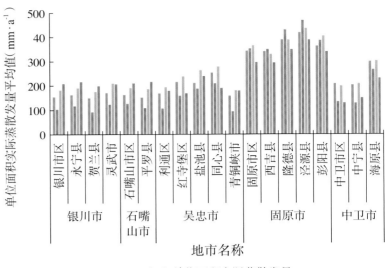

（a）单位面积实际蒸散发量

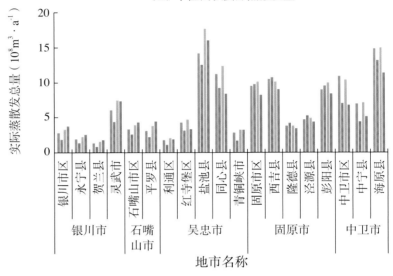

（b）实际蒸散发总量

■ 2000 年　■ 2005 年　■ 2010 年　■ 2015 年

图 42　2000、2005、2010、2015 年宁夏各市县单位面积实际蒸散发量（a）与实际蒸散发总量（b）

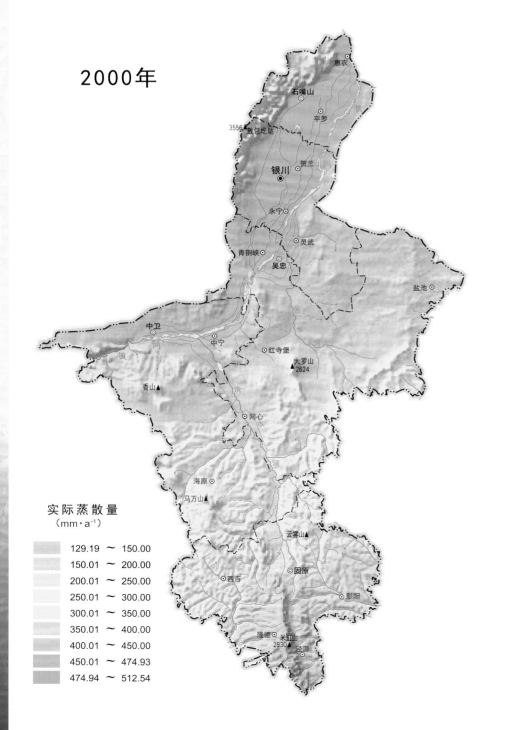

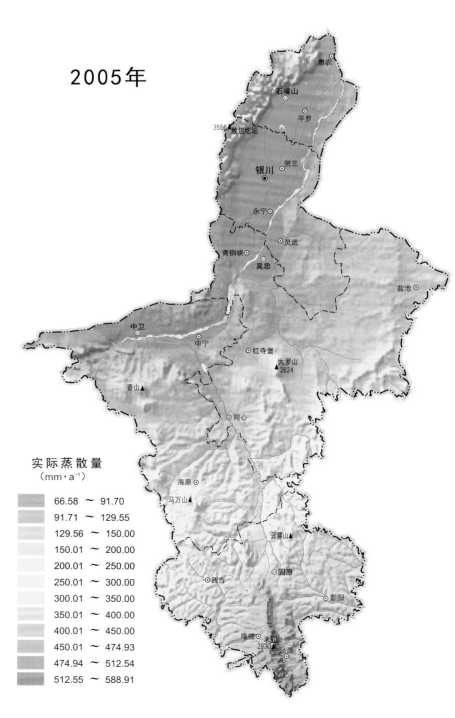

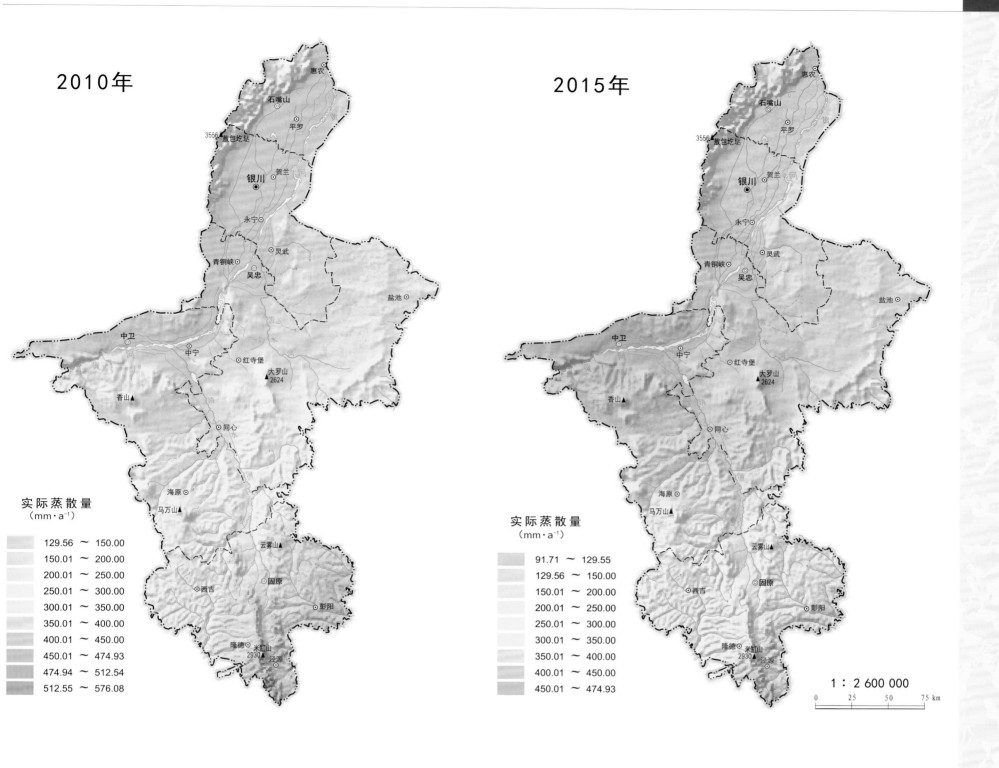

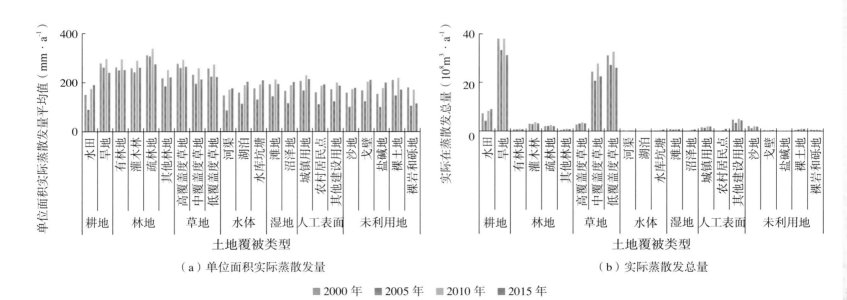

图 43　2000、2005、2010、2015 年宁夏不同土地覆被类型单位面积实际蒸散发量 (a) 与实际蒸散发总量 (b)

散发总量的 29.43% ～ 37.66%。2010 年吴忠市的实际蒸散发总量最高，为 $39.90×10^8 m^3 · a^{-1}$，占宁夏全区实际蒸散发总量的 29.93%。石嘴山市的最低，为 $4.78×10^8 ～ 8.68×10^8 m^3 · a^{-1}$，占宁夏全区实际蒸散发总量的 4.56% ～ 7.65%。

在不同土地覆被类型层面，研究期间一级类型中林地的单位面积实际蒸散发量整体最大，在 252.50 ～ 299.10mm · a^{-1}

之间（图 43）。二级类型中疏林地的单位面积实际蒸散发量最大。在实际蒸散发总量上，草地的实际蒸散发量最大，在 $51.31×10^8 ～ 64.50×10^8 m^3 · a^{-1}$ 之间，占宁夏当年实际蒸散发总量的 45.88% ～ 48.95%。水体和湿地的实际蒸散发总量最小，在 $0.52×10^8 ～ 0.98×10^8 m^3 · a^{-1}$ 之间，占宁夏当年实际蒸散发总量的 0.50% ～ 0.82%。

宁夏草地水供给量

　　研究期间宁夏草地水供给服务与全区的变化趋势有所不同，呈现"下降—上升—下降"的波动变化趋势，在 $5.61 \times 10^8 \sim 10.33 \times 10^8 m^3 \cdot a^{-1}$ 之间，占全区水供给服务总量的 44.42% ～ 47.09%。草地单位面积水供给服务量平均值在 27.28 ～ 49.28mm·a^{-1} 之间，呈现先上升后下降的趋势，2010 年草地的单位面积水供给量平均值最高，2015 年最低。在空间分布上呈现与全区水供给服务的变化趋势一致，由南向北递减，研究期间整体上南部山区草地的单位面积水供给量有降低的趋势，北部灌区草地有增加的趋势。

　　从不同的地级市来看（图 44），研究期间固原市草地的单位面积水供给量平均值最高，在 64.13 ～ 119.66mm·a^{-1} 之间。石嘴山市和银川市草地的单位面积水供给量平均值最低，在 4.35 ～ 14.38mm·a^{-1} 之间，但高于全区各地市的平均值。从水供给服务总量上看，各年份固原市草地的水供给总量最高，在 $3.06 \times 10^8 \sim 5.73 \times 10^8 m^3 \cdot a^{-1}$ 之间，占宁夏全区水供给总量的 24.27% ～ 32.85%。石嘴山市最低，仅有 $0.09 \times 10^8 \sim 0.31 \times 10^8 m^3 \cdot a^{-1}$，占宁夏全区水供给总量的 0.63% ～ 2.45%。

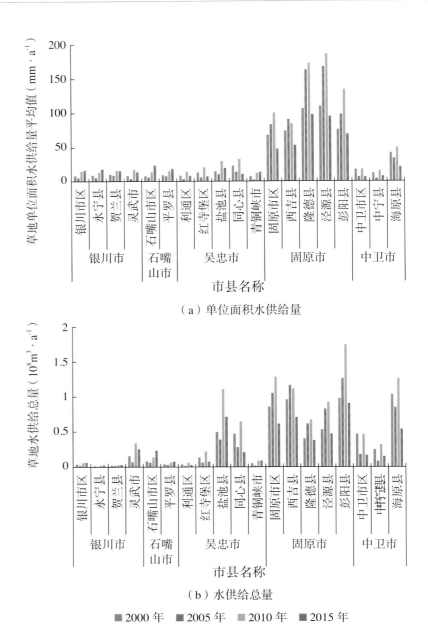

图 44　2000、2005、2010、2015 年宁夏各市县草地单位面积水供给量 (a) 与水供给总量 (b)

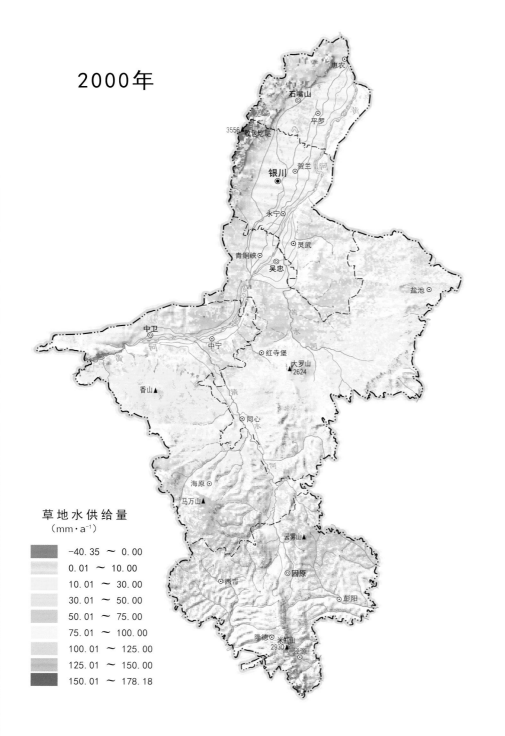

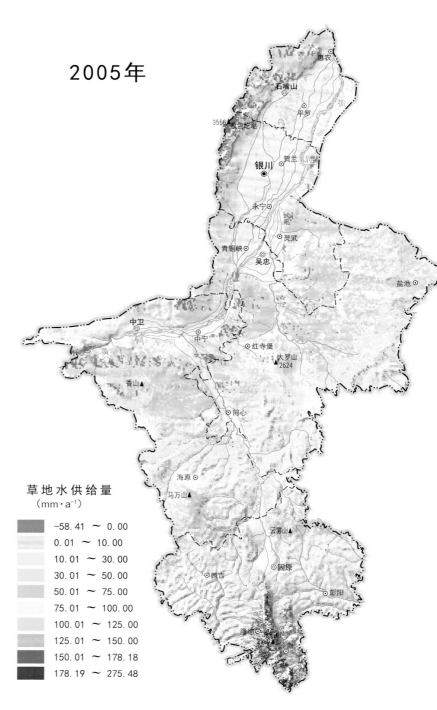

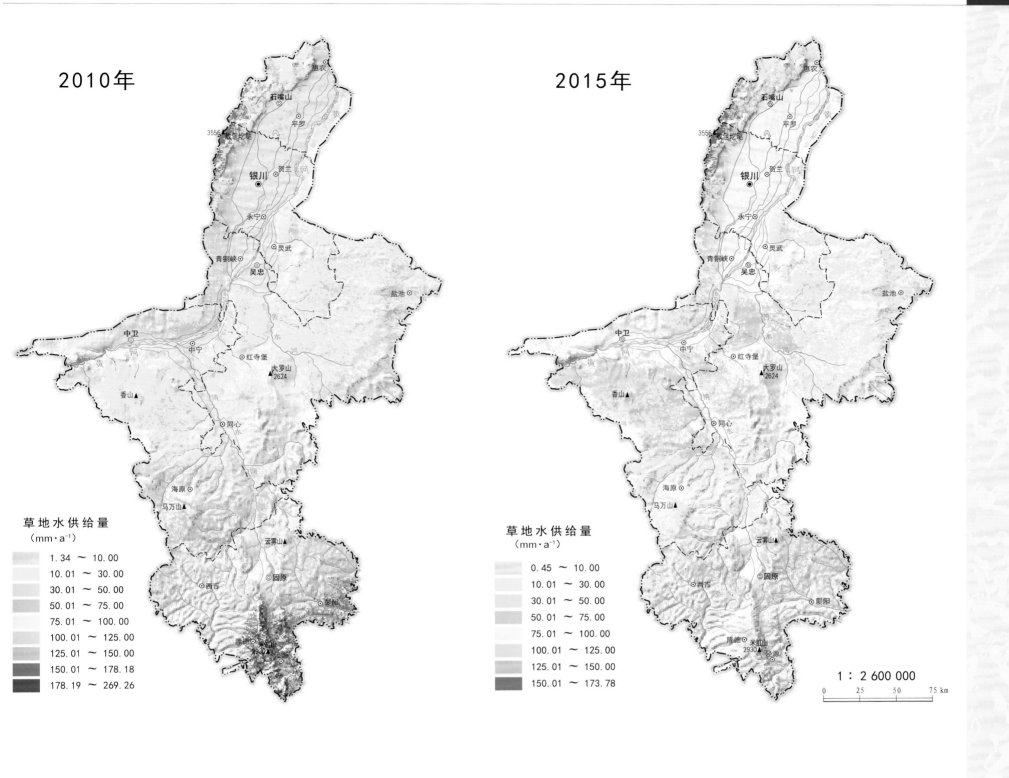

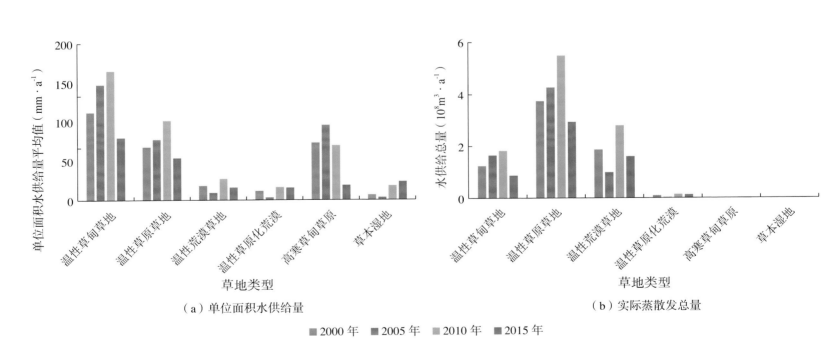

图 45　2000、2005、2010、2015 年宁夏不同草地类型单位面积水供给量(a)与水供给总量(b)

　　从不同的草地类型来看（图45），各年份温性草甸草地的单位面积水供给量平均值最高，在 59.75 ～ 124.01mm·a⁻¹ 之间。除2000年以外，其余各年份温性草原化荒漠的单位面积水供给量平均值最低，在 2.59 ～ 12.36mm·a⁻¹ 之间，2000年草本湿地最低，为 5.19mm·a⁻¹。在水供给总量上，各年份温性草原草地的水供给总量最高，在 2.93×10⁸ ～ 5.50×10⁸m³·a⁻¹ 之间，占各年份宁夏全区草地水供给总量的 52.54% ～ 61.43%。高寒草甸草地最低，仅有 2.38×10³ ～ 11.9×10³m³·a⁻¹，仅占当年宁夏全区草地水供给服务总量的 0.0004% ～ 0.002%。

宁夏草地水供给
服务价值

　　研究期间宁夏草地水供给服务价值总量在 $44.47 \times 10^8 \sim$ 81.92×10^8 元 $\cdot$ a^{-1} 之间，占宁夏全区水供给服务价值总量的 44.42% ～ 47.09%。草地单位面积水供给服务价值平均值在 0.22 ～ 0.39 元 $\cdot$ m$^{-2} \cdot$ a^{-1} 之间，两者均呈现先上升后下降的变化趋势，最高值均出现在 2010 年，最低值出现在 2015 年，15 年间宁夏草地水供给服务价值整体呈现降低的趋势。在空间分布上与草地水供给服务功能量相同，南部山区草地的平均水供给服务价值量相对较高，整体上由南向北递减。说明南部山区草地的水供给服务价值在宁夏全区占有重要地位。

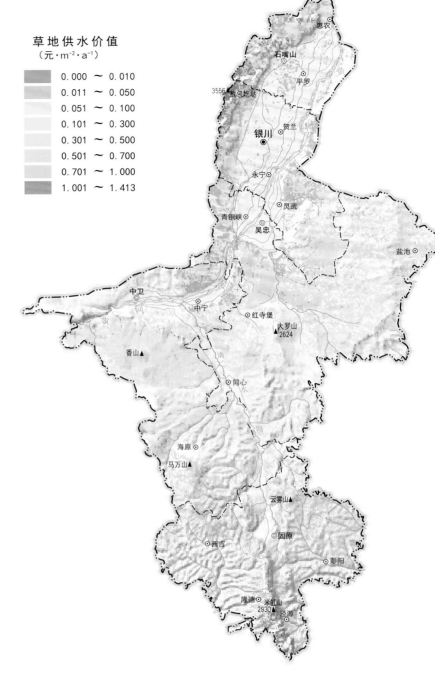

草地供水价值
（元 $\cdot$ m$^{-2} \cdot$ a^{-1}）

	0.000 ～ 0.010
	0.011 ～ 0.050
	0.051 ～ 0.100
	0.101 ～ 0.300
	0.301 ～ 0.500
	0.501 ～ 0.700
	0.701 ～ 1.000
	1.001 ～ 1.413

2000年

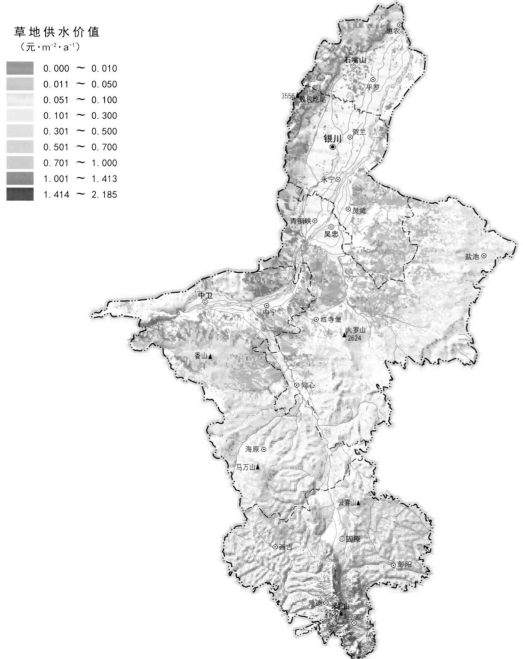

草地供水价值
（元 $\cdot$ m$^{-2} \cdot$ a^{-1}）

	0.000 ～ 0.010
	0.011 ～ 0.050
	0.051 ～ 0.100
	0.101 ～ 0.300
	0.301 ～ 0.500
	0.501 ～ 0.700
	0.701 ～ 1.000
	1.001 ～ 1.413
	1.414 ～ 2.185

2005年

1 : 2 600 000

0　25　50　75 km

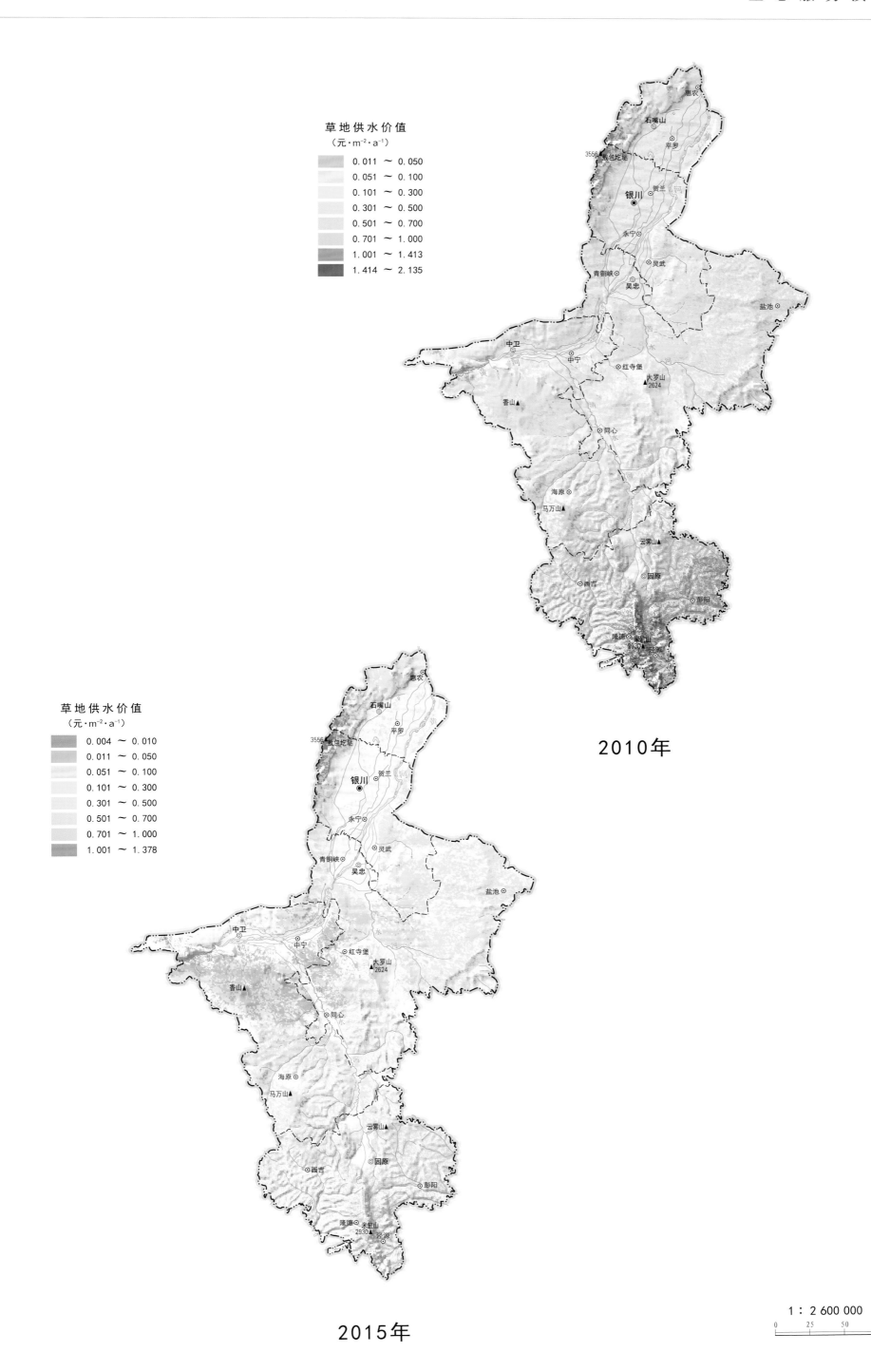

草地供水价值
（元·m⁻²·a⁻¹）
$\quad 0.011 \sim 0.050$
$\quad 0.051 \sim 0.100$
$\quad 0.101 \sim 0.300$
$\quad 0.301 \sim 0.500$
$\quad 0.501 \sim 0.700$
$\quad 0.701 \sim 1.000$
$\quad 1.001 \sim 1.413$
$\quad 1.414 \sim 2.135$

2010年

草地供水价值
（元·m⁻²·a⁻¹）
$\quad 0.004 \sim 0.010$
$\quad 0.011 \sim 0.050$
$\quad 0.051 \sim 0.100$
$\quad 0.101 \sim 0.300$
$\quad 0.301 \sim 0.500$
$\quad 0.501 \sim 0.700$
$\quad 0.701 \sim 1.000$
$\quad 1.001 \sim 1.378$

2015年

1 : 2 600 000
0　25　50　75 km

宁夏草地水源涵养量

研究期间宁夏草地水源涵养服务呈现先上升后下降的趋势，草地水源涵养服务总量在 $1.20×10^8 \sim 4.58×10^8 m^3 \cdot a^{-1}$ 之间，草地平均单位面积水源涵养服务量在 $10.45 \sim 28.07 mm \cdot a^{-1}$ 之间，其中 2010 年最高，2015 年最低。与 2000 年相比，2005、2010、2015 年草地平均单位面积水源涵养服务量分别上升了 27.43%、上升了 88.61%、下降了 29.81%。可见，近 15 年间宁夏草地水源涵养服务量整体呈现下降的趋势，但波动变化趋势明显。在空间分布上，宁夏草地单位面积水源涵养服务量与水供给服务的趋势相似。草地单位面积水源涵养服务量较低的区域主要集中在植被覆盖度较低、降水量小且气候比较干旱的宁夏北部和中部地区；草地单位面积水源涵养服务量较高的区域主要分布在植被覆盖度较高、气候较为湿润及降水量较大的南部，且自南向北出现了明显的梯度差异。可见，植被和降水对于保持水源涵养服务具有重要的作用。

在地级市层面（图 46），研究期间固原市草地的单位面积水源涵养量平均值最高，在 $31.90 \sim 77.01 mm \cdot a^{-1}$ 之间，呈现先上升后下降的趋势。各年份草地单位面积水源涵养量平均值最低的分别为银川市、银川市、石嘴山市、中卫市，在 $-5.47 \sim 0.85 mm \cdot a^{-1}$ 之间。从草地水源涵养总量上看，各年份固原市草地的水源涵养总量最高，在 $1.52×10^8 \sim$

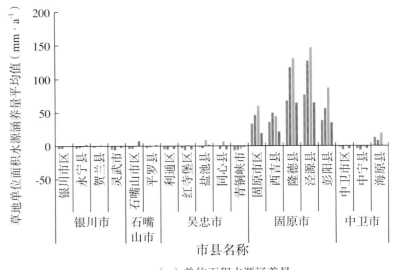

（a）单位面积水源涵养量

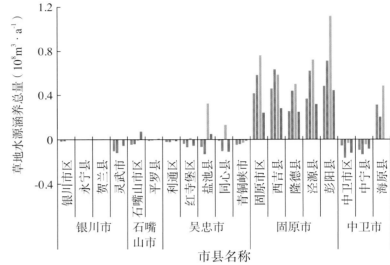

（b）水源涵养总量

■ 2000 年　■ 2005 年　□ 2010 年　■ 2015 年

图 46　2000、2005、2010、2015 年宁夏各市县草地单位面积水源涵养量 (a) 与水源涵养总量 (b)

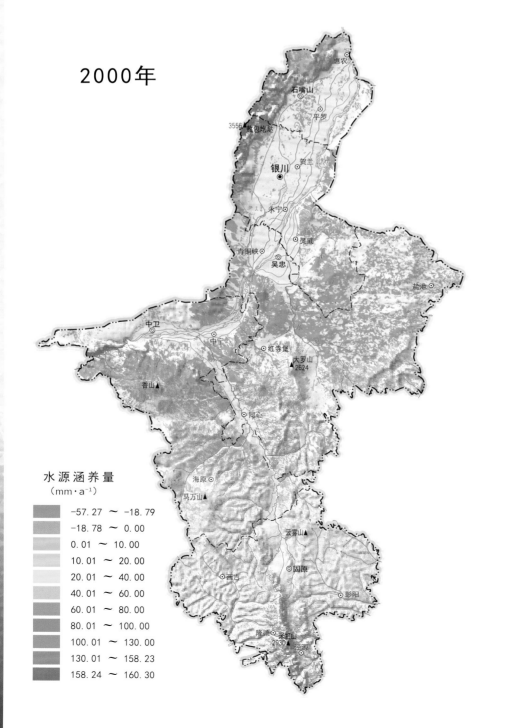

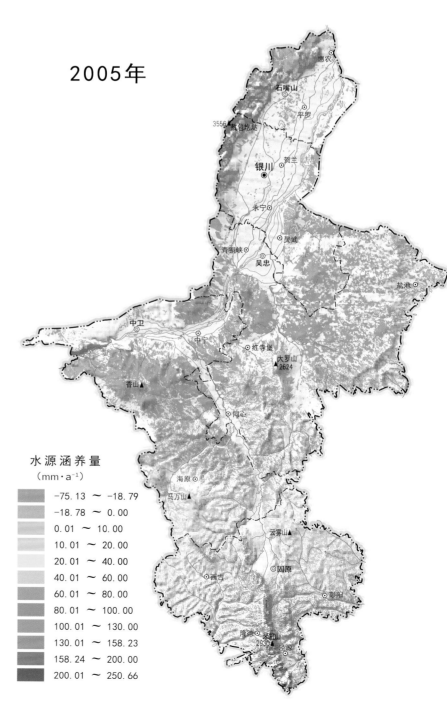

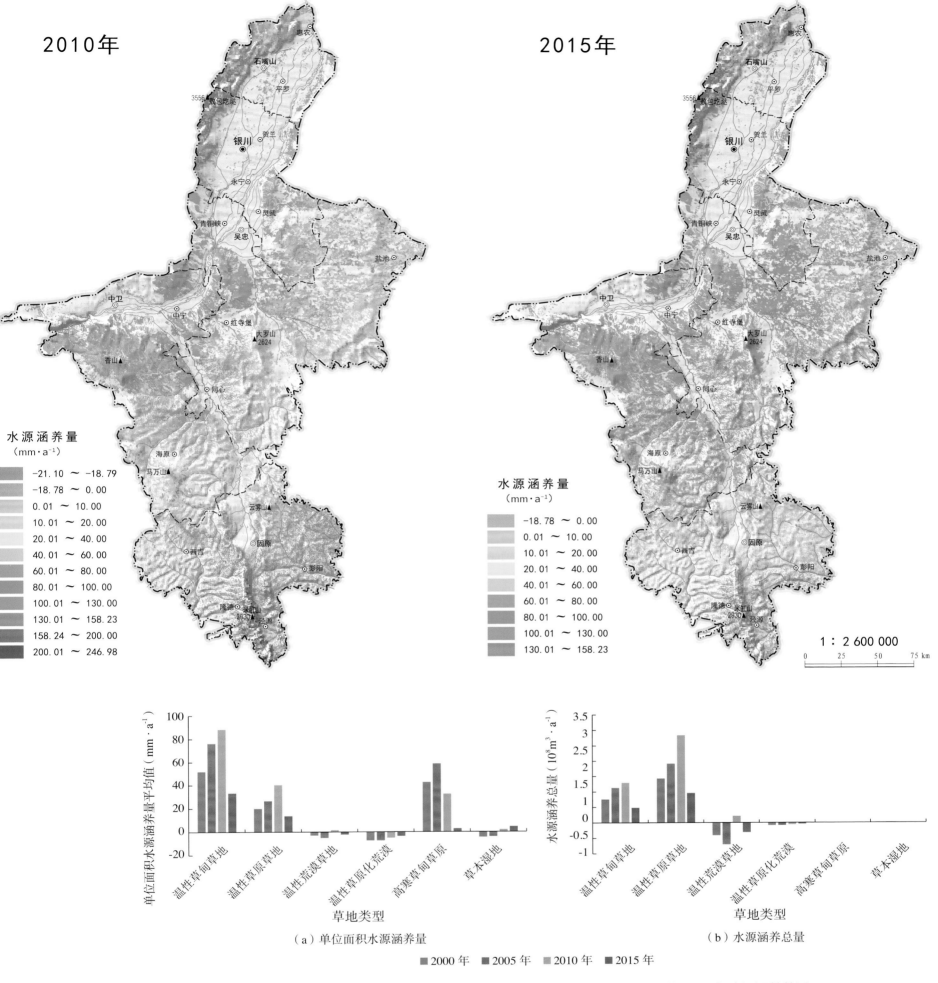

图 47　2000、2005、2010、2015 年宁夏不同草地类型单位面积水源涵养量 (a) 与水源涵养总量 (b)

$3.67 \times 10^8 m^3 \cdot a^{-1}$ 之间，占宁夏全区水源涵养总量的 62.04% ~ 89.87%。2000、2005 年吴忠市、银川市、石嘴山市的草地水源涵养总量均为负值，其中吴忠市草地的水源涵养缺口最大，在 -0.38×10^8 ~ $-0.20 \times 10^8 m^3 \cdot a^{-1}$，2010 年银川市、石嘴山市草地的水源涵养总量为负值，占宁夏全区草地水源涵养总量的比例也最低，仅为 -0.27%。2015 年银川市、中卫市和吴忠市的草地水源涵养总量均为负值，其中中卫市的草地水源涵养缺口最大，为 $-0.21 \times 10^8 m^3 \cdot a^{-1}$。可见，宁夏草地水源涵养服务在空间上呈现北部增加、南部降低的趋势。

从不同的草地类型来看（图 47），温性草甸草地的单位面积水源涵养量最大，在 33.27 ~ 88.24mm · a⁻¹ 之间，温性草原草地的水源涵养总量最大，在 0.96×10^8 ~ $2.84 \times 10^8 m^3 \cdot a^{-1}$

之间，占宁夏全区水源涵养总量 48.04% ~ 58.02%，是宁夏水源涵养服务的主要来源。温性草原化荒漠的单位面积水源涵养量在各年份均为负值，表示其不具备水源涵养功能，在 -7.47 ~ -3.68mm · a⁻¹ 之间，温性荒漠草原、草本湿地在部分年份也表现出单位面积水源涵养量的负值情况。各年份高寒草甸草地的单位面积水源涵养量也相对较高，但是由于面积较小，导致其水源涵养总量占比在正值的草地类型中为最低。除 2010 年以外，温性荒漠草原的水源涵养总量最低，在 -0.70×10^8 ~ $0.22 \times 10^8 m^3 \cdot a^{-1}$ 之间，占宁夏全区水源涵养总量的 -21.28% ~ 3.65%。2010 年温性草原化荒漠的水源涵养缺口最大，水源涵养总量为 $-0.06 \times 10^8 m^3 \cdot a^{-1}$，占宁夏全区水源涵养总量的 -1.05%。

宁夏草地水源涵养价值量

研究期间宁夏草地水源涵养服务价值总量在 $9.50 \times 10^8 \sim$ 36.31×10^8 元·a^{-1} 之间，草地平均单位面积水源涵养服务价值为 $10.45 \sim 28.07$ 元·m^{-2}·a^{-1}，均呈现先上升后下降的变化趋势，最高值均出现在 2010 年，最低值出现在 2015 年，15 年间整体呈现降低的趋势。在空间分布上与宁夏全区水源涵养服务相同，南部山区草地的平均水源涵养服务价值量相对较高，整体呈现由南向北递减的趋势。

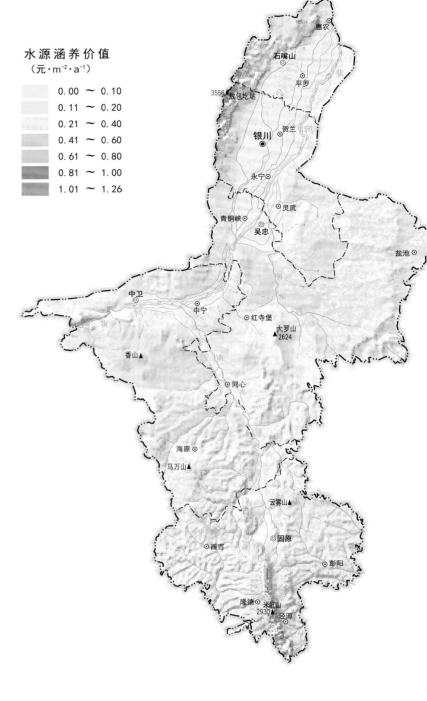

2000年

水源涵养价值
（元·m^{-2}·a^{-1}）
- 0.00 ～ 0.10
- 0.11 ～ 0.20
- 0.21 ～ 0.40
- 0.41 ～ 0.60
- 0.61 ～ 0.80
- 0.81 ～ 1.00
- 1.01 ～ 1.26

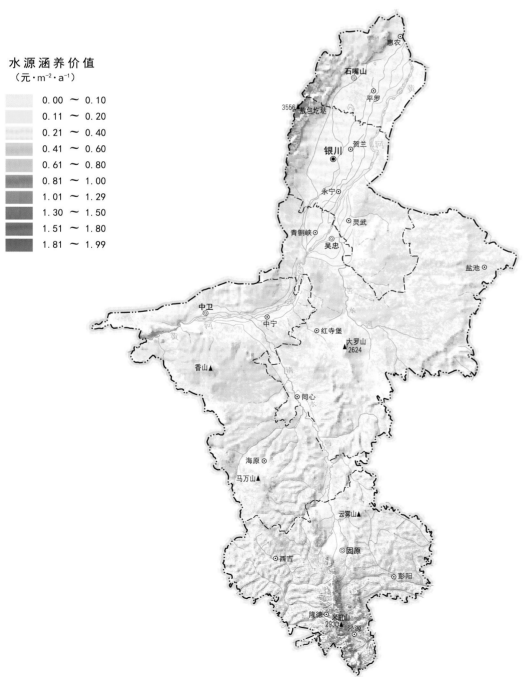

水源涵养价值
（元·m^{-2}·a^{-1}）
- 0.00 ～ 0.10
- 0.11 ～ 0.20
- 0.21 ～ 0.40
- 0.41 ～ 0.60
- 0.61 ～ 0.80
- 0.81 ～ 1.00
- 1.01 ～ 1.29
- 1.30 ～ 1.50
- 1.51 ～ 1.80
- 1.81 ～ 1.99

2005年

1：2 600 000
0   25   50   75 km

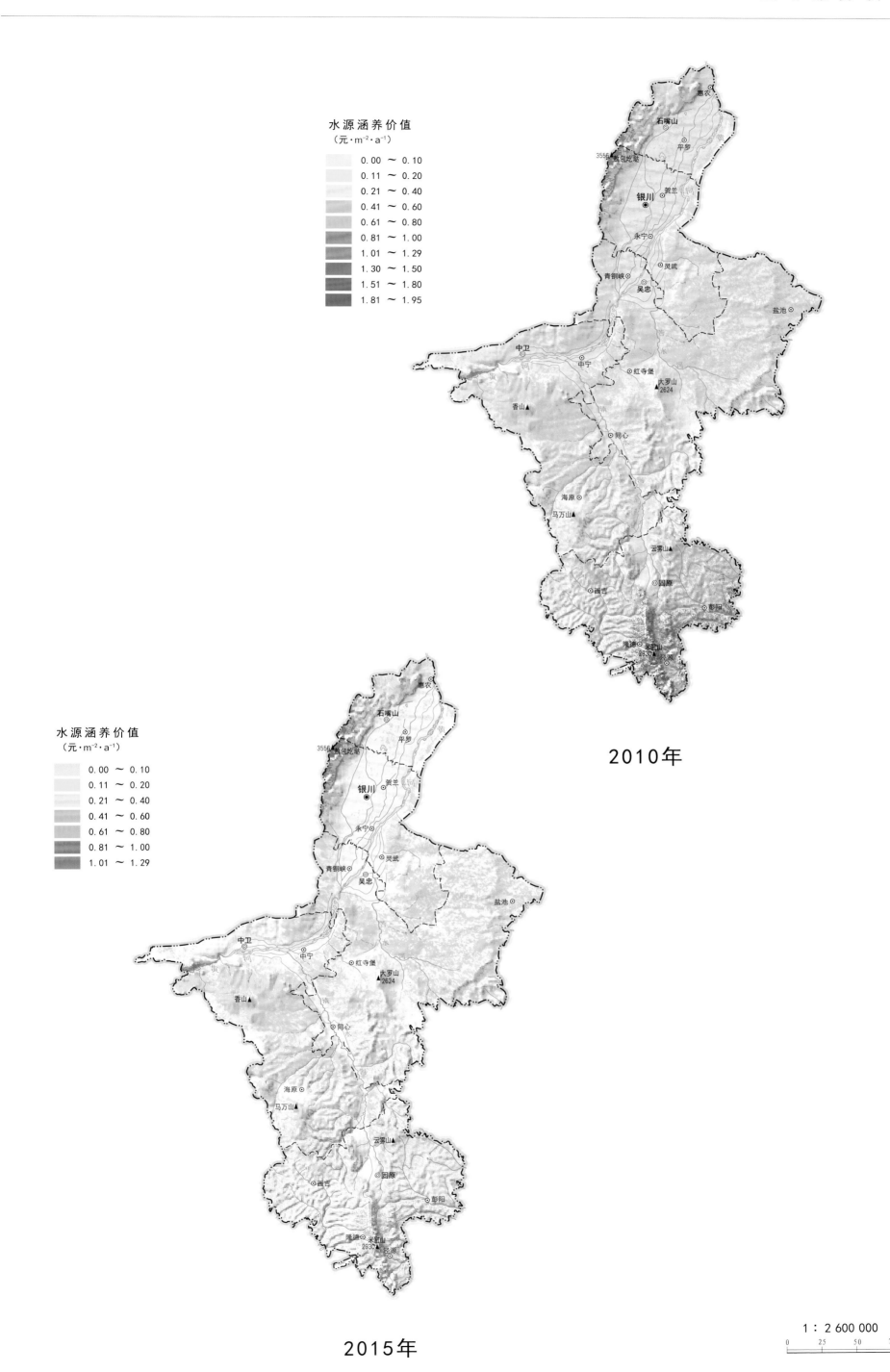

水源涵养价值
（元·m⁻²·a⁻¹）

0.00 ～ 0.10
0.11 ～ 0.20
0.21 ～ 0.40
0.41 ～ 0.60
0.61 ～ 0.80
0.81 ～ 1.00
1.01 ～ 1.29
1.30 ～ 1.50
1.51 ～ 1.80
1.81 ～ 1.95

2010年

水源涵养价值
（元·m⁻²·a⁻¹）

0.00 ～ 0.10
0.11 ～ 0.20
0.21 ～ 0.40
0.41 ～ 0.60
0.61 ～ 0.80
0.81 ～ 1.00
1.01 ～ 1.29

2015年

1 : 2 600 000

0　25　50　75 km

宁夏草地资源图集

宁夏水供给服务需求量

水供给服务的需求量即用水量，用水量数据采用水资源公报中各行政分区（地市级）的用水量，包括农业用水、工业用水、城镇生活、城镇公共、农村人畜取水、生态环境用水等。在水需求空间位置的计算上，基于人口数量和各土地利用类型的用水类别将用水数据进行空间化。

研究期间宁夏本地水供给服务需求量整体呈现逐年降低的趋势，年水供给服务需求总量在 $70.37×10^8 \sim 87.23×10^8 m^3·a^{-1}$ 之间，相比较2000年，2005、2010、2015年水供给服务需求总量降低10.50%、17.04%、19.33%。平均单位面积水供给服务需求量在 $136.11 \sim 169.26mm·a^{-1}$ 之间，同样呈现逐年降低的趋势。在空间分布上呈现北高南低的变化趋势，北部灌区的单位面积水供给服务需求总量最高，主要来自黄河引水，用于农业生产灌溉。从不同类型的水供给服务需求量来看（图48），农业需水量＞工业需水量＞城镇生活需水量＞农村人畜需水量。

在地级市层面，单位面积水供给服务需求量按降序排列为：银川市＞石嘴山市＞吴忠市＞中卫市＞固原市，水供给服务需求总量上，银川市＞中卫市＞吴忠市＞石嘴山市＞固原市（图49）。

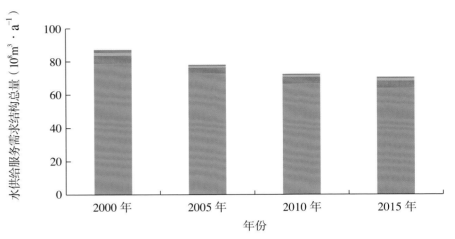

图48　2000、2005、2010、2015年宁夏水供给服务需求结构

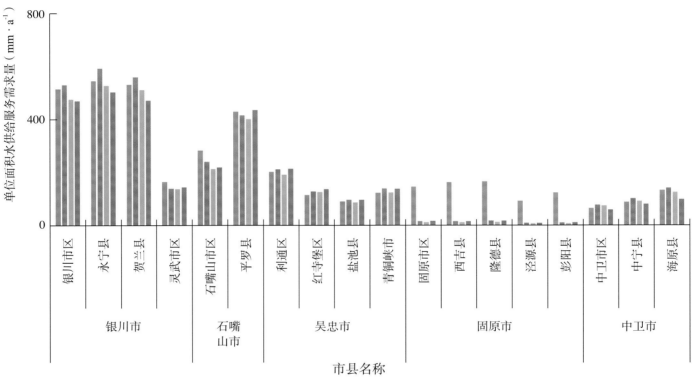

（a）单位面积水供给服务需求量

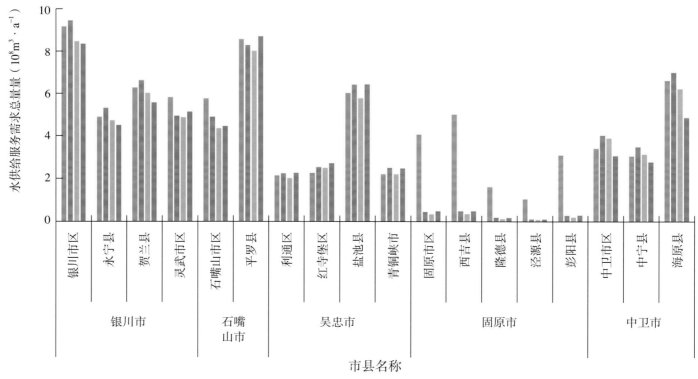

（b）水供给服务需求总量

图49　2000、2005、2010、2015年宁夏各市县单位面积水供给服务需求量(a)与水供给服务需求总量(b)

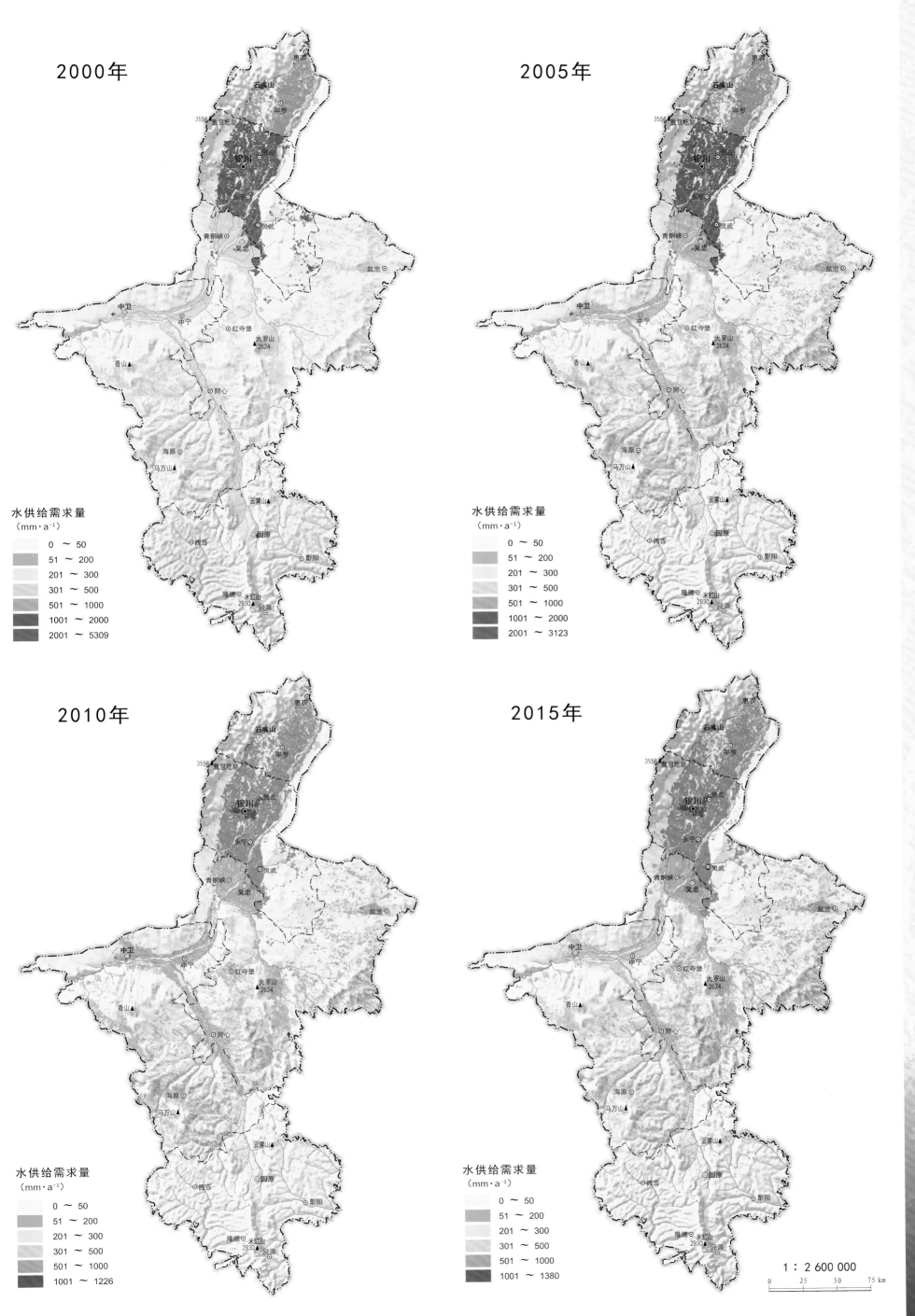

宁夏静态剩余水量

研究期间宁夏全区静态剩余水量为 $-72.33 \times 10^8 \sim$ $-50.43 \times 10^8 \mathrm{m}^3 \cdot \mathrm{a}^{-1}$，平均单位面积静态剩余水量为 $-138.64 \sim$ $-92.04 \mathrm{mm} \cdot \mathrm{a}^{-1}$，整体上为水供给服务的需求区，静态剩余水量呈现先下降后上升的趋势，2010 年最大，2000 年最小。静态剩余水量为负值的区域表示该区域本地的产水量难以满足自身用水量，需要通过水资源的自然汇流过程或人工取水进行补充。对静态剩余水量的负值区域进行统计发现，静态需水缺口总量在 $-80.75 \times 10^8 \sim -65.80 \times 10^8 \mathrm{m}^3 \cdot \mathrm{a}^{-1}$ 之间，平均单位面积静态需水缺口量为 $-155.83 \sim -126.98 \mathrm{mm} \cdot \mathrm{a}^{-1}$，呈现逐年降低的趋势。在空间分布上，北部灌区耕地为水供给服务需求的高值区，静态剩余水量为负值，存在较大的静态需水缺口，南部山区静态剩余水量均为正值，为水供给服务的供给区。

在地级市层面，除 2000 年以外固原市的静态剩余水量均为正值，表示固原市整体上为水供给服务的供给区。其他市县各年份静态剩余水量均为负值，表明其他市县整体上属于水供给服务的需求区。单位面积静态剩余水量排序与单位

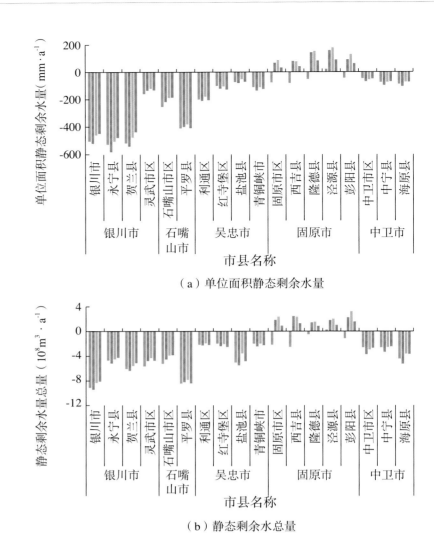

图 50　2000、2005、2010、2015 年宁夏各市县单位面积静态剩余水量(a)与静态剩余水量总量(b)

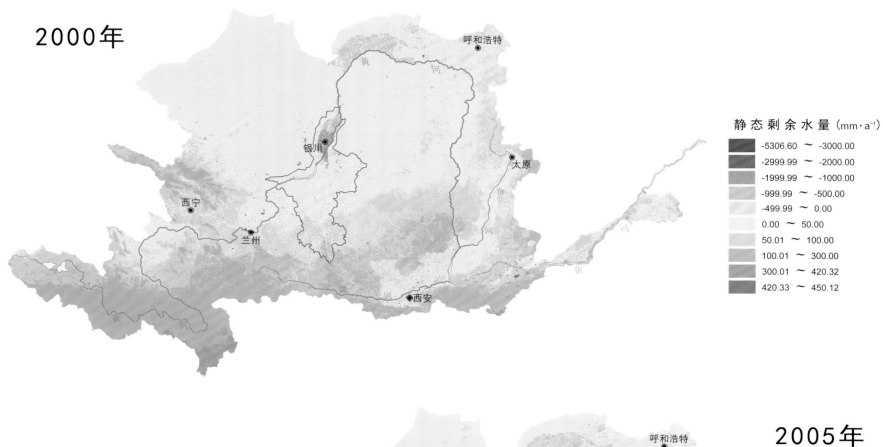

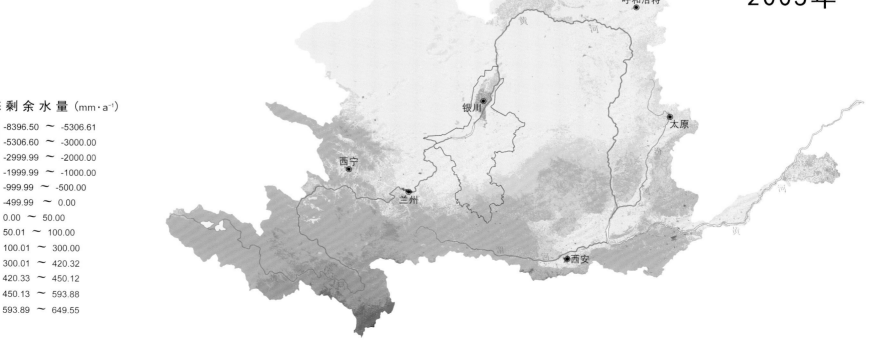

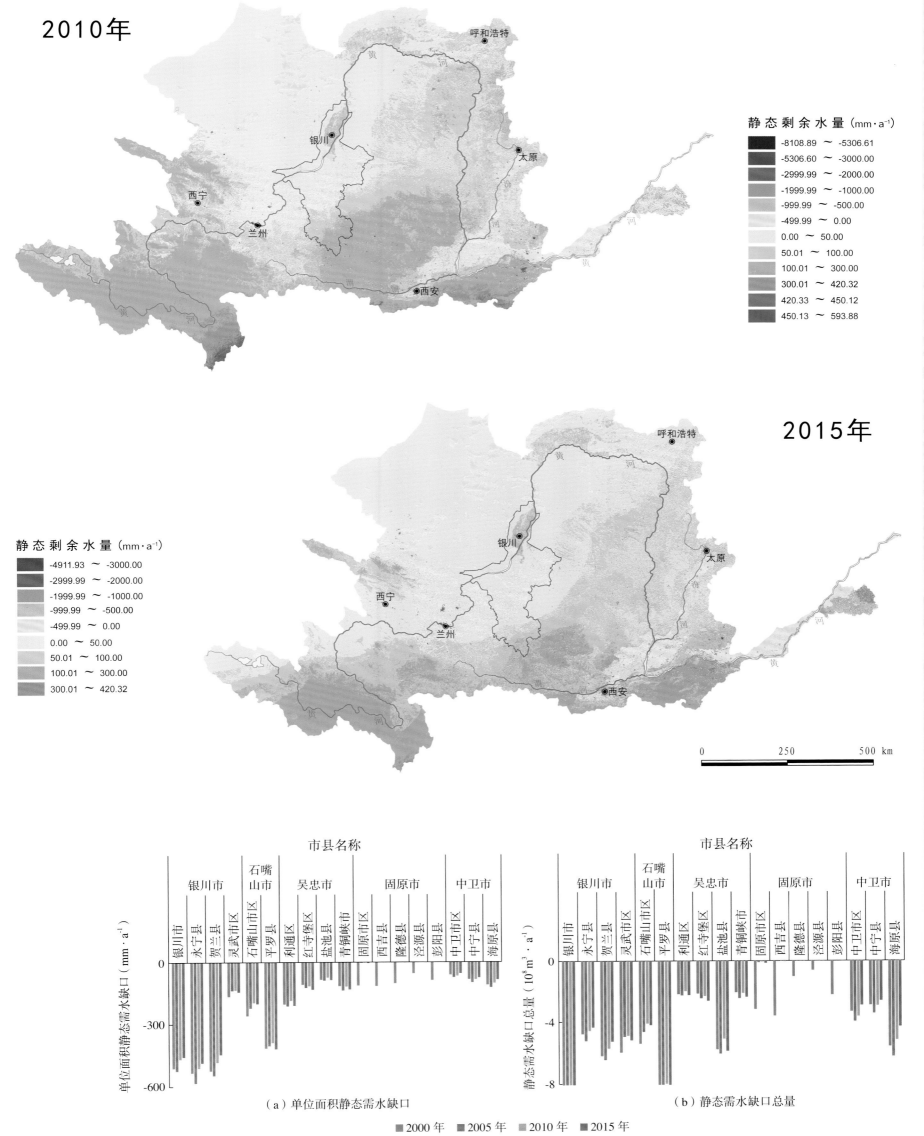

图 51　2000、2005、2010、2015 年宁夏各市县单位面积静态需水缺口 (a) 与静态需水缺口总量 (b)

面积水供给服务需求量恰好相反：银川市 < 石嘴山市 < 吴忠市 < 中卫市 < 固原市，静态剩余水量总量上，银川市 < 石嘴山市 < 吴忠市 < 中卫市 < 固原市（图 50）。

　　静态剩余水量为负值的区域属于水供给服务的实际受益区，即存在静态需水缺口的地区。对不同市县的静态需水缺口进行统计（图 51）。从地级市尺度来看，单位面积静态需水缺口排序与单位面积水供给服务需求量相同：银川市 > 石嘴山市 > 吴忠市 > 中卫市 > 固原市，静态需水缺口总量上，各年份排序有所差异，但是银川市全市静态需水缺口总量最大，各年份占宁夏全区静态需水缺口总量的 34.95% ～ 39.44%。

宁夏动态剩余水量

　　基于 DEM 模拟自然汇流状态下的水供给服务流动过程，在流动模拟的过程中，水供给静态剩余水量会优先按照上下游关系进行流动，在流经用水需求的栅格单元时，流动剩余水量会减少，反之，流动剩余水量会不断累积，继续向下游流动，最终得到流动之后的动态剩余水量。动态剩余水量仍为负值的区域，表示在自然状态下的汇流过程后，仍存在需水缺口，定义为动态需水缺口，该部分缺口不能通过自然汇流过程得以满足，需要采取人工取水、引水等形式的补充。

　　研究期间宁夏全区动态剩余水量在 $2.20 \times 10^{12} \sim 6.26 \times 10^{12} \mathrm{m}^3 \cdot \mathrm{a}^{-1}$ 之间（表 25），平均单位面积动态剩余水量为 $42450.97 \sim 120764.56 \mathrm{mm} \cdot \mathrm{a}^{-1}$，呈现先上升后下降的趋势，2005 年平均单位面积动态剩余水量最高，2015 年最低。由于黄河上游的水资源补充使得宁夏的需水缺口（单位面积静态剩余水量为负值的区域）得到满足，保证了引黄灌区的农业生产。从空间分布上来看，银川平原和中部干旱地区的动态剩余水量为负值，表明在自然水流动的情况下，这些地区的需水缺口仍然难以得到满足，因此出现了黄河引水灌渠的建设。南部山区的动态剩余水量较高，剩余水量会继续汇流进入黄河下游地区。动态剩余水量的高值区域主要集中在水体中，与自然汇流过程一致。

　　从不同市县的动态剩余水量来看（图 52），各年份所有市县的动态剩余水量均为正值，说明整体上来看，自然汇流过程满足了宁夏地区的水供给服务需求，但是具体的时空差异仍要结合动态需水缺口进行综合分析。在地级市层面，单位面积动态剩余水量按照降序排列为：石嘴山市＞银川市＞吴忠市＞中卫市＞固原市，动态剩余水量总量上，中卫市＞石嘴山市＞银川市＞吴忠市＞固原市。固原市大部分地区位于泾河、葫芦河、祖厉河的上游地区，没有其他上游水源的补给，虽然其为水供给服务的供给区，但是动态剩余水量相对于有黄河干流水源补给的其他市县要低。中卫市动态剩余水量较高的原因在于，黄河干流从中卫市进入宁夏地区，中卫市相对于需水缺口较大的银川、石嘴山市位于上游地区，水供给服务需求量还没有用于补给需水缺口。

　　在自然汇流过程以后，动态剩余水量仍为负值的区域只能通过人工取水、引水的方式满足需水缺口。对不同市县的动态需水缺口进行统计（图 53），从地级市尺度来看，单位面积动态需水缺口排序与单位面积水供给服务需求量相同：银川市＞石嘴山市＞吴忠市＞中卫市＞固原市，动态需水缺口总量上，各年份排序有所差异，但是银川市全市动态需水缺口总量在各地级市中最大，占宁夏全区动态需水缺口总量的 37.53% ～ 41.94%。

表 25　2000、2005、2010、2015 年宁夏剩余水量与需水缺口统计

单位：$10^8 \mathrm{m}^3 \cdot \mathrm{a}^{-1}$

年份	静态剩余水量	静态需水缺口	动态剩余水量	动态需水缺口	自然流动满足的静态需水缺口量	人工取水后的动态剩余水量
2000	-72.33	-80.75	32311.63	-72.25	8.51	32239.38
2005	-63.11	-73.88	62578.99	-69.43	4.45	62509.56
2010	-50.43	-65.80	42067.35	-59.09	6.71	42008.26
2015	-57.74	-66.37	21997.67	-61.08	5.29	21936.59

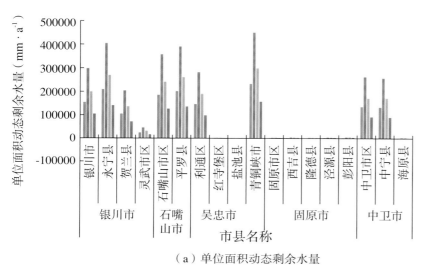

（a）单位面积动态剩余水量

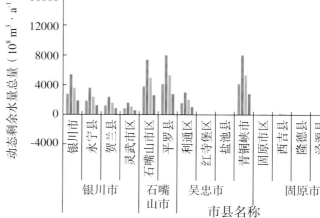

（b）动态剩余水量总量

■2000 年　■2005 年　2010 年　■2015 年

图 52　2000、2005、2010、2015 年宁夏各市县单位面积动态剩余水量 (a) 与动态剩余水量总量 (b)

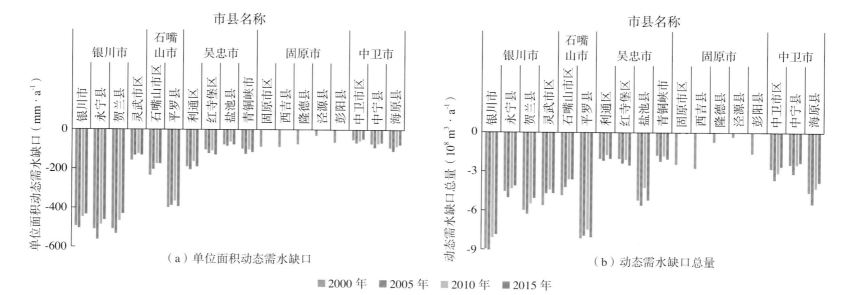

（a）单位面积动态需水缺口　　　　　　　　（b）动态需水缺口总量

■2000 年　■2005 年　2010 年　■2015 年

图 53　2000、2005、2010、2015 年宁夏各市县单位面积动态需水缺口 (a) 与动态需水缺口总量 (b)

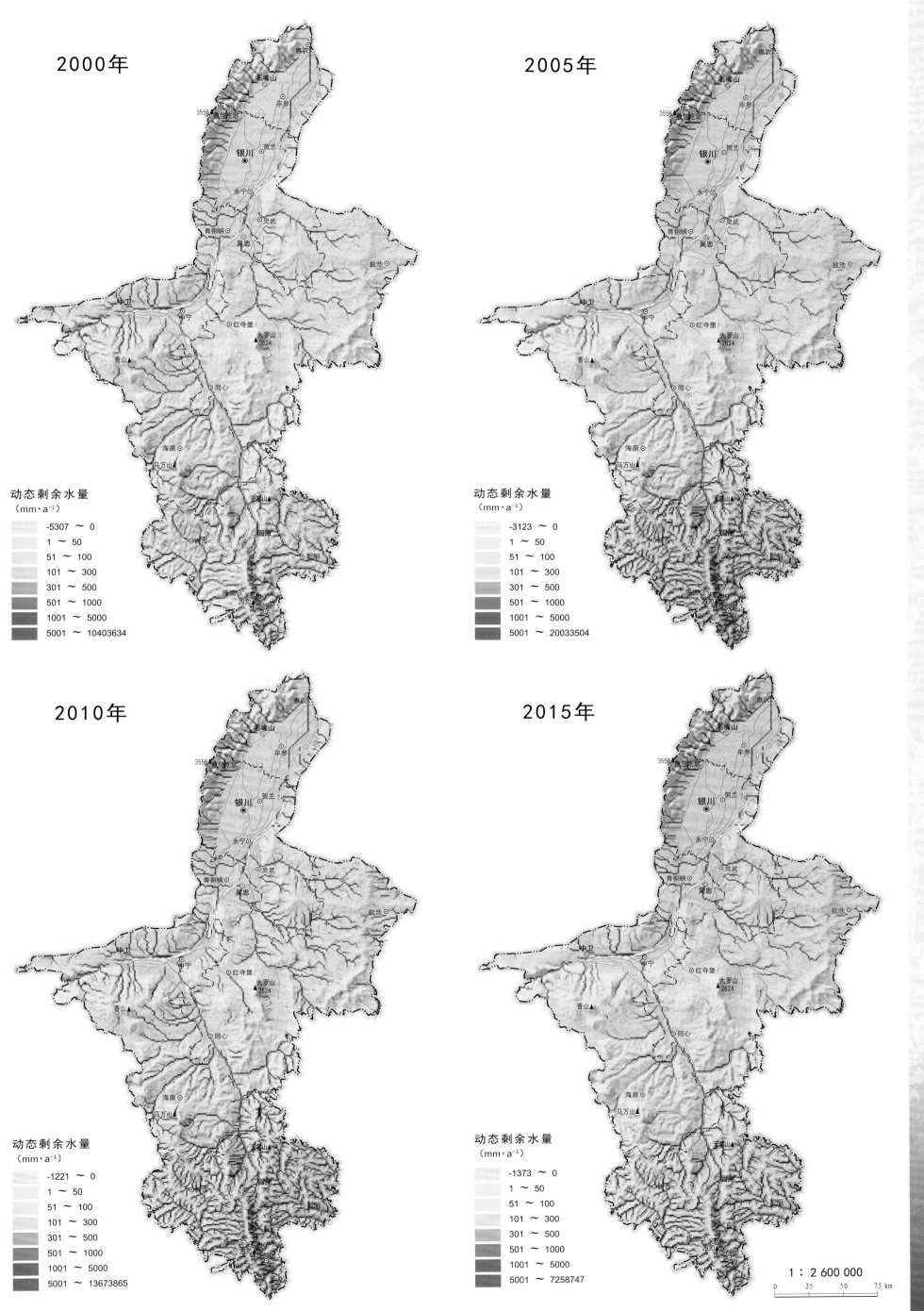

2000年

动态剩余水量
（mm·a⁻¹）
-5307 ～ 0
1 ～ 50
51 ～ 100
101 ～ 300
301 ～ 500
501 ～ 1000
1001 ～ 5000
5001 ～ 10403634

2005年

动态剩余水量
（mm·a⁻¹）
-3123 ～ 0
1 ～ 50
51 ～ 100
101 ～ 300
301 ～ 500
501 ～ 1000
1001 ～ 5000
5001 ～ 20033504

2010年

动态剩余水量
（mm·a⁻¹）
-1221 ～ 0
1 ～ 50
51 ～ 100
101 ～ 300
301 ～ 500
501 ～ 1000
1001 ～ 5000
5001 ～ 13673865

2015年

动态剩余水量
（mm·a⁻¹）
-1373 ～ 0
1 ～ 50
51 ～ 100
101 ～ 300
301 ～ 500
501 ～ 1000
1001 ～ 5000
5001 ～ 7258747

1：2 600 000
0　　25　　50　　75 km

宁夏区域尺度水供给服务物质流

分析宁夏与相邻各子流域的非宁夏区域之间的水供给服务流动,从而确定宁夏的动态需水缺口如何得以补充。根据对动态剩余水量在宁夏与各子流域非宁夏区域之间的流动量得出,下河沿以上、清水河—苦水河、下河沿至石嘴山、河西内陆河—石羊河、河西内陆河—河西荒漠、内流区子流域中的非宁夏区域作为宁夏水供给服务的供给区,研究期间净流入水供给服务总量为 $135.86 \times 10^8 \sim 294.22 \times 10^8 \text{m}^3$。其中下河沿以上子流域中的非宁夏区域是宁夏地区水供给服务的主要源区,研究期间水供给服务净流入宁夏的量在 $111.27 \times 10^8 \sim 266.35 \times 10^8 \text{m}^3$ 之间,呈现先上升后下降的变化趋势,2005年最高,2015年最低。其次为清水河—苦水河子流域的非宁夏区域,研究期间净流入宁夏的水供给服务量在 $2.81 \times 10^8 \sim 8.10 \times 10^8 \text{m}^3$ 之间,呈现逐年下降的趋势。

下河沿至石嘴山、河西内陆河—石羊河、河西内陆河—河西荒漠、内流区子流域中的非宁夏区域净流入宁夏的水供给服务量相对较少(表26)。

对于宁夏水供给服务的受益区,研究期间石嘴山至河口镇的非宁夏区域得到宁夏水供给服务的净流入量在 $72.56 \times 10^8 \sim 199.99 \times 10^8 \text{m}^3$ 之间,呈现先上升后下降的变化趋势,2005年受益水供给服务量最大,但是该数值为不考虑银川平原人工引水对下游水供给服务流入量的削弱效应所得,现实情况下的该部分净流入量会有所减少。研究期间龙门至三门峡子流域非宁夏区域能够得到宁夏水供给服务净流入 $0.19 \times 10^8 \sim 0.56 \times 10^8 \text{m}^3$,呈现先上升后下降的变化特征,但是2010年受益水供给服务流入量最大,2000年最小。

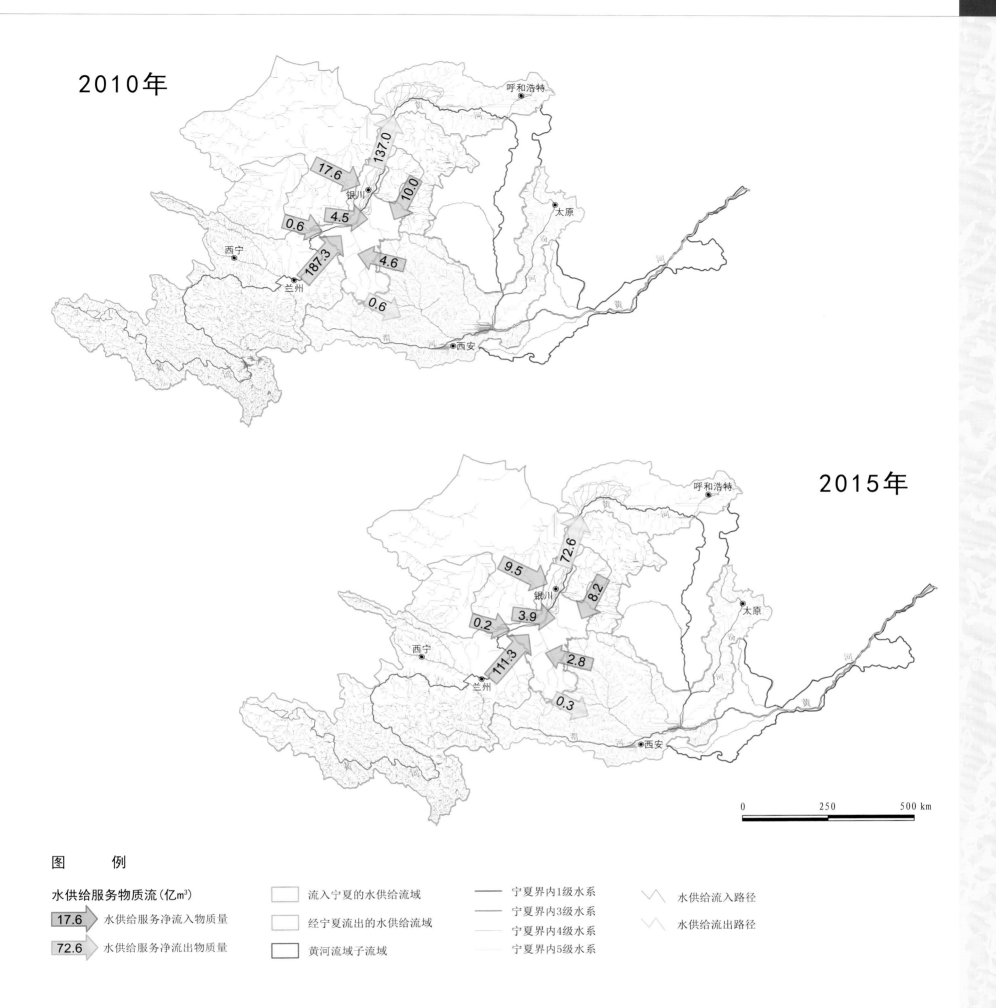

2010年

2015年

图　　例

水供给服务物质流（亿m³）

17.6　水供给服务净流入物质量

72.6　水供给服务净流出物质量

流入宁夏的水供给流域

经宁夏流出的水供给流域

黄河流域子流域

宁夏界内1级水系
宁夏界内3级水系
宁夏界内4级水系
宁夏界内5级水系

水供给流入路径

水供给流出路径

表 26　2000、2005、2010、2015 年宁夏与邻近流域的非宁夏部分的水供给服务实物流动量统计

单位：亿 m³

物质流		邻近流域（均表示各流域中的非宁夏区域）								物质流		邻近流域（均表示各流域中的非宁夏区域）							
		A	B	C	D	E	F	G	H			A	B	C	D	E	F	G	H
2000 年	a	102.86	0.09	1.19	104.00	0.08	0.30	0.07	0.08	2010 年	a	129.98	0.20	3.88	137.00	0.32	0.85	0.04	0.06
	b	266.47	8.19	2.82	0.02	3.23	0.11	0.61	14.86		b	317.31	4.83	8.39	0.03	10.34	0.29	0.62	17.66
	c	163.62	8.10	1.64	-103.98	3.15	-0.19	0.54	14.79		c	187.33	4.63	4.51	-136.97	10.02	-0.56	0.58	17.61
2005 年	a	198.81	0.12	0.86	200.00	0.07	0.68	0.02	0.02	2015 年	a	69.41	0.07	3.42	72.60	0.22	0.38	0.02	0.01
	b	465.16	7.09	1.88	0.01	3.79	0.21	0.77	15.43		b	180.69	2.88	7.29	0.04	8.45	0.11	0.20	9.51
	c	266.35	6.97	1.02	-199.99	3.72	-0.47	0.75	15.41		c	111.27	2.81	3.87	-72.56	8.23	-0.27	0.18	9.50

注：A 为兰州至下河沿；B 为清水河—苦水河；C 为下河沿至石嘴山；D 为石嘴山至河口镇；E 为内流区；F 为龙门至三门峡；G 为河西内陆河—石羊河；H 为河西内陆河—
河西荒漠；a 为流出宁夏的水供给服务物质量；b 为流入宁夏的水供给服务物质量；c 为宁夏净流入水供给服务物质量。

宁夏区域尺度水供给服务价值流

　　采用影子工程法计算水供给服务价值量，得到研究期间宁夏水供给服务价值流（表27），研究期间供给区净流入宁夏的水供给服务价值流总量为1077.39×10⁸～2333.16×10⁸元。下河沿以上子流域中的非宁夏区域是宁夏地区水供给服务价值的主要源区，研究期间水供给服务服务净流入宁夏的价值量在882.40×10⁸～2112.16×10⁸元之间，呈现先上升后下降的变化趋势，2005年最高，2015年最低。其次为清水河—苦水河子流域的非宁夏区域，研究期间净流入宁夏的水供给服务价值量在22.28×10⁸～64.23×10⁸元之间，呈现逐年下降的趋势。下河沿至石嘴山、河西内陆河—石羊河、河西内陆河—河西荒漠、内流区子流域中的非宁夏区域净流入宁夏的水供给服务价值量相对较少。

　　对于宁夏水供给服务的受益区，研究期间宁夏净流出水供给服务价值流577.54×10⁸～1589.65×10⁸元。其中石嘴山至河口镇的非宁夏区域得到水供给服务价值的净流入量为575.40×10⁸～1585.92×10⁸元，呈现先上升后下降的变化趋势，2005年水供给服务价值流量最大，但是该数值为不考虑银川平原人工引水对下游水供给服务流入量的削弱效应，现实情况下的该净流入价值量会有所减少。研究期间龙门至三门峡子流域非宁夏区域能够得到宁夏水供给服务净流入1.51×10⁸～2.14×10⁸元，呈现先上升后下降的变化特征，但是2010年受益水供给服务流入量最大，2000年最小。

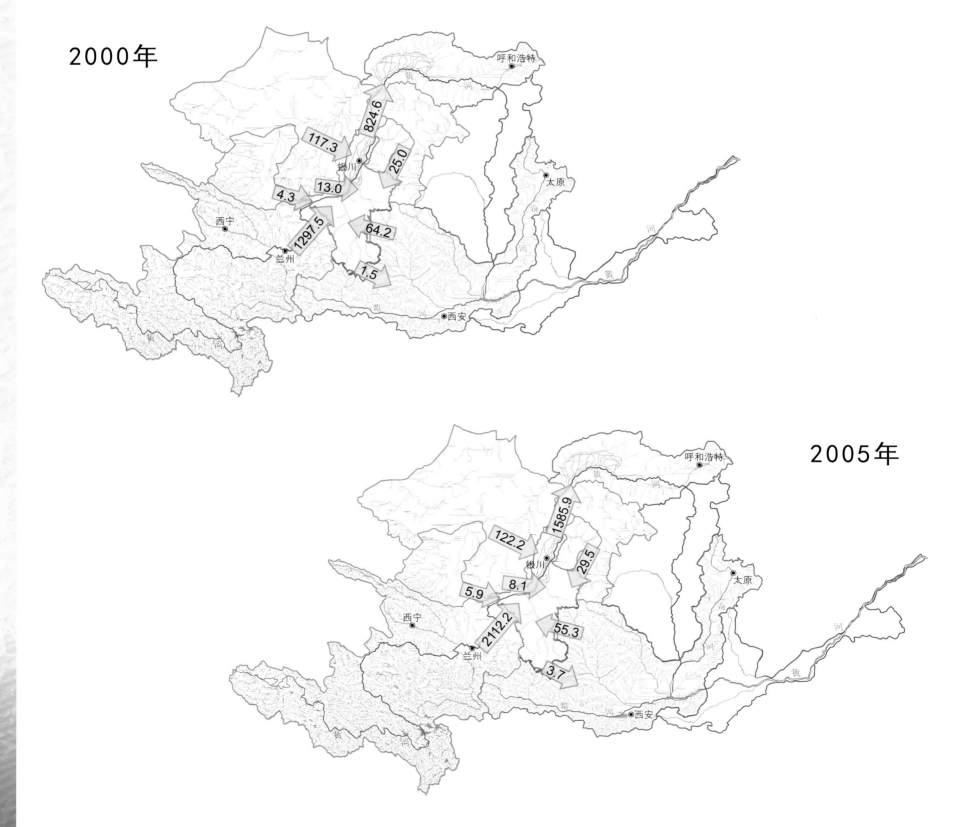

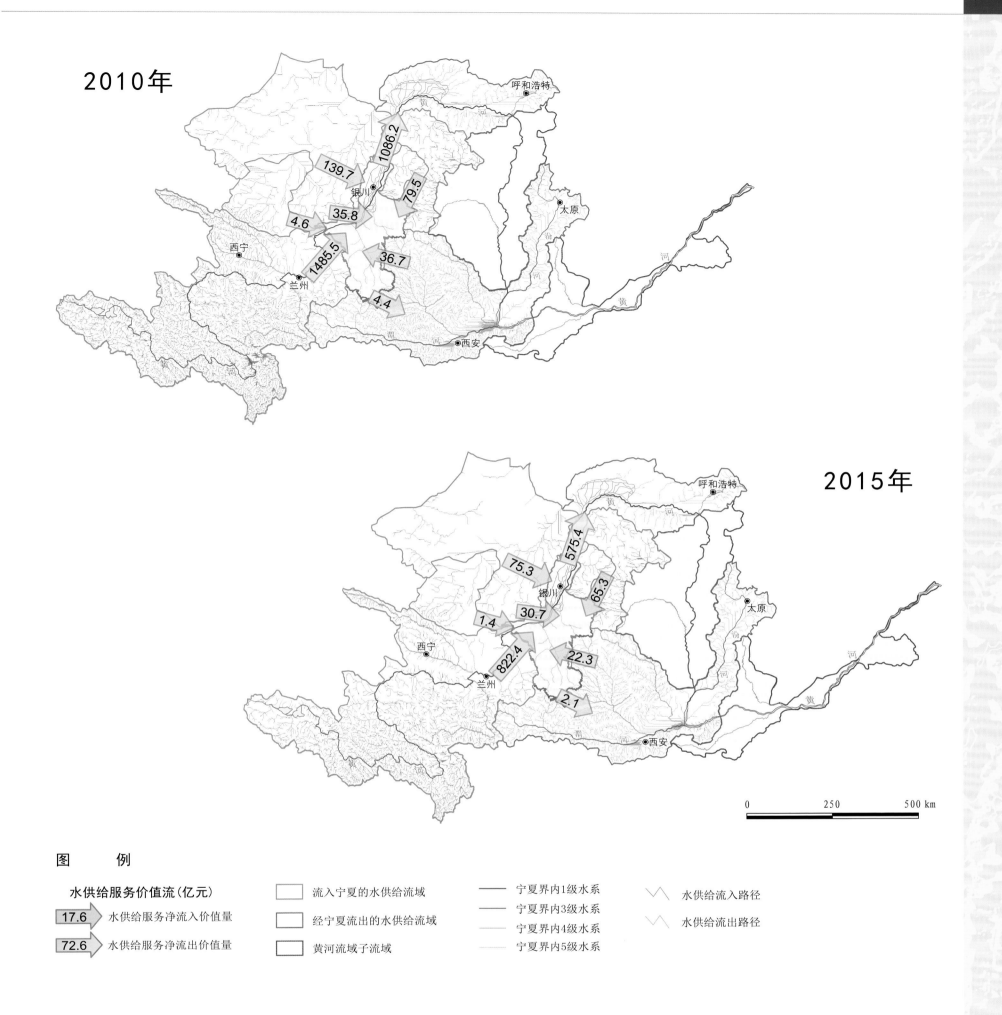

表 27　2000、2005、2010、2015 年宁夏与邻近流域的非宁夏部分的水供给服务价值流动量统计

单位：亿元

价值流		邻近流域（均表示各流域中的非宁夏区域）								价值流		邻近流域（均表示各流域中的非宁夏区域）							
		A	B	C	D	E	F	G	H			A	B	C	D	E	F	G	H
2000 年	a	815.64	0.71	9.44	824.72	0.63	2.38	0.52	0.63	2010 年	a	1030.76	1.59	30.77	1086.41	2.54	6.74	0.32	0.48
	b	2113.13	64.95	22.36	0.16	25.61	0.87	4.83	117.84		b	2516.26	38.30	66.53	0.24	82.00	2.30	4.89	140.04
	c	1297.49	64.23	13.01	-824.56	24.98	-1.51	4.31	117.28		c	1485.50	36.72	35.76	-1086.17	79.46	-4.44	4.57	139.65
2005 年	a	1576.56	0.95	6.82	1586.00	0.56	5.39	0.17	0.16	2015 年	a	550.44	0.56	27.12	575.72	1.74	3.01	0.16	0.08
	b	3688.72	56.22	14.91	0.08	30.05	1.67	6.12	122.36		b	1432.84	22.84	57.81	0.32	67.01	0.87	1.58	75.41
	c	2112.16	55.27	8.09	-1585.92	29.50	-3.73	5.94	122.20		c	882.40	22.28	30.69	-575.40	65.26	-2.14	1.42	75.34

注：A 为兰州至下河沿；B 为清水河—苦水河；C 为下河沿至石嘴山；D 为石嘴山至河口镇；E 为内流区；F 为龙门至三门峡；G 为河西内陆河—石羊河；H 为河西内陆河—
　　河西荒漠；a 为流出宁夏的水供给服务价值量；b 为流入宁夏的水供给服务价值量；c 为宁夏净流入水供给服务价值量。

宁夏草地固碳量

研究期间宁夏全区草地植被固碳总量为 $6.55 \times 10^{12} \sim$ $8.15 \times 10^{12} g \cdot a^{-1}$，草地平均单位面积植被固碳量为 353.45 ～ $452.12 g \cdot m^{-2} \cdot a^{-1}$，均呈现"下降—上升—下降"的趋势。在空间分布上，草地植被固碳的高值区主要位于南部六盘山、西北部贺兰山一带，低值区主要位于中部干旱带的草地。主要由于宁夏自南向北由半湿润气候向半干旱气候过渡，南部山区水热条件较好，且草甸草地主要分布在宁夏南部山区，植被生产力较高，植被固碳量相应较高。中部和北部地区气候相对干旱，沙地广布，多为温性荒漠草原或温性草原化荒漠，植被生产力较低，植被固碳量较低。

从地级市的层面来看（图 54），研究期间固原市草地的单位面积固碳平均值最高，在 622.96 ～ 722.93 $g \cdot m^{-2} \cdot a^{-1}$ 之间，呈现"下降—上升—下降"的波动变化特征，其中 2005 年最低，2010 年最高。各年份草地单位面积固碳平均值最低的地级市分别为吴忠市、银川市、石嘴山市、石嘴山市，在 169.35 ～ 218.03 $g \cdot m^{-2} \cdot a^{-1}$ 之间。在草地固碳总量上，研究期间固原市的草地固碳总量最高，在 $2.94 \times 10^{12} \sim 3.47 \times 10^{12} g \cdot a^{-1}$ 之间，其中 2005 年最低，2010 年最高，占宁夏全区固碳总量的 18.95% ～ 21.51%。石嘴山市的最低，在 $0.26 \times 10^{12} \sim 0.35 \times 10^{12} g \cdot a^{-1}$ 之间，占宁夏全区固碳总量的 1.73% ～ 2.13%。

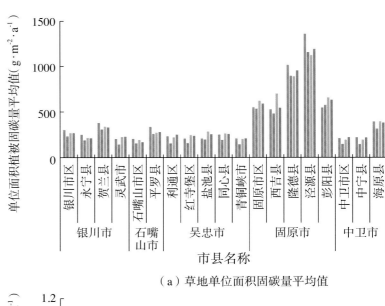

（a）草地单位面积固碳量平均值

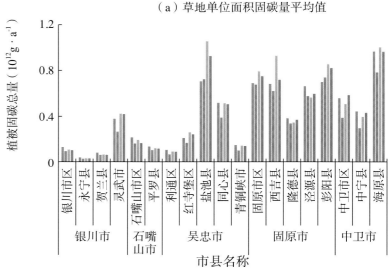

（b）草地固碳总量

■ 2000 年　■ 2005 年　■ 2010 年　■ 2015 年

图 54　2000、2005、2010、2015 年宁夏不同市县草地单位面积固碳量平均值 (a) 与草地固碳总量 (b)

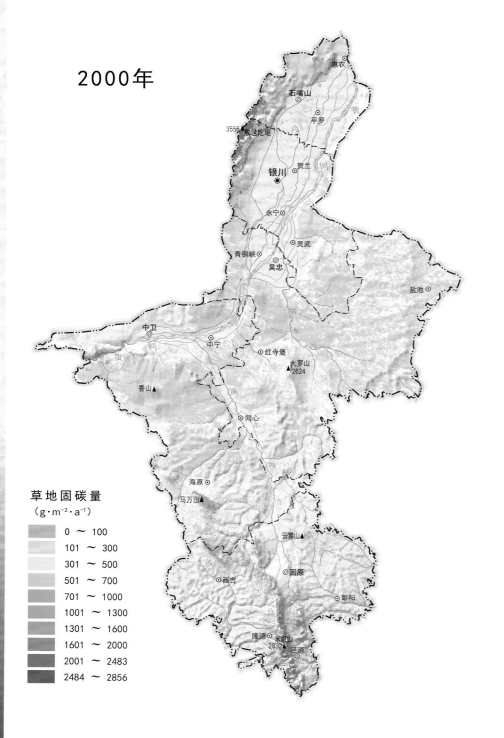

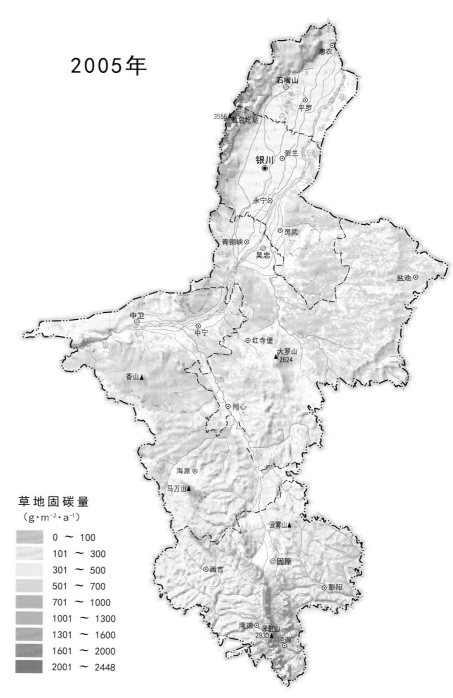

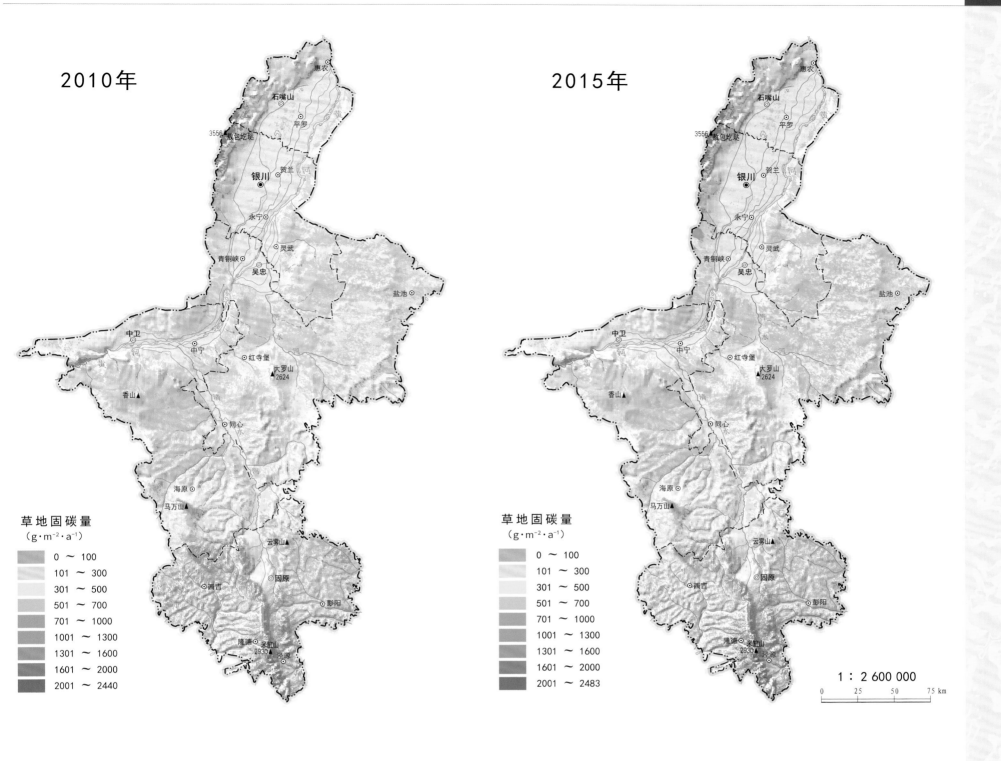

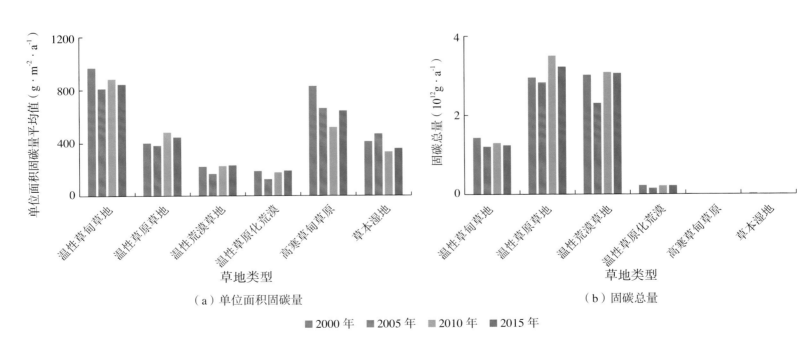

图 55　2000、2005、2010、2015 年宁夏不同草地类型单位面积固碳量 (a) 与草地固碳总量 (b)

从不同的草地类型来看（图 55），单位面积固碳量平均值按照降序排列为温性草甸草地、高寒草甸草原、草本湿地或温性草原草地、温性荒漠草地、温性草原化荒漠。研究期间温性草甸草地的单位面积固碳量最高，在 812.38 ～ 970.11g·m⁻²·a⁻¹ 之间，温性草原化荒漠的最低，

在 125.30 ～ 190.13g·m⁻²·a⁻¹ 之间。从草地固碳总量来看，2000 年温性荒漠草地的固碳总量最高，为 3.03×10¹²g·a⁻¹，占当年宁夏全区固碳总量的 18.47%，其余年份温性草原草地的固碳总量最高，在 2.84×10¹² ～ 3.51×10¹²g·a⁻¹ 之间，占当年宁夏全区固碳总量的 19.80% ～ 21.12%。

宁夏草地释氧量

　　研究期间宁夏全区草地植被释氧总量在 $4.76×10^{12}$ ～ $5.93×10^{12}g·a^{-1}$ 之间，草地平均单位面积植被释氧量在 275.05 ～ $328.81g·m^{-2}·a^{-1}$ 之间，均呈现"下降—上升—下降"的趋势，2010 年达到最高，2005 年最低。在整体空间分布上，草地植被释氧的高值区主要位于南部六盘山、西北部贺兰山一带，低值区主要位于中部干旱带的草地。主要由于宁夏自南向北由半湿润气候向半干旱气候过渡，南部山区水热条件较好，且草甸草地主要分布在宁夏南部山区，植被生产力较高，植被释氧量相应较高。中部和北部地区气候相对干旱，沙地广布，多为温性荒漠草原或温性草原化荒漠，植被生产力较低，植被释氧量较低。

　　从地级市的层面来看，研究期间固原市的草地单位面积释氧平均值最高，在 453.06 ～ $525.77g·m^{-2}·a^{-1}$ 之间。草地单位面积释氧平均值最低的地级市分别为吴忠市、银川市、石嘴山市、石嘴山市，在 123.16 ～ $158.57g·m^{-2}·a^{-1}$ 之间。在草地释氧总量上，研究期间固原市草地的释氧总量最高，在 $2.14×10^{12}$ ～ $2.52×10^{12}g·a^{-1}$ 之间，其中 2005 年最低，2010 年最高，占宁夏全区释氧总量的 18.95% ～ 21.51%。石嘴山市草地的释氧总量最低，在 $0.19×10^{12}$ ～ $0.25×10^{12}g·a^{-1}$ 之间，占宁夏全区释氧总量的 1.73% ～ 2.13%（图 56）。

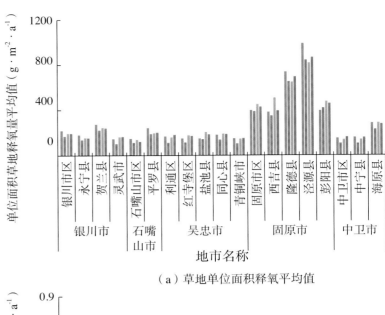

（a）草地单位面积释氧平均值

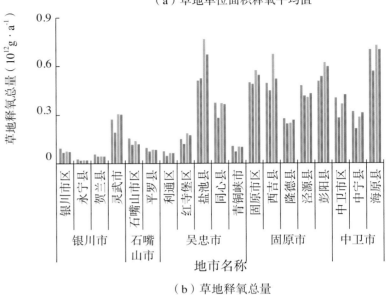

（b）草地释氧总量

■ 2000 年　■ 2005 年　■ 2010 年　■ 2015 年

图 56　2000、2005、2010、2015 年宁夏不同市县草地单位面积释氧量平均值 (a) 与草地释氧总量 (b)

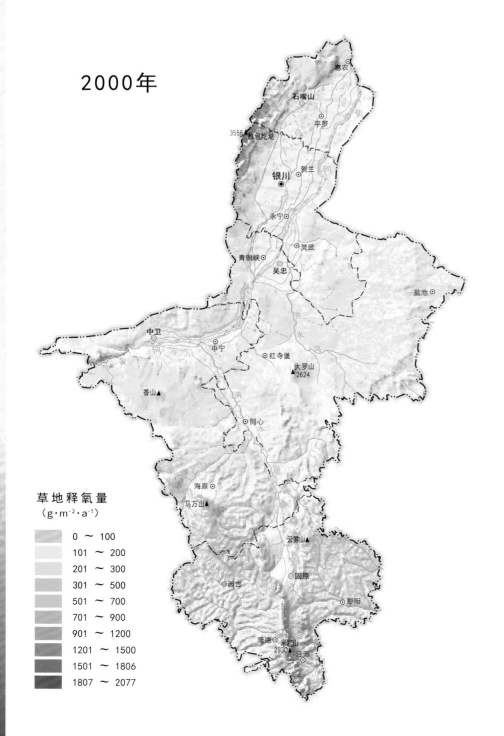

2000年

草地释氧量
（g·m⁻²·a⁻¹）

0 ～ 100
101 ～ 200
201 ～ 300
301 ～ 500
501 ～ 700
701 ～ 900
901 ～ 1200
1201 ～ 1500
1501 ～ 1806
1807 ～ 2077

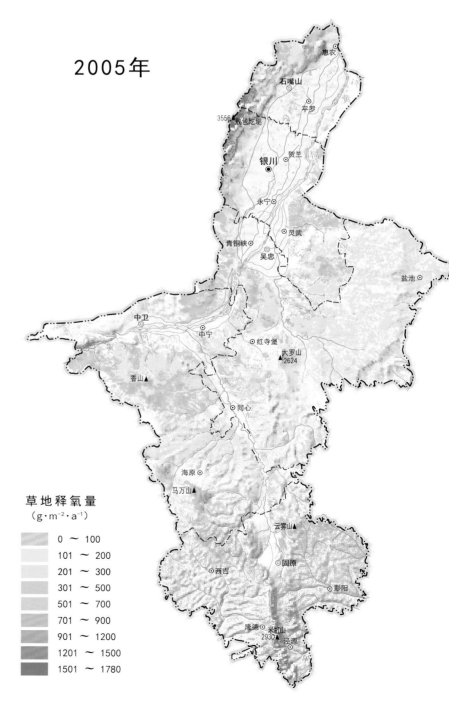

2005年

草地释氧量
（g·m⁻²·a⁻¹）

0 ～ 100
101 ～ 200
201 ～ 300
301 ～ 500
501 ～ 700
701 ～ 900
901 ～ 1200
1201 ～ 1500
1501 ～ 1780

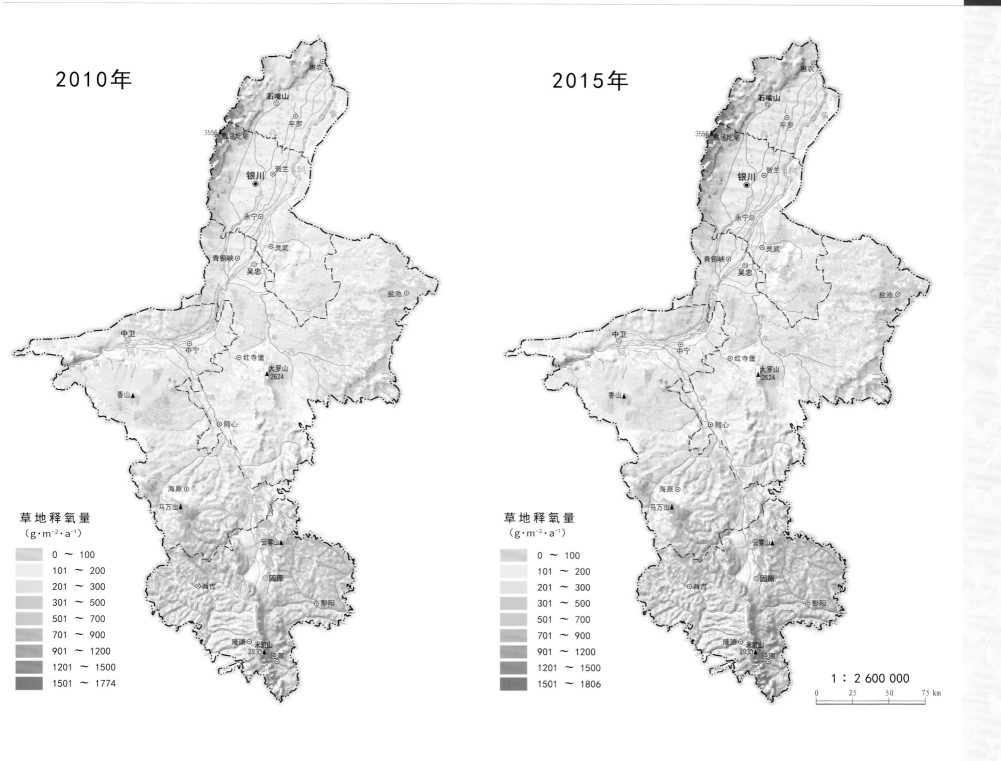

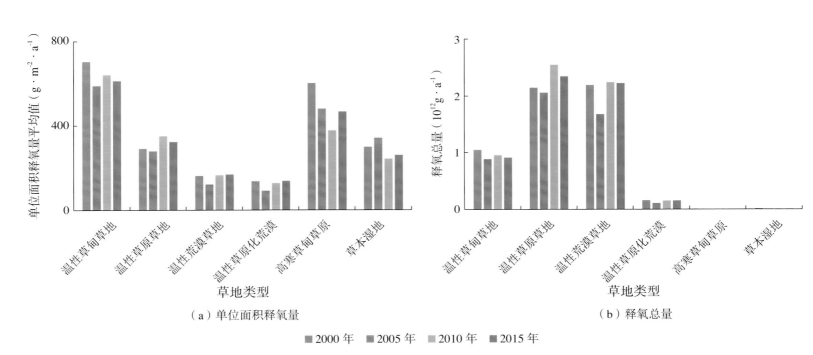

图 57   2000、2005、2010、2015 年宁夏不同草地类型单位面积释氧量 (a) 与草地释氧总量 (b)

从不同的草地类型来看（图 57），单位面积释氧量平均值按照降序排列为温性草甸草地、高寒草甸草原、草本湿地或温性草原草地、温性荒漠草地、温性草原化荒漠。研究期间温性草甸草地的单位面积释氧量最高，在 590.82 ～ 705.53g·m^{-2}·a^{-1} 之间，温性草原化荒漠的最低，

在 91.13 ～ 138.27g·m^{-2}·a^{-1} 之间。从草地释氧总量来看，2000 年温性荒漠草地的释氧总量最高，为 2.20×10^{12}g·a^{-1}，占当年宁夏全区释氧总量的 18.47%，其余年份温性草原草地的释氧总量最高，在 2.06×10^{12} ～ 2.55×10^{12}g·a^{-1} 之间，占当年宁夏全区释氧总量的 19.80% ～ 21.12%。

宁夏草地固碳价值

　　研究期间宁夏草地固碳服务价值为 $231.23 \times 10^8 \sim$ 266.62×10^8 元·a^{-1}，草地平均单位面积固碳服务价值为 $0.69 \sim 0.81$ 元·m^{-2}·a^{-1}，均呈现"下降—上升—下降"的波动变化趋势，最高值在2010年，最低值在2015年，15年间整体呈现降低的趋势，但是降低幅度不大。在空间分布上与草地固碳服务相同，整体呈现由南向北递减的趋势。

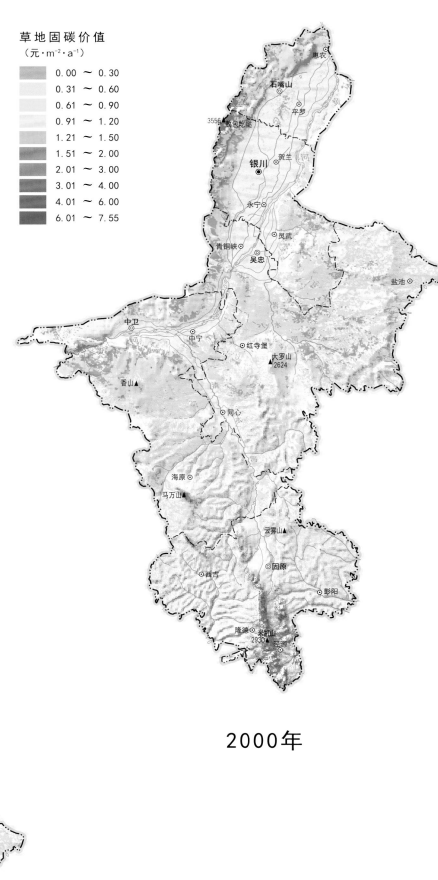

草地固碳价值
（元·m^{-2}·a^{-1}）

	0.00 ～ 0.30
	0.31 ～ 0.60
	0.61 ～ 0.90
	0.91 ～ 1.20
	1.21 ～ 1.50
	1.51 ～ 2.00
	2.01 ～ 3.00
	3.01 ～ 4.00
	4.01 ～ 6.00
	6.01 ～ 7.55

2000年

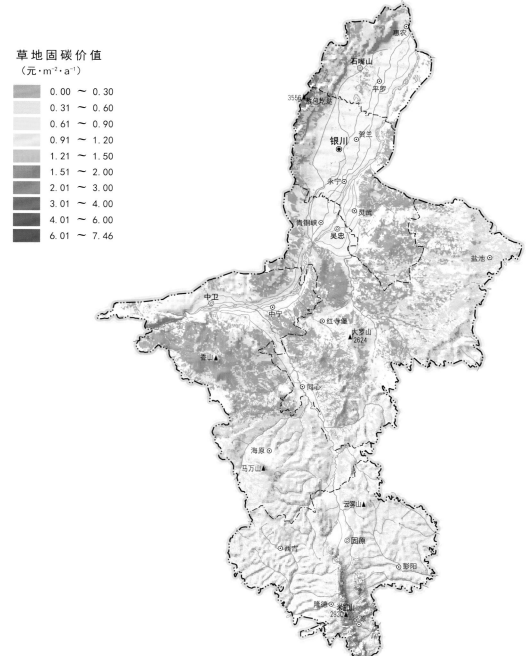

草地固碳价值
（元·m^{-2}·a^{-1}）

	0.00 ～ 0.30
	0.31 ～ 0.60
	0.61 ～ 0.90
	0.91 ～ 1.20
	1.21 ～ 1.50
	1.51 ～ 2.00
	2.01 ～ 3.00
	3.01 ～ 4.00
	4.01 ～ 6.00
	6.01 ～ 7.46

2005年

1：2 600 000

0　25　50　75 km

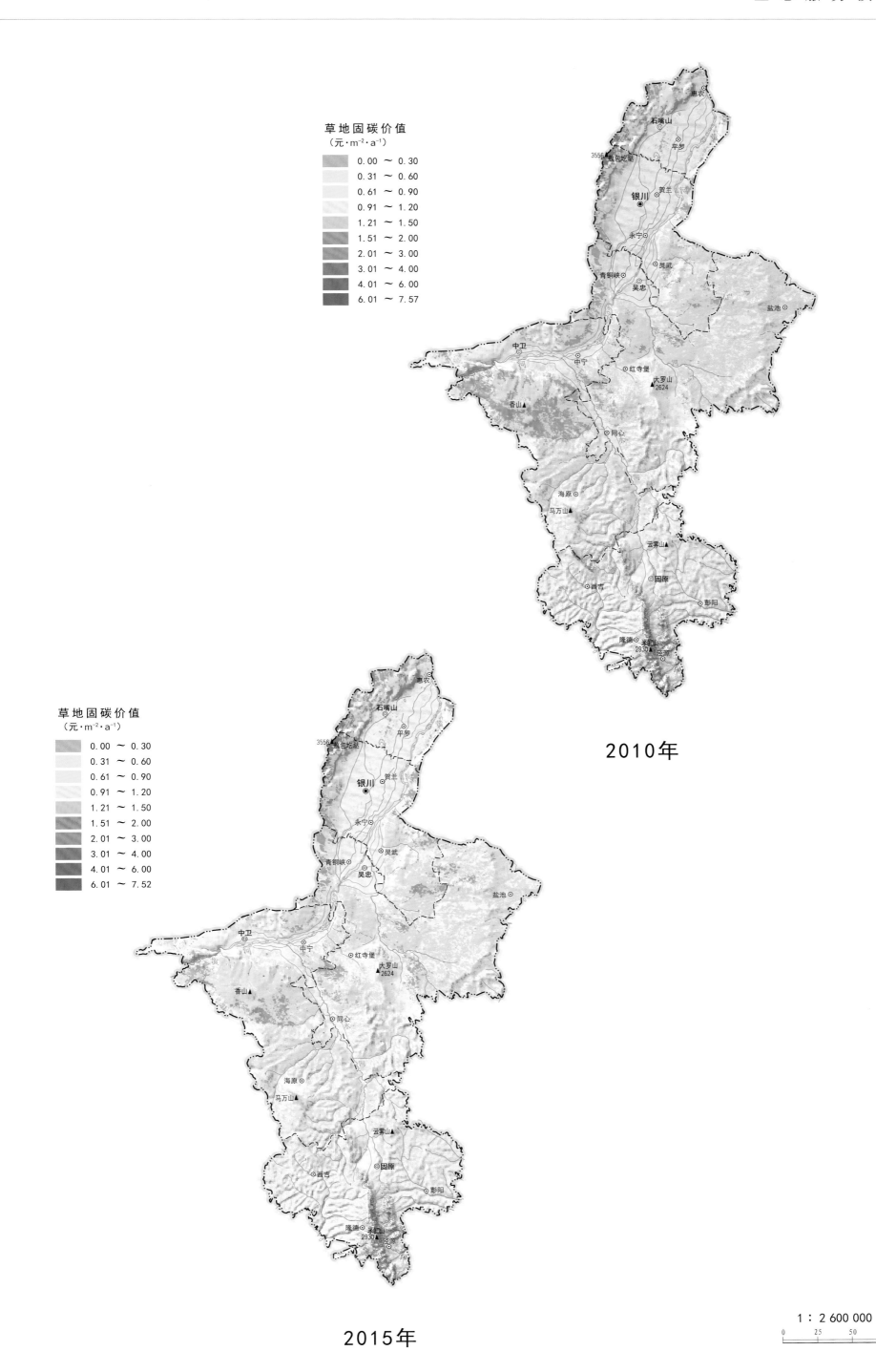

草地固碳价值
（元·m⁻²·a⁻¹）

0.00 ～ 0.30
0.31 ～ 0.60
0.61 ～ 0.90
0.91 ～ 1.20
1.21 ～ 1.50
1.51 ～ 2.00
2.01 ～ 3.00
3.01 ～ 4.00
4.01 ～ 6.00
6.01 ～ 7.57

2010年

草地固碳价值
（元·m⁻²·a⁻¹）

0.00 ～ 0.30
0.31 ～ 0.60
0.61 ～ 0.90
0.91 ～ 1.20
1.21 ～ 1.50
1.51 ～ 2.00
2.01 ～ 3.00
3.01 ～ 4.00
4.01 ～ 6.00
6.01 ～ 7.52

2015年

1 : 2 600 000

0   25   50   75 km

宁夏草地资源图集

宁夏草地释氧价值

　　研究期间宁夏草地释氧价值在 $59.45 \times 10^8 \sim 74.02 \times 10^8$ 元·a^{-1} 之间，占全区释氧服务总价值的 $34.92\% \sim 36.15\%$，草地平均单位面积释氧服务价值在 $0.32 \sim 0.41$ 元·m^{-2}·a^{-1} 之间，均呈现"下降—上升—下降"的波动变化趋势，最高值均在 2010 年，最低值在 2015 年，15 年间整体呈现降低的趋势，但是降低幅度不大。在空间分布上与草地固碳释氧服务相同，整体呈现由南向北递减的趋势。

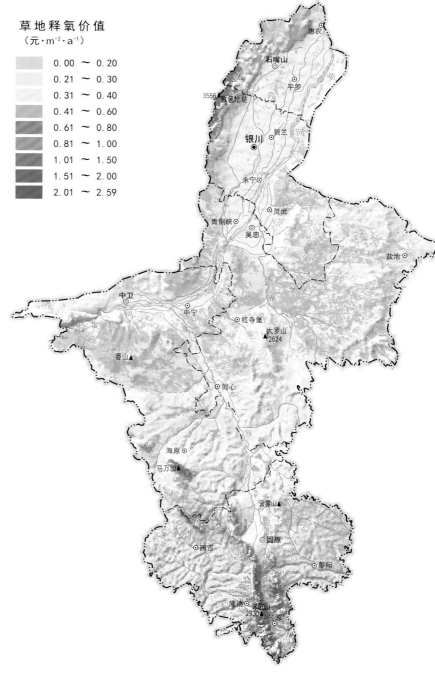

草地释氧价值
（元·m^{-2}·a^{-1}）

- 0.00 ～ 0.20
- 0.21 ～ 0.30
- 0.31 ～ 0.40
- 0.41 ～ 0.60
- 0.61 ～ 0.80
- 0.81 ～ 1.00
- 1.01 ～ 1.50
- 1.51 ～ 2.00
- 2.01 ～ 2.59

2000年

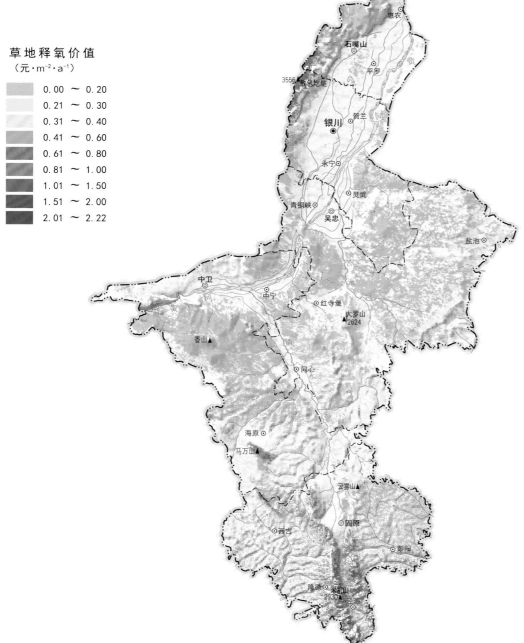

草地释氧价值
（元·m^{-2}·a^{-1}）

- 0.00 ～ 0.20
- 0.21 ～ 0.30
- 0.31 ～ 0.40
- 0.41 ～ 0.60
- 0.61 ～ 0.80
- 0.81 ～ 1.00
- 1.01 ～ 1.50
- 1.51 ～ 2.00
- 2.01 ～ 2.22

2005年

1 : 2 600 000

0   25   50   75 km

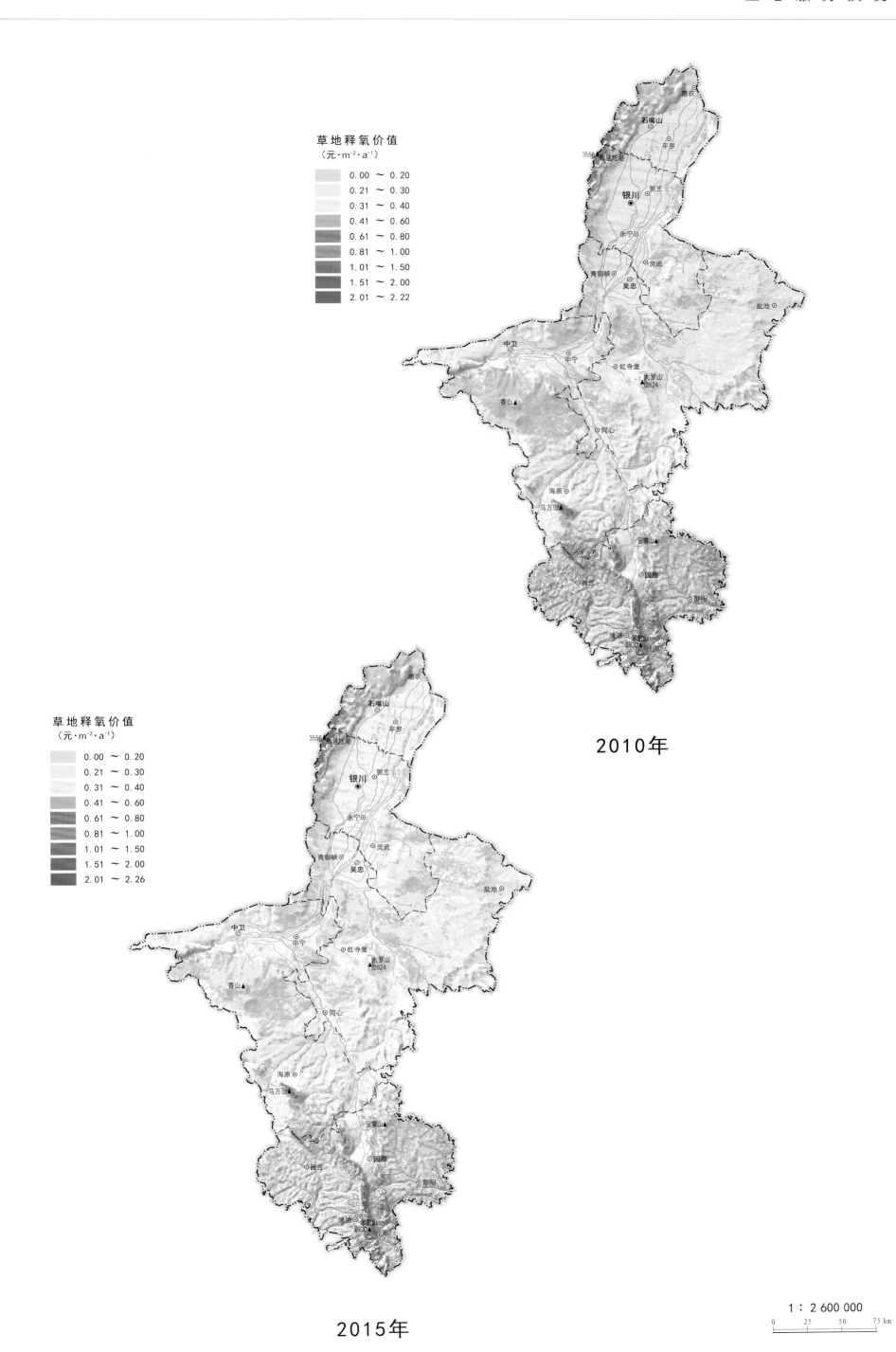

草地释氧价值
（元·m⁻²·a⁻¹）

$$草地释氧价值（元·m^{-2}·a^{-1}）$$

0.00 ～ 0.20
0.21 ～ 0.30
0.31 ～ 0.40
0.41 ～ 0.60
0.61 ～ 0.80
0.81 ～ 1.00
1.01 ～ 1.50
1.51 ～ 2.00
2.01 ～ 2.22

2010年

草地释氧价值
（元·m⁻²·a⁻¹）

0.00 ～ 0.20
0.21 ～ 0.30
0.31 ～ 0.40
0.41 ～ 0.60
0.61 ～ 0.80
0.81 ～ 1.00
1.01 ～ 1.50
1.51 ～ 2.00
2.01 ～ 2.26

2015年

1：2 600 000

0　　25　　50　　75 km

宁 夏 草 地 资 源 图 集

宁夏草地净初级生产力

宁夏草地净初级生产力（Net Primary Productivity, NPP）总量在 $1.79 \times 10^{12} \sim 2.28 \times 10^{12}$ gC·a^{-1} 之间，单位面积 NPP 平均值在 $96.53 \sim 123.53$ gC·m^{-2}·a^{-1} 之间，占全区 NPP 总量的 $47.17\% \sim 50.35\%$。在空间分布上，呈现南高北低的变化趋势，NPP 高值区主要位于南部六盘山区的温性草甸草地，NPP 低值区主要位于中部干旱带的温性荒漠草地和温性草原化荒漠。主要由于宁夏自南向北由半湿润气候向半干旱气候过渡，南部山区水热条件较好，草甸的植被生产力较高。中部和北部地区气候相对干旱，沙地广布，草地生产力较低。

从地级市的层面来看（图 58），研究期间固原市草地的单位面积 NPP 平均值最高，在 $169.90 \sim 197.16$ gC·m^{-2}·a^{-1} 之间。各年份草地单位面积 NPP 平均值最低的地级市分别为吴忠市、银川市、石嘴山市、石嘴山市，在 $38.30 \sim 54.44$ gC·m^{-2}·a^{-1} 之间。在 NPP 总量上，研究期间固原市草地的 NPP 总量均为最高，在 $8.01 \times 10^{11} \sim 9.47 \times 10^{11}$ gC·a^{-1} 之间，占宁夏全区草地 NPP 总量的 $40.26\% \sim 44.86\%$，石嘴山市的最低，在 $0.72 \times 10^{11} \sim 0.95 \times 10^{11}$ gC·a^{-1} 之间，占宁夏全区草地 NPP 总量的 $3.53\% \sim 4.53\%$。

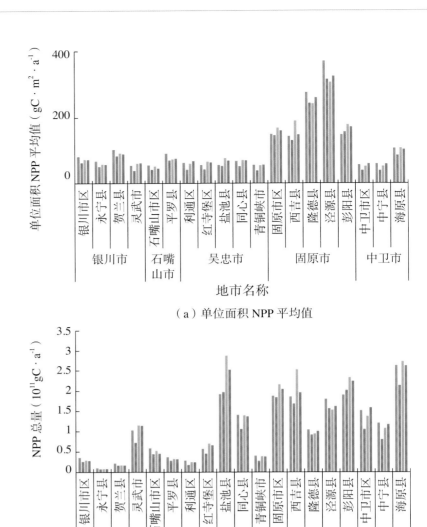

（a）单位面积 NPP 平均值

（b）NPP 总量

■ 2000 年　■ 2005 年　■ 2010 年　■ 2015 年

图 58　2000、2005、2010、2015 年宁夏不同市县草地单位面积 NPP 平均值 (a) 与 NPP 总量 (b)

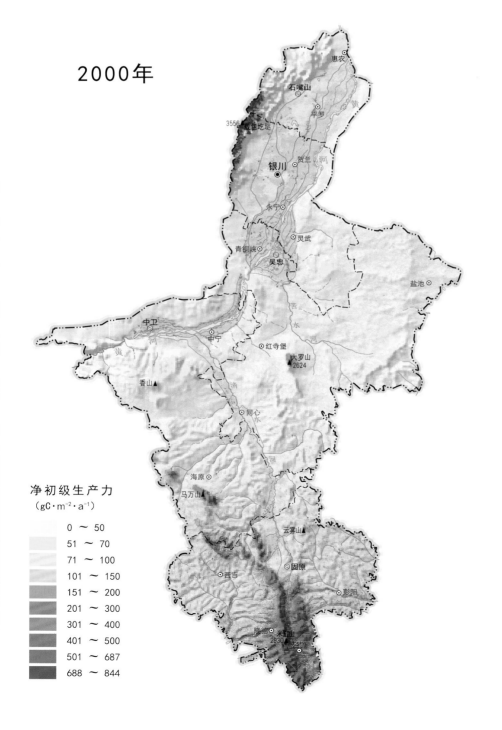

2000年

净初级生产力
（gC·m^{-2}·a^{-1}）
0 ～ 50
51 ～ 70
71 ～ 100
101 ～ 150
151 ～ 200
201 ～ 300
301 ～ 400
401 ～ 500
501 ～ 687
688 ～ 844

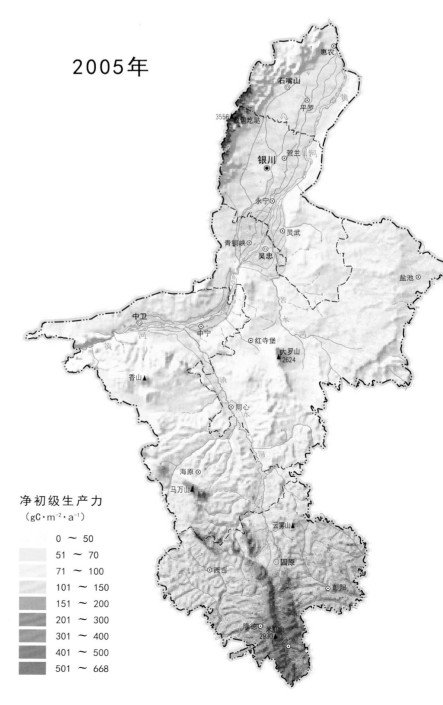

2005年

净初级生产力
（gC·m^{-2}·a^{-1}）
0 ～ 50
51 ～ 70
71 ～ 100
101 ～ 150
151 ～ 200
201 ～ 300
301 ～ 400
401 ～ 500
501 ～ 668

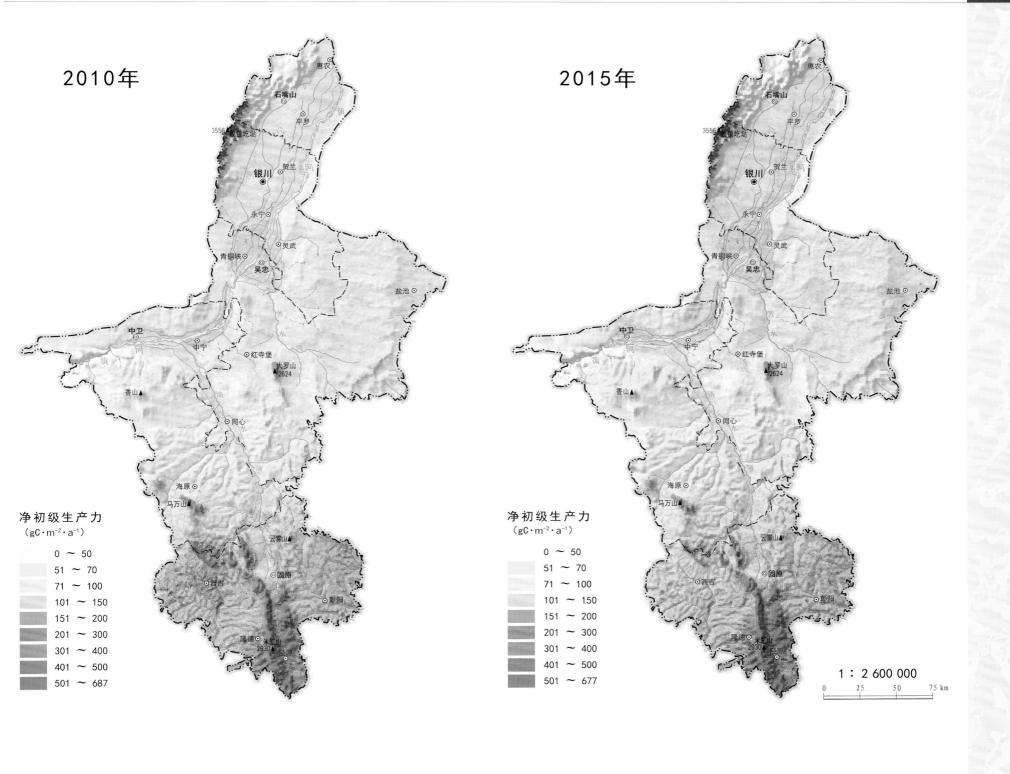

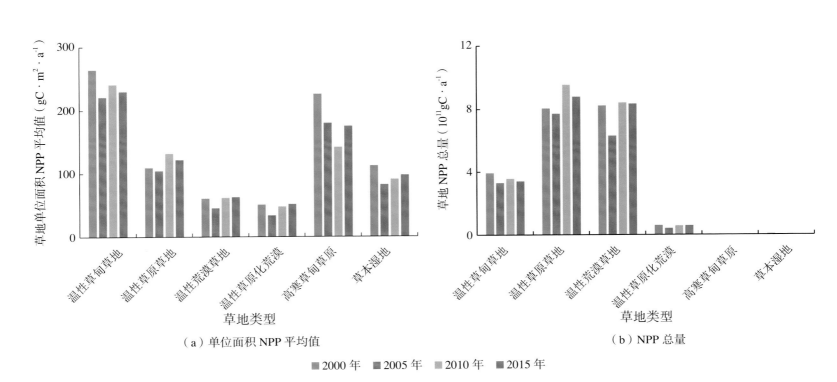

■2000年　■2005年　■2010年　■2015年

图59　2000、2005、2010、2015年宁夏不同草地类型单位面积 NPP 平均值 (a) 与 NPP 总量 (b)

不同的草地类型来看（图59），研究期间温性草甸草地的平均单位面积 NPP 最高，为 221.56 ~ 264.57gC·m⁻²·a⁻¹，其次为高寒草甸草原、温性草原草地、草本湿地、温性荒漠草地，温性草原化荒漠的最低，为 34.17 ~ 51.85gC·m⁻²·a⁻¹。从 NPP 总量来看，2000 年温性荒漠草地的 NPP 总量最高，

为 8.26×10¹¹gC·a⁻¹，占宁夏全区 NPP 总量的 18.47%，其余年份温性草原草地的 NPP 总量最高，为 7.73×10¹¹ ~ 9.57×10¹¹gC·a⁻¹，占各年份宁夏全区 NPP 总量的 19.80% ~ 21.12%。

宁夏产草量

本研究仅考虑宁夏草地的畜产品供给服务，包括羊、牛和马等大牲畜。草地畜产品产量可以基于产草量和理论载畜量计算得到。产草量，即草地生产力，可以根据 NPP 计算，计算公式如下：

$$GY = \sum_{i=1}^{n} \frac{NPP}{0.44} \times \frac{1}{1+k_i} \times H_i$$

式中，GY 为标准干草产草量（$g \cdot m^{-2}$）；NPP 为植被净初级生产力（$gC \cdot m^{-2}$）；0.44 是植被以碳形式 NPP 折算为生物量的转换系数；k_i 为宁夏第 i 种草地类型牧草地下生物量与地上生物量的比例，H_i 为第 i 种草地类型牧草的标准干草折算系数，是指在禾本科牧草为主的草地牧草，折合成含等量营养物质的标准干草的折算比例，标准干草表示在禾本科牧草为主的温性草原或山地草甸草地，于盛草期收割后含水量为 14% 的干草，取值参照中华人民共和国农业行业标准（NY/T 635-2015）（表 28）。

研究期间宁夏全区产草总量在 $4.69 \times 10^{11} \sim 5.77 \times 10^{11} g \cdot a^{-1}$ 之间，单位面积产草量平均值在 $19.52 \sim 24.42 g \cdot m^{-2} \cdot a^{-1}$ 之间，两者与 NPP 相同均呈现 "下降—上升—下降" 的趋势，产草总量与平均单位面积产草量的最高值均出现在 2010 年，最低值均出现在 2005 年。在整体空间分布上，南部山区草甸草地的单位面积产草量相对较高，整体呈现由南向北递减的趋势。

在地级市层面，研究期间固原市的单位面积产草量平均值最大，为 $48.84 \sim 56.00 g \cdot m^{-2} \cdot a^{-1}$，与宁夏全区产草量的变化趋势一致（图 60）。各年份单位面积产草量平均值最小的地级市分别为吴忠市、银川市、石嘴山市、石嘴山市，为 $10.49 \sim 13.96 g \cdot m^{-2} \cdot a^{-1}$。在产草总量上，研究期间固原市的产草总量在各地级市中最高，在 $229.78 \times 10^9 \sim 261.28 \times 10^9 g \cdot a^{-1}$ 之间，占宁夏全区产草总量的 44.55% $\sim$ 49.04%，石嘴山市的产草总量最低，在 $16.19 \times 10^9 \sim 21.35 \times 10^9 g \cdot a^{-1}$ 之间，占宁夏全区产草总量的 3.02% $\sim$ 3.88%，均呈现 "下降—上升—下降" 的波动变化趋势。

从不同的草地类型来看，温性草甸草地的单位面积产草量最高（图 61），在 $79.63 \sim 95.09 g \cdot m^{-2} \cdot a^{-1}$ 之间。温性草原化荒漠的单位面积产草量最低，在 $7.78 \sim 11.67 g \cdot m^{-2} \cdot a^{-1}$ 之间。在产草总量上，研究期间各年份产草量总量的排序均为温性草原草地 > 温性荒漠草地 > 温性草甸草地 > 温性草原化荒漠 > 草本湿地 > 高寒草甸草地，温性草原草地的产草量总量占所有草地产草量的 37.19% $\sim$ 41.97%，其中 2010 年占比最高，2000 年占比最低。温性荒漠草地由于面积占比较大，虽然单位面积产草量不高，但是其占草地产草量总量的比例也相对较高，在 30.56% $\sim$ 34.60% 之间，温性草甸草地由于较高的单位面积产草量，其产草量总量占比在 22.32% $\sim$ 25.81% 之间。

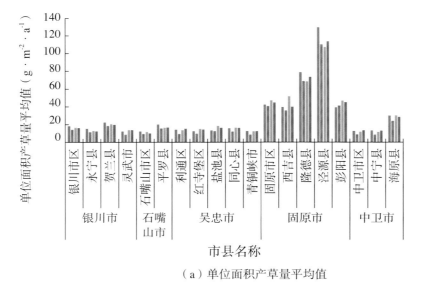

图 60　2000、2005、2010、2015 年宁夏各市县单位面积产草量 (a) 与产草量总量 (b)

表 28　宁夏不同草地类型载畜量计算指标取值

草地类型	温性草甸草原	温性草原	温性荒漠草原	温性草原化荒漠	高寒草甸草原	人工草地	草本湿地
地下与地上生物量比例 k	5.26	7.89	7.89	7.89	6.23	7.89	15.68
标准干草折算系数 H	1	1	0.9	0.9	1.05	1	0.85
放牧利用率 R（%）	60	50	45	35	65	60	30
可食牧草比例 U（%）	98.80	97.40	97.96	99.24	98.80	100	100

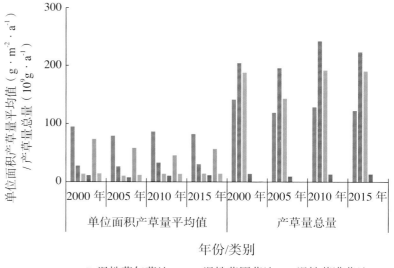

图 61　2000、2005、2010、2015 年宁夏单位面积产草量、产草量总量统计

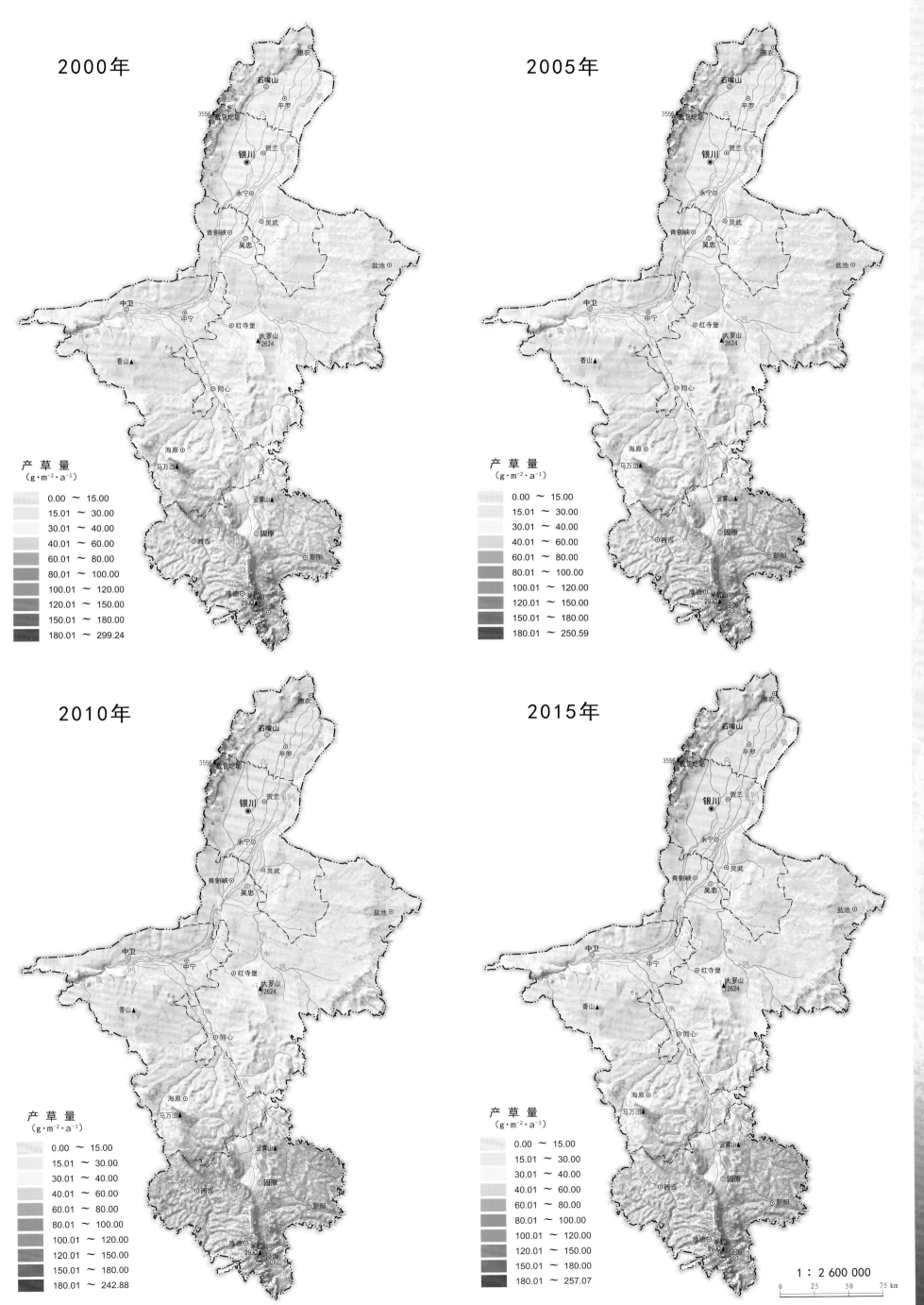

2000年

产 草 量
(g·m⁻²·a⁻¹)

	0.00 ～ 15.00
	15.01 ～ 30.00
	30.01 ～ 40.00
	40.01 ～ 60.00
	60.01 ～ 80.00
	80.01 ～ 100.00
	100.01 ～ 120.00
	120.01 ～ 150.00
	150.01 ～ 180.00
	180.01 ～ 299.24

2005年

产 草 量
(g·m⁻²·a⁻¹)

	0.00 ～ 15.00
	15.01 ～ 30.00
	30.01 ～ 40.00
	40.01 ～ 60.00
	60.01 ～ 80.00
	80.01 ～ 100.00
	100.01 ～ 120.00
	120.01 ～ 150.00
	150.01 ～ 180.00
	180.01 ～ 250.59

2010年

产 草 量
(g·m⁻²·a⁻¹)

	0.00 ～ 15.00
	15.01 ～ 30.00
	30.01 ～ 40.00
	40.01 ～ 60.00
	60.01 ～ 80.00
	80.01 ～ 100.00
	100.01 ～ 120.00
	120.01 ～ 150.00
	150.01 ～ 180.00
	180.01 ～ 242.88

2015年

产 草 量
(g·m⁻²·a⁻¹)

	0.00 ～ 15.00
	15.01 ～ 30.00
	30.01 ～ 40.00
	40.01 ～ 60.00
	60.01 ～ 80.00
	80.01 ～ 100.00
	100.01 ～ 120.00
	120.01 ～ 150.00
	150.01 ～ 180.00
	180.01 ～ 257.07

1：2 600 000

0　25　50　75 km

宁 夏 草 地 资 源 图 集

宁夏理论载畜量

　　研究期间宁夏全区理论载畜量总量在 $3.54 \times 10^5 \sim 4.14 \times 10^5$ 羊单位·a^{-1} 之间，单位面积理论载畜量平均值为 $14.76 \sim 18.28$ 羊单位·km^{-2}·a^{-1}，均呈现"下降—上升—下降"的波动变化趋势，其中 2010 年的理论载畜总量与平均值最高，2005 年的最低。2015 年的平均单位面积理论载畜量虽然高于 2000 年，但是理论载畜总量略低于 2000 年，主要是因为草地面积下降的原因导致。在整体空间分布上，南部山区草甸草地的单位面积理论载畜量相对较高，整体呈现由南向北递减的趋势。

　　在地级市层面（图 62），研究期间固原市的单位面积理论载畜量平均值最大，在 $39.43 \sim 44.94$ 羊单位·km^{-2}·a^{-1} 之间，与宁夏全区理论载畜量的变化趋势一致，均呈现"下降—上升—下降"的波动变化趋势，2010 年固原市的单位面积理论载畜量平均值最大，2005 年最小。各年份单位面积理论载畜量平均值最小的地级市分别为吴忠市、银川市、石嘴山市、石嘴山市，在 $6.90 \sim 9.63$ 羊单位·km^{-2}·a^{-1} 之间。在理论载畜总量上，研究期间固原市的理论载畜总量在各地级市中最高，在 $18.55 \times 10^4 \sim 20.97 \times 10^4$ 羊单位·a^{-1} 之间，占宁夏全区理论载畜总量的 $48.02\% \sim 52.38\%$，石嘴山市的最低，在 $1.07 \times 10^4 \sim 1.41 \times 10^4$ 羊单位·a^{-1} 之间，占宁夏

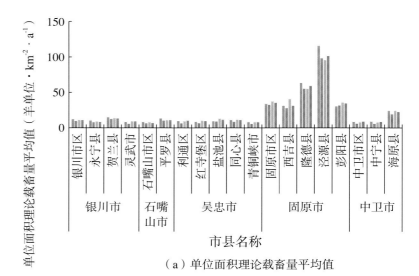

（a）单位面积理论载畜量平均值

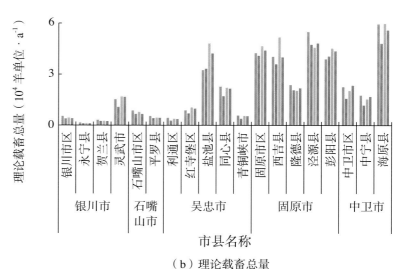

（b）理论载畜总量

■ 2000 年　■ 2005 年　■ 2010 年　■ 2015 年

图 62　2000、2005、2010、2015 年宁夏各市县单位面积理论载畜量 (a) 与理论载畜总量 (b)

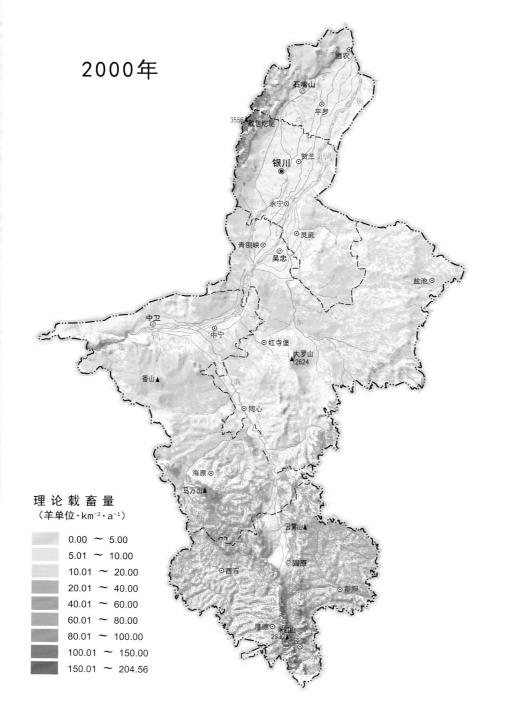

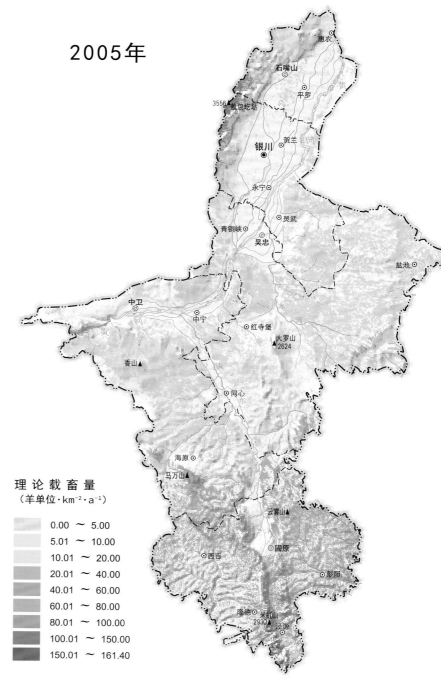

2010年 2015年

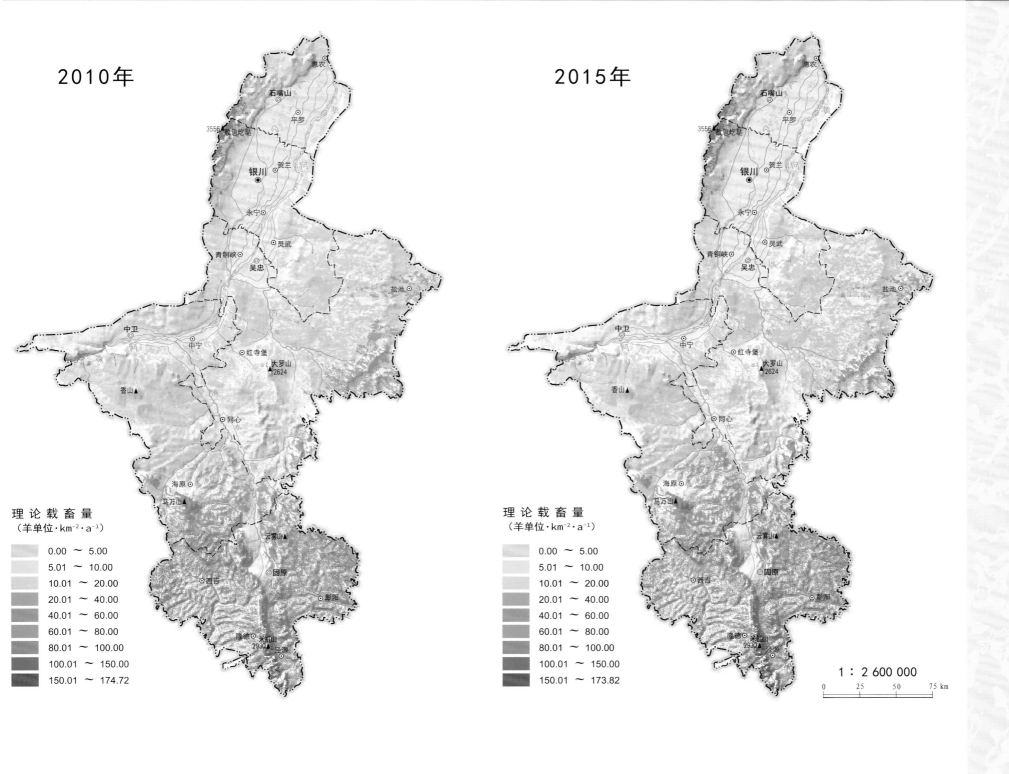

理论载畜量
（羊单位·km⁻²·a⁻¹）
0.00 ～ 5.00
5.01 ～ 10.00
10.01 ～ 20.00
20.01 ～ 40.00
40.01 ～ 60.00
60.01 ～ 80.00
80.01 ～ 100.00
100.01 ～ 150.00
150.01 ～ 174.72

理论载畜量
（羊单位·km⁻²·a⁻¹）
0.00 ～ 5.00
5.01 ～ 10.00
10.01 ～ 20.00
20.01 ～ 40.00
40.01 ～ 60.00
60.01 ～ 80.00
80.01 ～ 100.00
100.01 ～ 150.00
150.01 ～ 173.82

1：2 600 000
0　25　50　75 km

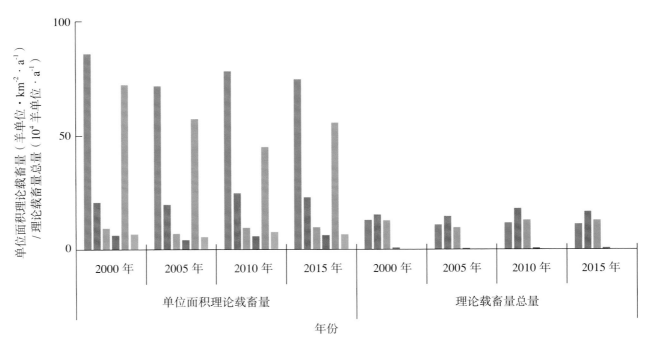

图63　2000、2005、2010、2015年宁夏单位面积理论载畜量、理论载畜量总量

全区理论载畜总量的 2.66% ～ 3.41%，均呈现"下降—上升—下降"的波动变化趋势，与宁夏全区理论载畜总量变化趋势一致。

从不同的草地类型来看，温性草甸草地的单位面积理论载畜量最高（图63），研究期间呈现"下降—上升—下降"的波动变化趋势，在 71.85 ～ 83.80 羊单位·km⁻²·a⁻¹ 之间，

2000 年的单位面积理论载畜量最高，2005 年的单位面积理论载畜量最低。温性草原化荒漠的单位面积理论载畜量最低，研究期间呈现先下降后上升的趋势，在 4.12 ～ 6.24 羊单位·km⁻²·a⁻¹ 之间，2000 年最高，2015 年最低。各草原类型中，研究期间温性草原草地的理论载畜量总量最高，占所有草地理论载畜量的 36.62% ～ 41.55%。

宁夏畜产品供给价值

　　研究期间宁夏畜产品供给服务价值总量在 $1.77 \times 10^8 \sim$ 2.16×10^8 元·a^{-1} 之间，平均单位面积畜产品供给服务价值为 $0.74 \times 10^4 \sim 0.91 \times 10^4$ 元·km^{-2}·a^{-1} 之间，均呈现"下降—上升—下降"的波动变化趋势。在空间分布上与理论载畜量相同，南部山区草甸草地的单位面积畜产品供给服务价值量相对较高，整体呈现由南向北递减的趋势。

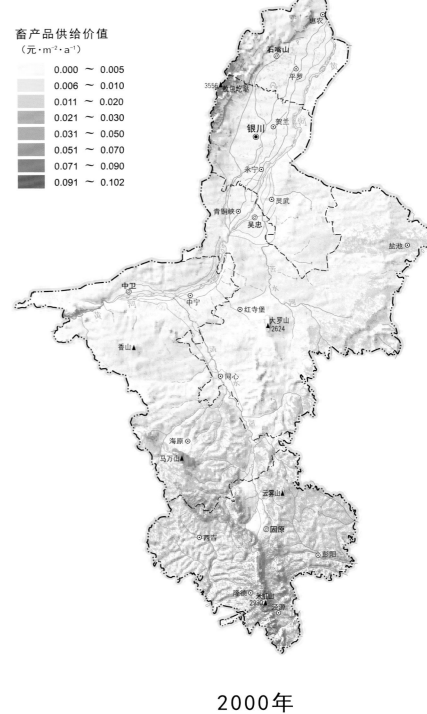

畜产品供给价值
（元·m^{-2}·a^{-1}）

- 0.000 ～ 0.005
- 0.006 ～ 0.010
- 0.011 ～ 0.020
- 0.021 ～ 0.030
- 0.031 ～ 0.050
- 0.051 ～ 0.070
- 0.071 ～ 0.090
- 0.091 ～ 0.102

2000年

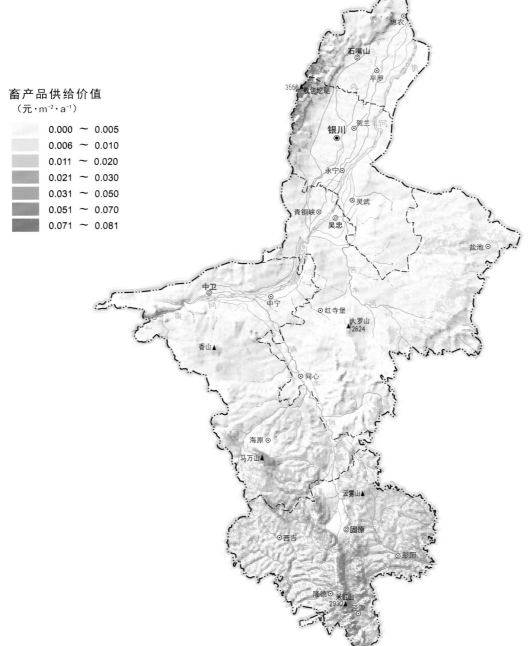

畜产品供给价值
（元·m^{-2}·a^{-1}）

- 0.000 ～ 0.005
- 0.006 ～ 0.010
- 0.011 ～ 0.020
- 0.021 ～ 0.030
- 0.031 ～ 0.050
- 0.051 ～ 0.070
- 0.071 ～ 0.081

2005年

1 : 2 600 000

0　25　50　75 km

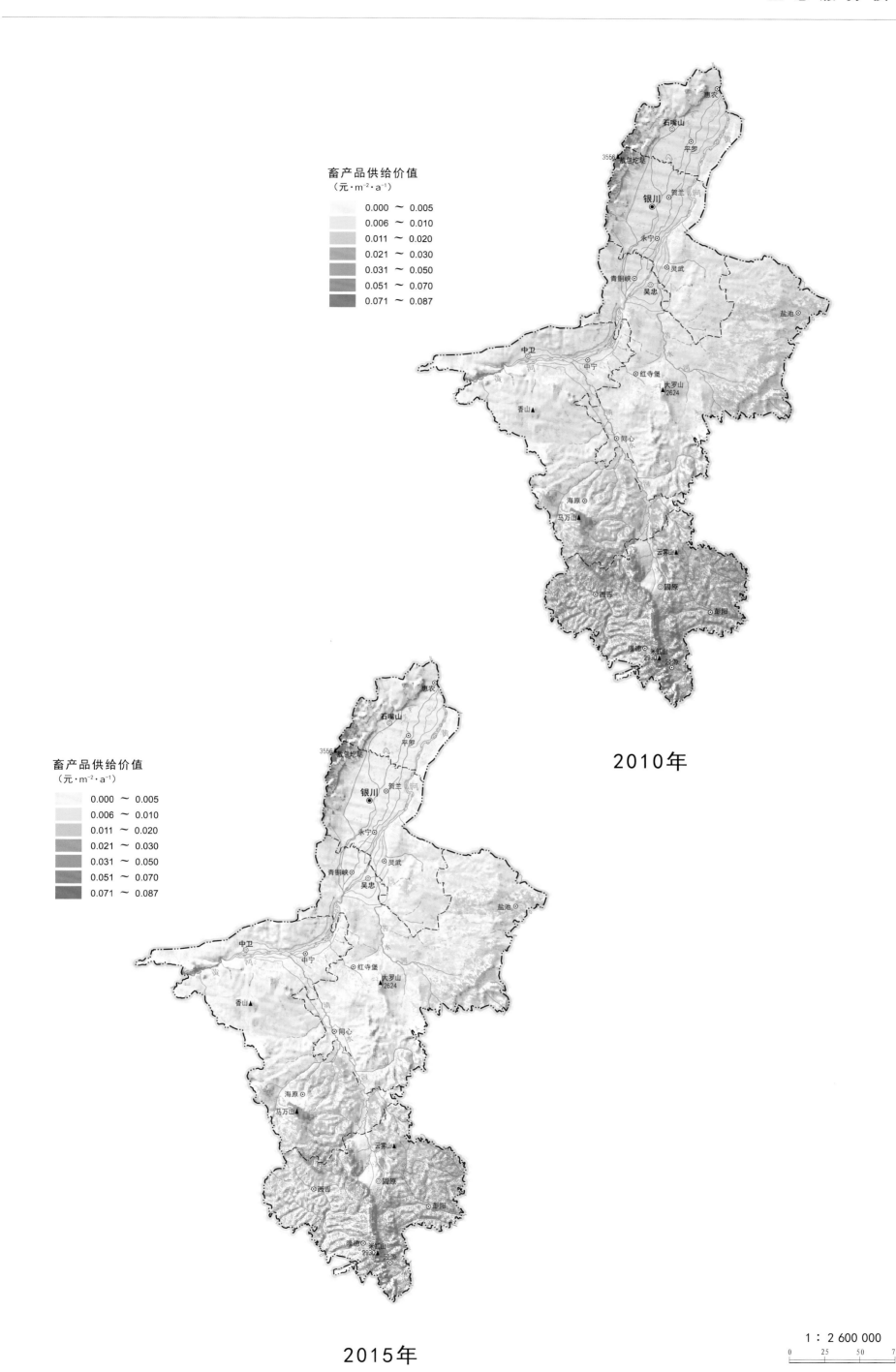

畜产品供给价值
（元·m⁻²·a⁻¹）

畜产品供给价值
（元·m^{-2}·a^{-1}）

	0.000 ～ 0.005
	0.006 ～ 0.010
	0.011 ～ 0.020
	0.021 ～ 0.030
	0.031 ～ 0.050
	0.051 ～ 0.070
	0.071 ～ 0.087

2010年

2015年

1∶2 600 000

0　　25　　50　　75 km

宁夏草地资源图集

宁夏草地生态服务价值

　　与宁夏全区生态系统服务价值的空间分布格局相同，宁夏草地生态系统服务的空间差异明显，宁夏草地涉及的生态系统服务类型主要为水供给服务、畜产品供给服务、防风固沙服务、水源涵养服务、土壤保持服务、固碳释氧服务，草地的水供给服务与调节服务主要分布在南部山区。在空间分布上，南部山区草地的单位面积生态系统服务价值量较高，中部地区草地较低。草地生态系统服务主要集中在南部山区，与宁夏全区生态系统服务价值的空间分布相同。因此，加强对南部山区草地生态系统服务的保护与提升对宁夏整体生态功能提升具有重要作用。研究期间宁夏草地生态系统服务价值总量在 $252.89 \times 10^8 \sim 347.20 \times 10^8$ 元 $\cdot$ a^{-1} 之间，占宁夏生态系统服务价值总量的 30.90% ~ 44.07%，草地平均单位面积生态系统服务价值在 1.06 ~ 1.45 元 $\cdot$ m^{-2} $\cdot$ a^{-1} 之间，均呈现"下降—上升—下降"的波动变化趋势，最高值均出现在 2010 年，最低值出现在 2005 年，15 年间整体呈现增加的趋势。其中草地固碳释氧服务价值占比相对较高（图 64），各年份占当年草地生态系统服务价值总量的 59.13% ~ 75.06%，占宁夏全区生态系统服务价值总量的 23.06% ~ 29.21%，其次为水供给服务。虽然调节型服务，如防风固沙、水源涵养、水土保持服务价值在总价值中占比较小，但是对宁夏生态系统服务功能的发挥同样起着至关重要的作用。

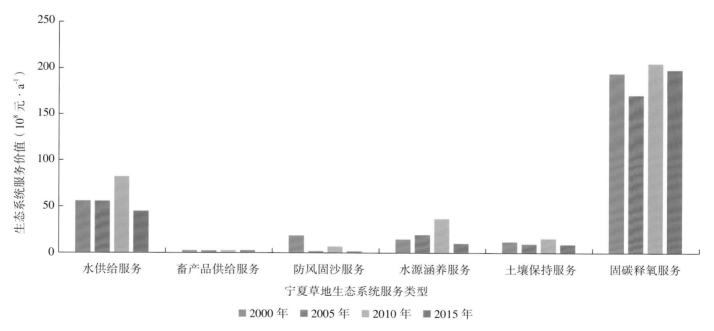

图 64　2000、2005、2010、2015 年宁夏草地不同生态系统服务类型价值的对比

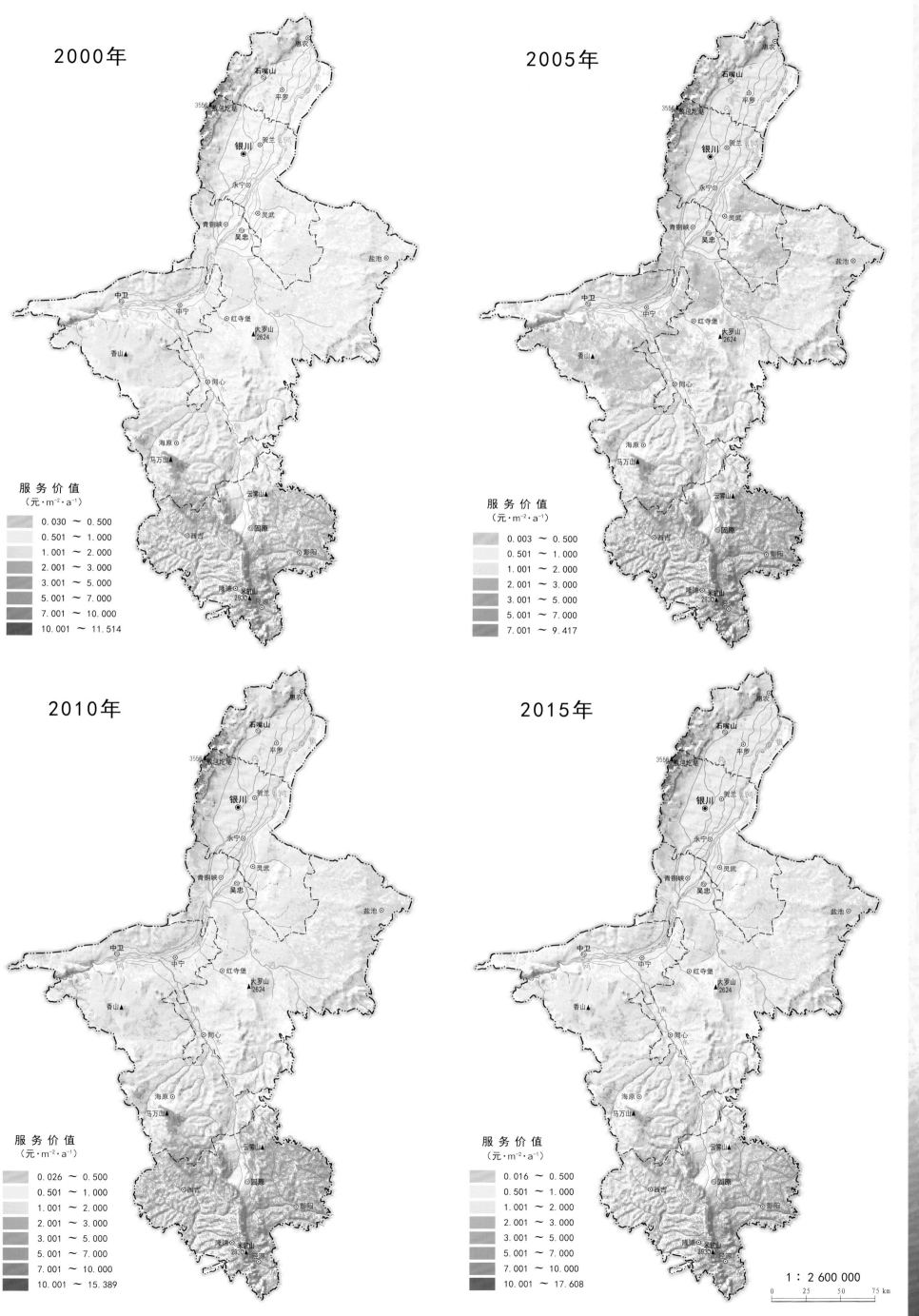

2000年

服 务 价 值
（元·m⁻²·a⁻¹）

0.030 ～ 0.500
0.501 ～ 1.000
1.001 ～ 2.000
2.001 ～ 3.000
3.001 ～ 5.000
5.001 ～ 7.000
7.001 ～ 10.000
10.001 ～ 11.514

2005年

服 务 价 值
（元·m⁻²·a⁻¹）

0.003 ～ 0.500
0.501 ～ 1.000
1.001 ～ 2.000
2.001 ～ 3.000
3.001 ～ 5.000
5.001 ～ 7.000
7.001 ～ 9.417

2010年

服 务 价 值
（元·m⁻²·a⁻¹）

0.026 ～ 0.500
0.501 ～ 1.000
1.001 ～ 2.000
2.001 ～ 3.000
3.001 ～ 5.000
5.001 ～ 7.000
7.001 ～ 10.000
10.001 ～ 15.389

2015年

服 务 价 值
（元·m⁻²·a⁻¹）

0.016 ～ 0.500
0.501 ～ 1.000
1.001 ～ 2.000
2.001 ～ 3.000
3.001 ～ 5.000
5.001 ～ 7.000
7.001 ～ 10.000
10.001 ～ 17.608

1：2 600 000

0　25　50　75 km

图书在版编目（CIP）数据

宁夏草地资源图集 / 谢高地, 蒋齐主编. -- 北京：中国
林业出版社, 2022.8
ISBN 978-7-5219-1507-5

Ⅰ. ①宁⋯ Ⅱ. ①谢⋯ ②蒋⋯ Ⅲ. ①草地资源－宁
夏－图集 Ⅳ. ①S812-64

中国版本图书馆CIP数据核字（2022）第007574号

审图号：宁S【2022】第012号

中国林业出版社·自然保护分社（国家公园分社）

责任编辑　刘家玲　　宋博洋

出版发行　中国林业出版社（100009　北京市西城区德内大街刘海胡同7号）
　　　　　http://www.forestry.gov.cn/lycb.html　电话：(010)83143519　83143625
制　　版　北京美光设计制版有限公司
印　　刷　河北京平诚乾印刷有限公司
版　　次　2022年8月第1版
印　　次　2022年8月第1次
开　　本　889mm×1194mm　1/8
印　　张　23
字　　数　60千字
定　　价　600.00元